埕岛油田隐蔽油气藏精细勘探技术与实践

王志伟　武群虎　周红科　著

中国石化出版社

图书在版编目(CIP)数据

埕岛油田隐蔽油气藏精细勘探技术与实践/王志伟,武群虎,周红科著.—北京:中国石化出版社,2023.4
ISBN 978-7-5114-7006-5

Ⅰ.①埕… Ⅱ.①王…②武…③周… Ⅲ.①埕岛油田-油气勘探-研究 Ⅳ.①P618.13

中国国家版本馆CIP数据核字(2023)第043911号

中国石化出版社出版发行

地址:北京市东城区安定门外大街58号
邮编:100011 电话:(010)57512500
发行部电话:(010)57512575
http://www.sinopec-press.com
E-mail:press@sinopec.com
北京柏力行彩印有限公司印刷
全国各地新华书店经销

*

787×1092毫米16开本13印张266千字
2023年7月第1版 2023年7月第1次印刷
定价:108.00元

前　　言

胜利油田在陆上勘探初期，就已着手开展了胜利浅海海域的油气勘探工作。随着新技术、新方法的应用及相关设备的更新和发展，胜利油田在海域的勘探力度逐年加大，专业化的浅海油气勘探队伍逐渐形成和壮大，成为我国首家从事浅海油气勘探的陆上油田。胜利浅海自1975年钻探第一口井——桩参1井以来，已发现埕岛油田明化镇组、馆陶组、东营组、沙河街组、中生界、古生界、太古界七套含油层系和垦东地区的垦东12、垦东30、垦东1、垦东4、垦东34五个含油构造，探明和控制含油面积226.8平方千米，石油地质储量55180万吨。其中，埕岛油田探明含油面积143.9平方千米，石油地质储量38462万吨；控制含油面积62.6平方千米，石油地质储量11808万吨。垦东地区探明含油面积7.7平方千米，石油地质储量1759万吨；控制含油面积12.6平方千米，石油地质储量3151万吨。垦东12区块探明含油面积7.7平方千米，石油地质储量1759万吨，因水深较浅，已划归孤东油田。埕中地区、长堤浅海地区、青东地区、潍北地区至今未获突破。1976年黄河第一次人工改道由清水沟入海后，使原来处于极浅海和浅海水域的新滩油田大部分区域变成了陆地，可筑堤海油陆采。1976~1978年，中河口一带海岸线向海域推进了18千米，造陆面积190平方千米。截至1981年，年平均造陆面积45.2平方千米，总造陆面积271平方千米。

埕岛油田位于渤海湾南部的浅海、极浅海海域，勘探始于20世纪60年代，主要经历了区域勘探（1975~1987年）、勘探快速发展（1988~2002年）、隐蔽油气藏勘探（2003年至今）三个勘探阶段。埕岛油田宏观构造已经基本探明，勘探领域由构造油气藏转向隐蔽性油气藏，寻找新的勘探目标成为支撑该区勘探发展的关键问题，需要采用新理论、新方法进行深入研究。

在剩余资源品位逐渐变差，效益增储建产越来越难的背景下，勘探发现规模储量与实现油田高质量可持续发展需求之间的矛盾逐渐凸显。本专著的研究工作通过层序地层格架的构建、沉积体系分析与储层主控因素分析，助力优质储集体预测与勘探潜力分析，旨在为油田寻找下一步勘探开发的接替目标，满足油田“持续高产、稳产”的需求，提供借鉴和参考。

目　　录

第一章　绪　论

第一节　勘探开发概况

埕岛油田位于渤海湾盆地南部的浅海、极浅海海域，构造上处于济阳坳陷与渤中坳陷交会处的埕北低凸起的东南端，南邻桩西地区，西以埕北大断层与埕北凹陷相连，向北部和东南部分别倾没于渤中坳陷和桩东凹陷，处于三个生油凹陷之中。

该区勘探始于20世纪60年代，主要进行了地质调查以及重力、磁力勘查。自1975年完成第一口探井(桩参1井)和1988年发现埕岛油田以来，截至2008年，海上共完成了1：200000、1：100000、1：50000重力测量和航磁测量；二维地震测线长度6633.2km，三维地震面积1588.58km^2，精细重力测量面积3984.5km^2；完钻探井243口；发现了明化镇组、馆陶组、东营组、沙河街组、中生界、古生界、太古界七套含油层系。该区主要经历了以下几个勘探阶段。

区域勘探阶段(1975~1987年)：完成了胜利浅海探区的区域普查和部分详查任务，结合陆地勘探开发取得的认识，基本搞清了探区二级构造格局和地层格架，利用地震资料发现了埕岛潜山披覆构造。

勘探快速发展阶段(1988~2002年)：1988年5月，胜利四号平台钻探的埕北井发现了埕岛油田，截至2002年，先后部署探井110口，埕岛油田馆上段油藏基本探明，连续突破了古生界、太古界的出油关，勘探向中深层系发展。勘探证实埕岛油田是一个多含油层系，以披覆岩性－构造油气藏为主，断块油气藏、岩性油气藏、滚动构造油气藏、潜山油气藏、地层油气藏为辅的复式油气聚集带。

隐蔽油气藏勘探阶段(2003年至今)：勘探主要集中于埕岛油田主体的周边地区，宏观构造已经基本探明，勘探领域由构造油气藏转向隐蔽性油气藏，寻找新的勘探目标成为该区勘探发展的关键问题，需要采用新理论、新方法进行深入研究。

埕岛油田的勘探和油气成藏的研究虽然已经取得了一定的进展，但随着油气勘探与开发工作的持续进行，基于有利区带的“甜点”已基本勘探完毕的现状，为满足油田“持续高产、稳产”的需求，亟须在勘探程度较低的埕岛东北部洼陷带中寻找优质储集砂体作为油田下一步增储上产的接替目标。

目前，埕岛东斜坡区的东营组(Ed)油气探明储量达2324×10^4t，控制储量为333×10^4t，表明该区具有良好的勘探前景。在该区域已钻取众多高产井，如埕北326井获得日产228.6t的工业油流，埕北819井日产油156t、日产气12518m^3。与斜坡区相比，相邻的深洼陷区的钻井数量虽然较少，但也获得了较高的单井油气产量，如埕北81井日产油18.2t。一系列的重大勘探成果表明埕岛东斜坡区及深部洼陷区的东营组地层具有巨大的油气勘探潜力。然而该区域层序地层划分较混乱，东营组砂体的沉积体系、组合样式、纵向叠置关系等不清楚，储层的主控因素、砂体的空间展布规律及油气成藏条件有待进一步深化研究。针对这些问题，确立了层序地层格架的构建、沉积体系分析、储层主控因素分析、优质储层的测井和地震响应标准建立、优质储集体预测与勘探潜力分析等研究内容，旨在为油田寻找下一步勘探开发的接替目标，满足油田“持续高产、稳产”的需求，创造更大的效益。

第二节　区域地质背景

一、区域构造位置

埕岛东斜坡地区位于渤海湾盆地南部的浅海、极浅海海域(图1－1)，区域构造上属于埕宁隆起带埕北低凸起的东南部，为埕北低凸起东部向生油凹陷——沙南凹陷和渤中坳陷延伸的斜坡部分。东斜坡是前第三系潜山上发育起来的披覆构造，前第三系地层剥蚀面呈NE倾向的单斜构造，从东向西依次出露中生界、古生界地层(图1－2)。前第三系地层剥蚀面逐渐被沙河街组及东营组超覆，东营组中上部地层完全披覆于低凸起之上。

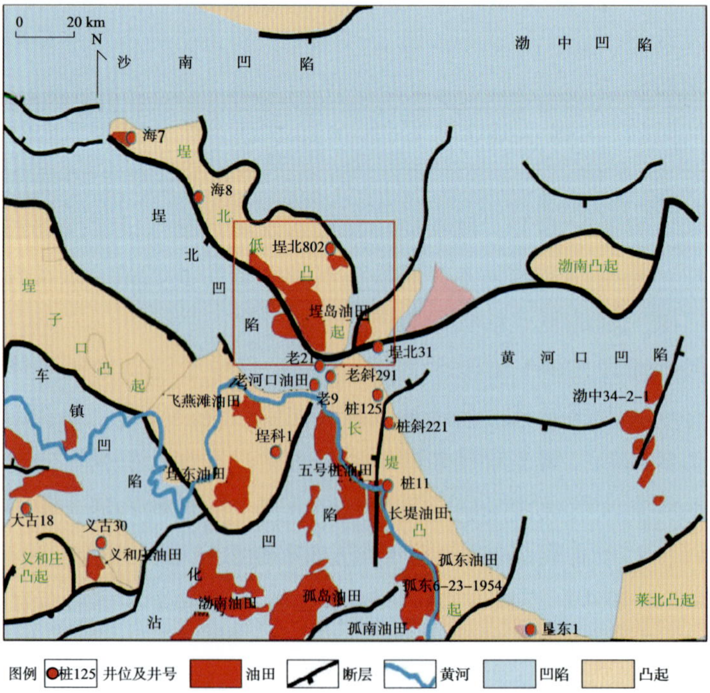

图1－1　埕岛油田区域构造位置图

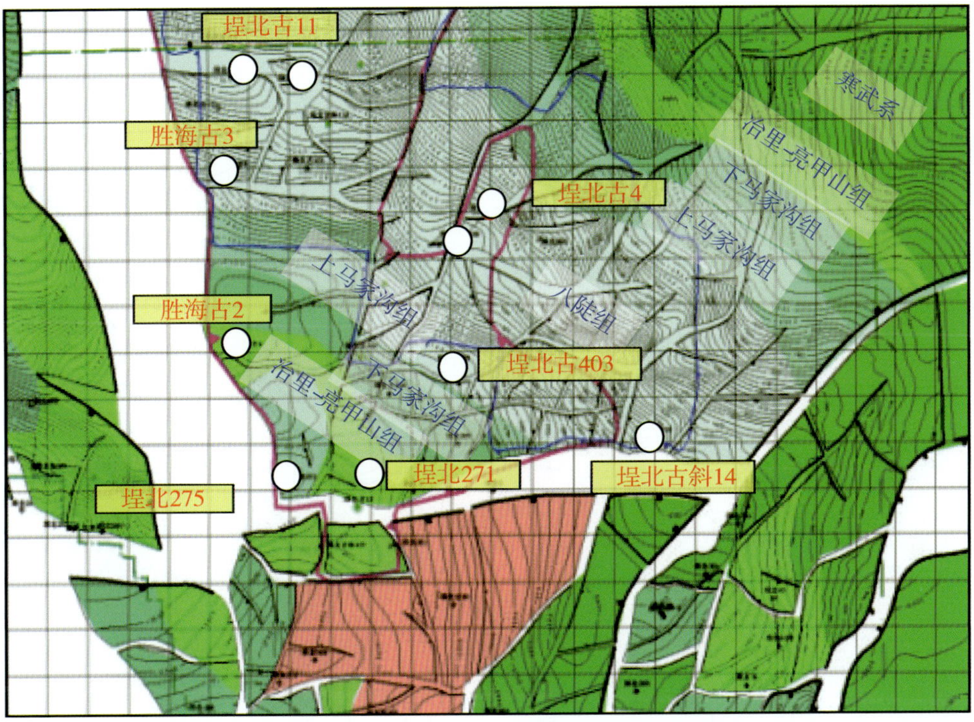

图1-2 埕岛北部下古生界出露地层图

二、区域构造演化

埕岛东斜坡地区属渤海湾盆地中的一个次级构造单元，其构造属性和构造演化史具有与渤海湾盆地其他构造单元相似的特点，即具有多旋回构造演化史。在不同阶段，由于地应力场的不同，产生了不同层次的岩层形变，有其不同的构造及组合特征。依据地壳运动性质、形变特点及各种构造圈闭特征，认为该区经历了以下五个不同的演化阶段(图1-3)。

1)古生界地台发育阶段

吕梁运动使泰山群普遍产生混合岩化、花岗岩化等变质作用，最终在形成结晶基底后，进入了稳定地台的发育阶段。该阶段沉积了大面积的海相碳酸盐岩的寒武-奥陶系地层。中奥陶世末期，加里东运动使华北地区上升成陆并长期遭受剥蚀，缺失了上奥陶统、志留系、泥盆系、下石炭统地层。早石炭世末期，由于海西运动的影响，该区再次下沉接受沉积。由于当时地壳振荡频繁，海水反复进退，形成了滨海沼泽、潮坪潟湖、碳酸盐台地等相间出现的海陆交互相沉积。该阶段虽然经过了加里东运动和海西运动的构造升降活动，但整体相对稳定，构造格架表现为在平缓的区域背景上出现新的明显的东西构造线，如孤岛-孤东、埕岛-渤南及埕宁三个东西向构造带。

2)地台解体阶段

中生代时期，中国东部地区的构造活动进入了一个新的强烈活动时期。三叠纪印支运

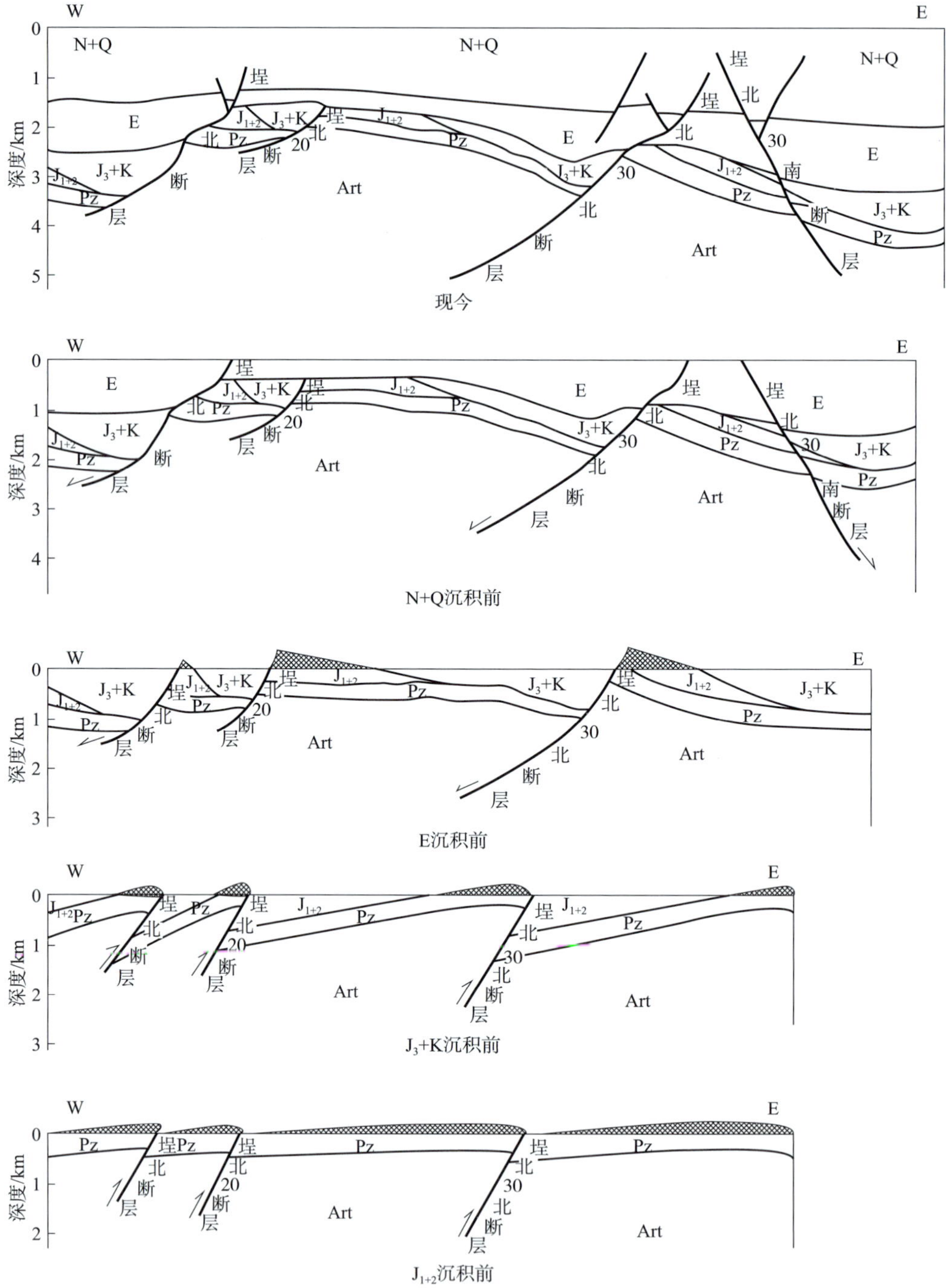

图1－3　埕岛东斜坡地区构造演化图

动是一次划时代的构造变动，是中国地壳构造发展的一个转折时期，使较稳定的华北地台开始解体。中国东部的构造线逐步转变为北北东向，形成了北北东向的巨型坳陷和隆起带。由于太平洋板块对中国板块的俯冲，中国地貌东隆西低，聊考断裂带以东地区继续上升剥蚀，缺失三叠系地层。印支运动在该区主要表现为挤压造成的局部褶皱现象，导致该区古生界北北西向的褶皱构造形成。沾化东部地区也屡有所见，以桩西潜山古生代地层褶皱最典型。

3)燕山期断块活动阶段

从晚侏罗世开始到下白垩世，该区同整个中国东部一样，进入了一个构造强烈活动时期。这次活动几乎使全部基底断裂形成，奠定了济阳坳陷的基本构造格局。其在早期近东西向构造格局的背景上，相互组合形成一组平行古构造线方向的近东西向弧形断裂带，将济阳坳陷分割成三排凸起，中间发育具有相似特征的南缓北陡的箕状凹陷。在凹陷内发育了三组北西向大断裂(罗西断裂、孤西断裂、五号桩断裂)，将该区分割成两个大的台阶。断裂活动伴有大量的火山喷发，沉积了厚达千米以上的火山碎屑岩，以粗碎屑岩快速充填为特征。中生代末期，该区曾出现短暂的挤压构造活动。地震资料表明，该区埕北20断层以西为向斜所在部位，中生界保留厚度近2700m，而东部的中生界地层残存厚度极薄甚至缺失，可能为背斜所在部位。该区南部的桩西潜山坡覆构造上的桩古29井寒武系地层逆掩在中生界之上，亦为同期挤压应力场所造成。

4)新生代早第三纪断陷阶段

由于太平洋板块向东俯冲，地壳拉张，渤海湾盆地强烈下陷，此时埕岛东斜坡区又进入一个新的发育时期，地壳运动以垂直升降断块差异运动为特征。该区南部由地壳拉张应力形成的正断层对其沉积、构造、油气藏的形成起到了明显的控制作用。在其下降盘形成凹陷，发育多套生储盖组合，并沿断层走向形成了多类型圈闭条件。该断层长期活动，成为油气运移的通道，是油气进入潜山披覆构造的“高速”运移的主要途径，而其上升盘以持续上升为特征，是凹陷中生成的油气运移的主要指向，发育的潜山披覆构造是油气聚集的主要场所。

5)新生代晚第三纪勘陷阶段

喜山二幕运动使早第三纪东营组剥蚀“准平原化”后，渤海湾盆地又整体下沉，在沉积上相应地由早第三纪以湖相沉积为主转变为以河流相沉积为主。在区域上沉积沉陷中心为渤中坳陷，此时期构造运动微弱。

三、地层发育特征

埕岛地区在太古界结晶变质岩基底之上，沉积了古生界、中生界和新生界三套沉积岩系，周围凹陷中心的沉积岩总厚度达10000m。埕岛地区不同构造单元(潜山披覆构造主体、斜坡带和洼陷带)具有不同的地层沉积特征、岩性特征和接触关系。埕岛地区主要发育四个区域性不整合(太古界与古生界不整合、古生界与中生界不整合、中生界与古近系不整合、古近系与新近系不整合)，形成了多层结构的地层层序，自下而上钻遇前新生界的太古界、古生界、中生界，古近系沙河街组、东营组，新近系馆陶组、明化镇组及第四系平原组(表1-1)。

表 1－1　埕岛地区地层综合简表

界	系	统	组		岩性特征	地震反射层	沉积环境
新生界	新近系	更新统	平原组	Q	土黄、棕红色黏土及砂土（未固结黄土层）		河流相
		上新世	明化镇组	Nm	棕红色泥岩夹棕黄色粉砂岩、泥质粉砂岩	T_0	
		中新统	馆陶组	Ng_1	上部棕红色、红色泥岩，灰绿色泥质砂岩，浅灰棕褐色砂岩，下部灰白色含砾岩夹灰绿色泥岩，向下砂岩增加		
				Ng_2	灰白色块状含砾砂岩，中、细砂岩夹浅灰、棕红色泥质岩，砂岩含量大于80%	T_1	
	古近系	渐新统	东营组	Ed_1	含砾砂岩与灰白、灰绿、浅灰色泥岩互层		
				Ed_2	上部砂岩发育，是“胖砂岩”段，与灰白、灰绿、浅灰色泥岩互层，砂岩更发育		三角洲相
				Ed_3	灰、深灰色泥岩夹透镜状砂岩		浅湖相 半深湖相 深湖相
			沙河街组	Es_{1+2}	灰色泥岩、油泥岩油页岩互层，夹薄层白云岩、石灰岩，局部有生物灰岩和砂岩	T_2 T_3	
				Es_3	深灰、灰褐色灰质泥岩、泥岩、油页岩夹少量砂岩	T_6	
		始新统		Es_4	上部灰色泥岩与灰白色砂岩互层；下部紫红色、灰色泥岩夹砂岩	T_7 T_r	
中生界	白垩系	下统	西洼组	K_1x	凝灰质砂岩、凝灰岩暗紫红色泥岩、灰色砂岩及粒状砂岩夹安山岩		火山相 河流相
	侏罗系	上统	蒙阴组	J_3m			
		中－下统	三台组	J_2s	灰色泥岩、粒状砂岩、砾岩夹煤层	T_j	湖泊相 河流相
			坊子组	$J_{1-2}f$		T_g	
古生界	上古生界 二叠系	下统	石盒子组	P_1sh	红色泥质岩夹同色砂质泥岩、石英砂岩，内夹铝土矿两层		
			山西组	P_1s			三角洲相
	上古生界 石灰系	上统	太原组	C_3t	灰色生物碎屑岩，灰质砂岩、泥岩夹煤层		潮坪潟湖
		中统	本溪组	C_2b		T_{g1}	台地潟湖
	下古生界 奥陶系	中统	八陡组	O_2b	浅灰色白云岩、泥质白云岩，0~260m		碳酸盐岩台地相
			马家沟组	O_2m_1 O_2m_2	下部为灰黄色粒状泥灰岩和泥质白云岩互层，中部为深灰色含燧石结核灰岩和豹皮灰岩互层，上部为深灰色灰岩、豹皮灰岩夹薄层白云岩，560~630m		
		下统	冶里－亮甲山组	O_1y+1	灰色结晶白云岩夹竹叶状白云岩，富含燧石结核或条带，90~125m		
	下古生界 寒武系	上统	凤山组	$∈_3f$	浅灰色结晶白云岩和泥质条带灰岩，100~110m		
			长山组	$∈_3c$	灰色泥质条带灰岩，竹叶状灰岩夹绿色页岩		
			崮山组	$∈_3g$	泥质条带灰岩夹灰绿色灰岩，45~50m		
		中统	张夏组	$∈_2z$	鲕状灰岩和石灰岩互层，180~195m		
			徐庄组	$∈_2x$	灰绿色、紫灰色页岩夹石灰岩和含海绿石砂岩，80~100m		
			毛庄组	$∈_2mz$	灰紫色页岩和粉砂质页岩夹鲕状灰岩和石灰岩，30~60m		
		下统	馒头组	$∈_1m$	紫红色页岩与石灰岩互层，底部褐灰色硅质或燧石隐晶白云岩，95~150m		
			府君山组	$∈_1f$	灰色灰岩、白云岩夹泥质白云岩	T_{g2}	
太古界			泰山群	Art	区域变质作用和混合岩化作用形成的混合花岗岩和多种片麻岩（25~29亿年），岩性复杂，非均质性强，顶部风化淋滤带裂缝、溶洞、溶孔发育		

该区太古界为一套巨厚的强烈混合岩化的区域变质岩，常组成凸起的核部。下古生界划分为寒武系和奥陶系，是一套以碳酸盐岩为主的浅海相沉积，沉积较为稳定，旋回性明显。寒武系自下而上划分为府君山组、馒头组、毛庄组、徐庄组、张夏组、崮山组、长山组、凤山组，奥陶系自下而上划分为冶里－亮甲山组、马家沟组及八陡组。上古生界划分为石炭系和二叠系，为一套海陆交互沉积的煤系地层，与下伏的下古生界呈平行不整合接触。中生界属陆相槽盆式沉积，早期(J_{1+2})为湖泊、河流相沉积，岩性为灰色泥岩、炭质页岩、煤、砂岩、含砾砂岩、砾岩，该时期岩性、岩相变化小，沉积范围广，中生代晚期－新生界早期，由于强烈挤压褶皱和新生代强烈拉张断裂活动，使前新生界构造格局发生极大的变化，断裂发育，凸起发育，中生界上升块体遭受强烈剥蚀。

古近系沉积受控于前新生界古地貌，地层与下伏前新生界呈角度不整合接触，主要发育沙河街组和东营组。受区域地质条件的控制，该区古近系沉积类型界于济阳坳陷与渤中坳陷之间。埕岛地区既有一定厚度的沙河街组(800～1500m)，亦有比济阳坳陷显著加厚的东营组沉积(400～1500m)，属两个沉降中心的过渡型，具有沉积发育的多旋回性及多级次的沉积间断的特点。总体上由洼陷向潜山呈逐层超覆式沉积，古近系沙河街组、东营组下部地层围绕潜山主体部位呈环带状展布，埕岛地区东北部古近系厚度大，向超覆带附近逐渐变薄。潜山披覆构造带主体大部分地区缺失沙河街组，东营组下部地层逐层超覆，至东营三段地层完全披覆在潜山之上。埕岛地区新近系与古近系呈角度不整合接触，主要发育馆陶组和明化镇组，全区广泛分布，为河流相沉积类型。

第二章　层序地层的识别与划分方法

第一节　层序地层划分原则与方法

一、划分原则

层序是由不整合面或与这些不整合面可以对比的整合面所限定的一套成因上有联系的地层(P R Vails 等，1979)，是层序地层学研究的基本单元。

层序地层分析以沉积层序组合时间单元为研究对象。考虑到层序的同期沉积特点，进行层序单元划分和对比(表 2－1)，应遵循如下原则。

表 2－1　陆相盆地层序划分级别对应结果表

层序级别	二级层序	三级层序	准层序组	准层序
层序边界	不整合面分布在凹陷边缘，占盆地很大面积	不整合面分布在凹陷内局部地区	主要湖泛面与主要湖泛面之间	湖泛面与湖泛面之间
成因	构造、气候变化引起的湖平面升降	构造、气候变化引起湖平面升降	构造、气候、湖平面、物源变化	气候、湖平面变化及物源因素
沉积旋回	区域性沉积旋回	盆地内沉积旋回	岩性组旋回	岩性旋回
地层界线比较	相当于统或更小的地层单位	相当于组或更小的地层单位	相当于一组地层叠置方式	相当于一个沉积旋回
时间/Ma	30～40	2～5	0.1～0.4	0.02～0.04
厚度范围	几 m 至数千 m	几 m 至上千 m	几 m 至数百 m	几 m 至上百 m
横向分布	一百至数万 km^2	一百至数万 km^2	几十至几千 km^2	几十至几千 km^2
识别手段	地震勘探资料及测井、岩心和露头资料上均可识别	地震勘探资料及测井、岩心和露头资料上均可识别	地震勘探资料及测井、岩心和露头资料上均可识别	普通地震资料难以识别，主要从测井、岩心和露头资料上识别

(一)等时性原则

所划分和对比的各级层序为同期沉积，为同一期幕式构造旋回形成的地质单元。为了确保等时性，层序划分和对比按由大到小的顺序逐级进行，充分考虑各级层序展布规律。

(二)最大间断原则

应首先选择规模最大、间断持续时间最长的层序界面进行追踪对比。通常选择不整合面以及与之相对应的整合面。

(三)统一性原则

对已确定的层序级别和类型进行横向追踪时，应考虑界面展布的统一性。超层序可在全盆地范围内统一，层序应在一个凹陷内统一，准层序组单元应在统一的构造带内统一，准层序及其以下的层序单元可能仅在同一沉积体系内统一。

(四)沉积旋回规模一致性原则

在同一体系域内，沉积旋回类型及分布是基本一致的。通过不同尺度的沉积旋回的划分和对比，进行目的层的高分辨率层序格架体系划分。

二、划分方法

层序地层单元由重要的层序地层界面所界定，每一个层序地层界面都代表了在盆地充填沉积过程中的一次重要事件。所以在层序地层分析过程中，层序地层界面的识别至关重要。研究过程中充分利用岩心、测录井和三维地震资料，对埕岛东斜坡地区整个东营组的层序地层界面进行了识别，从而构建了整个东营组的层序地层格架。针对不同级别的层序地层界面，采用如下识别与划分方法。

(一)层序边界的识别

层序指三级层序地层单元，由不整合面或与之对应的整合面作为边界，一个相对整合的，有内在联系的地层序列。在陆相层序地层学研究中，层序是一次湖平面(或基准面)升降作用的产物。层序边界识别对层序地层学的研究至关重要，根据层序界面在岩心、测井、地震资料等响应特征，可以对其加以识别。

1. 地震识别

根据地震剖面解译识别层序界面是层序地层学研究的重要内容。由于层序界面通常为明显的不同类型的岩石物性突变面，这些物性界面在地震反射剖面上都有不同的表现形式。在地震反射剖面上最常见的反射波组合关系分为协调关系和不协调关系，分别对应于整合层序界面和不整合层序界面。通过识别对比和追踪地震剖面上表征不协调关系的反射波终止形式可以确定层序界面的位置及其类型。指示层序界面的反射波终止形式有上超、下超、顶超及削截。其中上超和下超为指示层序底界面的反射、顶超和削截为指示层序顶界面的反射。

2. 测井识别

层序界面在测井曲线上有明显的反映，其样式较多，概括起来主要有以下 3 种形式。

(1)层序界面位于测井曲线基值发生明显改变的转折点处。当层序界面为不整合面或较大沉积间断面时，界面上下地层岩相和压实作用的差异性较大，因此，其测井曲线的基值会发生明显的改变。

(2)当层序界面位于河流下切作用而形成的下切河道或低位扇砂体底部时，其在测井曲线上，则表现为层序界面位于加积的“箱状”或退积的正旋回“钟形”自然电位曲线的底部。

(3)层序界面位于反映加积或退积的正旋回与反映进积的反旋回自然电位曲线之间，这是高水位体系域发育进积型或加积型沉积体系的测井曲线响应特征(图2-1)。

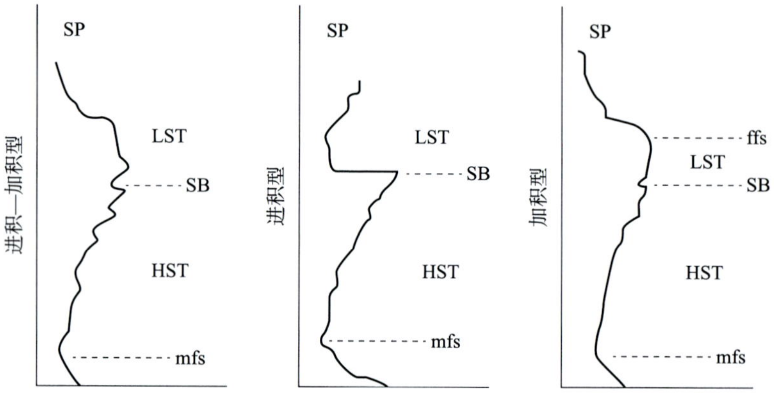

图2-1　层序界面的自然电位测井曲线响应特征(据陈守田，2000)

(4)层序界面除了在自然电位和视电阻率曲线上有明显的特征外，在自然伽马能谱测井曲线上也有明显的特征。一般情况下，层序界面往往位于伽马能谱基值由小变大的部位。这是由于层序界面是不整合面，各类岩石受风化作用的影响形成大量的黏土矿物，而黏土矿物有利于U、Th及其他放射性元素富集。

3. 小波变换响应

小波变换是傅里叶变换的发展，其基本思想是用一簇函数表示或者逼近某一信号或函数，其实质是引入伸缩、平移思想，对不同频率成分自动地选取时域和取样步长，从而能够聚焦到物体的任意微小细节。目前，小波分析技术已被越来越多地应用到层序地层研究中，主要用来识别转换基准面、剥蚀面及隐含周期等。对陆相湖盆来说，周期性的构造运动、交替变化的古气候条件、断层的间歇性活动都会引起基准面的周期性升降、湖盆水体深度和水域大小、沉积物供给速率的变化，最终导致可容空间的变化，由此决定了地层旋回的形成与发育特征。但由于地质过程的多时间、多尺度特征和各种串级事件，地层沉积序列实际上是各种地质周期沉积响应的叠加，再加上不确定因素和局部因素引起的随机波动的干扰，从测井曲线上很难直观地判读各种隐含周期。传统的层序划分、对比及沉积旋回的检测方法主要根据测井曲线的形态定性划分，其研究范围局限性较大，横向上的对比分析显得过于主观。小波分析技术可以把测井信号分解在任意精度的不同信号频带内，根据不同的信号频带范围，把信号在一定尺度上进行分解，从而提取相应频带的信息，得到相应的地质周期，不同的地质周期之间的界限对应小波频率的变化与转折，这与层序边界有很好的对应性(图2-2)。

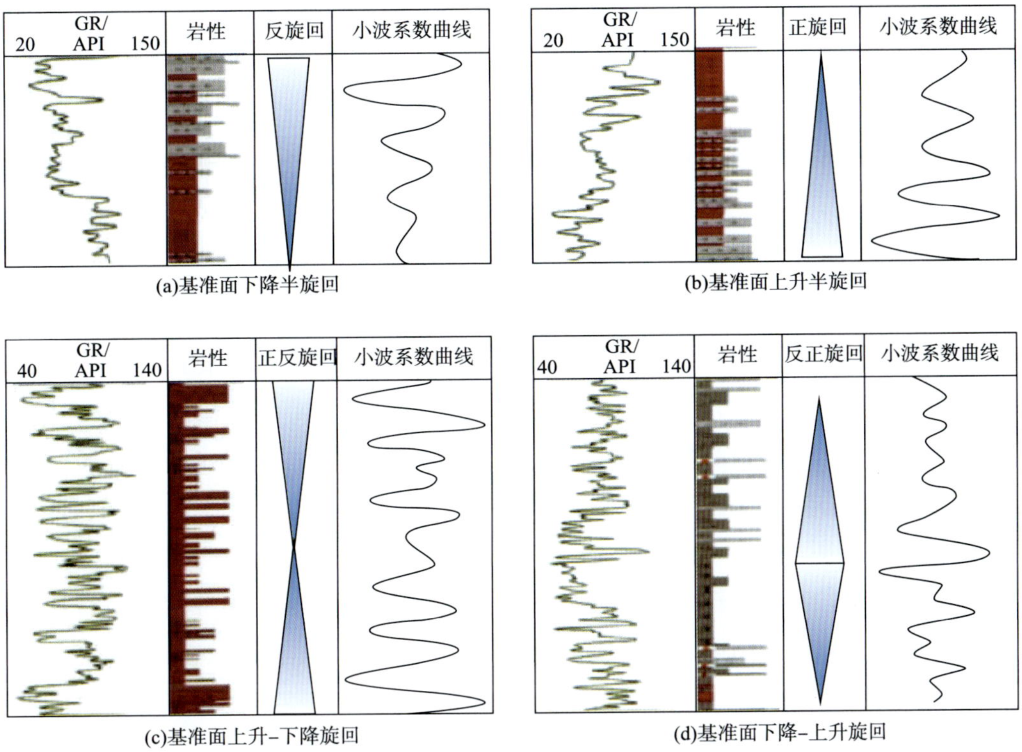

图2-2 四种典型基准面旋回的小波频率响应模式图(据杨勇强等，2011)

(二)体系域界面的识别

体系域为一个有联系的、同期沉积体系的集合体，是一个三维沉积单元，在层序分级中大体与准层序组相当。按照层序地层四分方案，一个完整的层序应由低水位体系域、水进体系域、高水位体系域及水退体系域四个单元组成。在湖相地层中，体系域通常以主洪泛面为界，低水位体系域之下为层序界面，之上为初次主洪泛面；水进体系域之下为初次主洪泛面，之上为最大洪泛面；高水位体系域之下为最大洪泛面，之上为湖退下超面；水退体系域之下为湖退下超面，之上为层序界面。一个完整的体系域可通过其边界性质、内部几何形态、其在层序内部的位置，以及准层序组叠置类型等加以区分。

1. 初次洪泛面的识别

初次洪泛面是湖平面从相对稳定的缓慢上升阶段进入快速上升阶段时湖水发生第一次大规模湖泛形成的地层界面，即低水位体系域与水进体系域之间的界面。初次洪泛面的有效识别和在全区范围内实现横向追踪一直以来都是层序地层学研究中的难点和重点。对初次洪泛面的识别也可以依据钻井和测井剖面上垂向准层序的叠加方式的异同和变化进行识别。在低水位体系域中，准层序常呈加积式(低位加积)或进积式叠置，形成加积式或进积式准层序组，而水进体系域中由于湖水的快速上涨或构造基底的快速沉降，其准层序以退积式叠加方式为特征。这种由进积式准层序组向退积式准层序组转换的界面便是初次洪泛面。应用岩性特征、电性特征和准层序的叠加方式，基于钻井、测井资料纵向分辨率高的优点，可以更准确地划分初次洪泛面的界线。

2. 最大洪泛面的识别

最大洪泛面为水进体系域与高水位体系域之间的分界面，又称密集段，通常由沉积速率很低的细粒沉积物组成。

1）地球物理特征

由于密集段具有岩性细、横向分布稳定、与上下地层差异大等特点，在地震反射上因波阻抗界面明显而表现出分布广、同相轴连续性强和振幅较大、频率低的特点。当确定了某一口井或某几口井的密集段后，可以通过合成地震记录将密集段在地震剖面中标定出来，由反射相位进行横向追踪加以确定。密集段在地震剖面上另外一个特点是具有明显的下超反射结构特征。

2）测井曲线特征

密集段处的测井特征也较明显。自然电位、视电阻率、声波时差等常规测井曲线都表现为低值，自然伽马测井曲线表现为高值。

3）岩石学特征

密集段具有粒度细、颜色深、具有反映静水环境的层理构造等特征，暗棕色和灰黑色页岩、油页岩为其主要岩石特征。密集段泥页岩、油页岩中有机质含量高、页理发育。

（三）准层序组界面的识别

准层序组为四级层序地层单元，是具有特定叠加形式的一组有成因联系的准层序序列，以主要洪泛面及与之相对应的界面为边界。一个准层序组的厚度为十 m 至数百 m，横向分布范围十 km^2 至数千 km^2。形成时间范围为几千年至几十万年。准层序组有三种叠加方式，即退积式、加积式及进积式。退积式准层序组是指准层序组内各个准层序的沉积相水体向上变深；加积式准层序组是指准层序组内各个准层序的沉积相水体变化不大；进积式准层序组是指准层序组内各个准层序的沉积相水体向上变浅。准层序组界面可在测井、岩心和露头上识别，也可在高分辨率地震勘探资料上识别。准层序组边界可与体系域或层序边界一致，对其进行识别，能将典型的准层序叠加方式区分开来。

（四）准层序界面的识别

准层序为五级层序地层单元，是以湖泛面或相应界面为界，具有成因联系的一套相对整合的岩层或岩层组序列，是比准层序组低一级的湖水变化沉积组合。由于准层序厚度较小（一般为几 m 至 30m），在常规地震资料上无法识别。因此，准层序界面识别主要利用岩心、测井等资料进行研究。根据各种陆相沉积环境的层序地层特征研究，准层序界面一般有如下几种标志：①规模相对较大的水深突增的岩相界面；②由下至上颜色突然变深的较厚泥质沉积物的分界面；③厚度较大的滑塌构造层的底界面。

第二节　层序地层界面的识别

一、层序边界的识别

综合岩心、测井、三维地震等资料，依据上述层序边界的识别与划分方法，东营组由下而上依次识别出四条层序界面，分别为 SB1、SB2、SB3 和 SB4，其中 SB1 和 SB4 分别为东营组的顶、底界面，SB2 和 SB3 为东营组内部的层序界面。

(一)地震反射特征

1. SB1

该界面为东营组底界面，为一个无沉积间断面。SB1 在第二坡折带向湖盆方向为整合面，东营组与沙一段呈整合接触，东营组上超于沙一段之上；其在第二坡折带向潜山高部位为不整合面，东营组与中生界或古生界呈不整合接触。下伏地层呈明显的削截反射特征，上覆东营组呈明显的上超反射特征(图 2－3)。

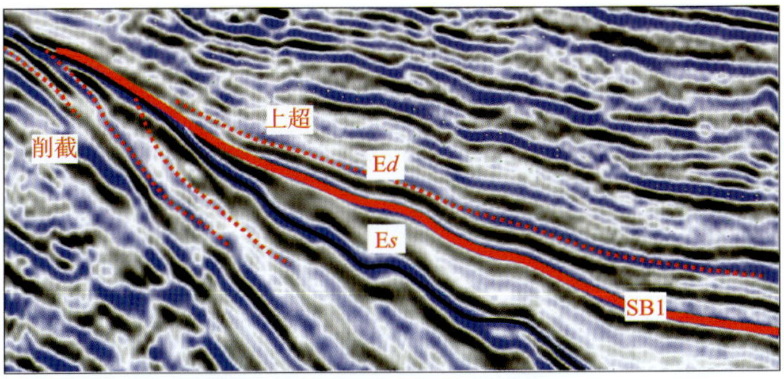

图 2－3　SB1 地震反射特征

2. SB2

该界面位于东营组内部，SB1 的上部同样为一个无沉积间断面。SB2 在第二坡折带向湖盆方向为整合面，其上部地层和下部地层呈整合接触，上覆地层上超于下伏地层之上；其在第二坡折带向潜山高部位处逐渐与 SB1 融合在一起。SB2 表现为在潜山高部位为不整合，向盆地深洼陷区逐渐过渡为整合的特征(图 2－4)。

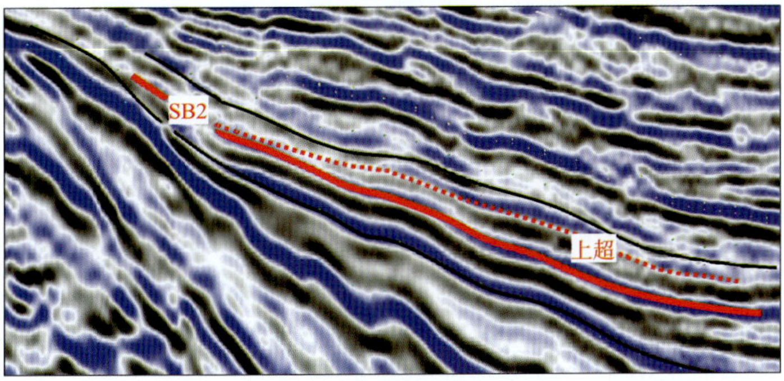

图 2－4　SB2 地震反射特征

3. SB3

该界面为东营组内部第 5 砂组(E*d*5)和第 6 砂组(E*d*6)的分界面。SB3 在潜山高部位同样表现为不整合，向盆地深洼陷区逐渐过渡为整合。其边缘的不整合部分被下蚀沟谷所标记，而在盆地内部其表现为一个顶超面。下伏第 6 砂组地层汇聚收敛于 SB3，上覆第 5 砂组地层呈明显的上超反射特征(图 2 -5)。

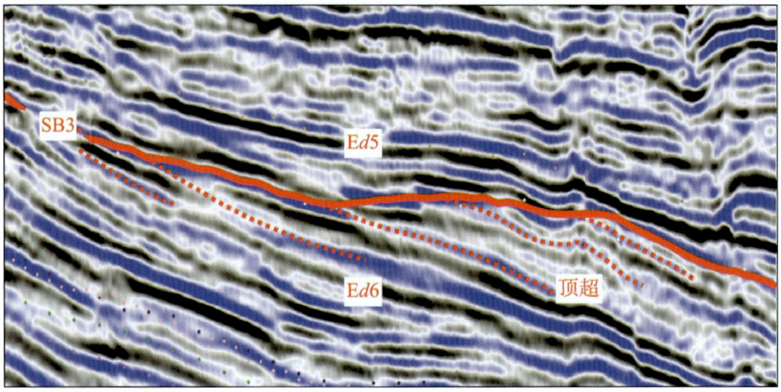

图 2 -5 SB3 地震反射特征

4. SB4

该界面为东营组和馆陶组的分界面，为区域性的不整合面。在东营组沉积末期，盆地内地层整体抬升遭受剥蚀形成，其具有地震反射连续性强、分布范围广泛等特点。其下伏东营组表现为明显的削截地震反射特征，而其上覆的馆陶组(N*g*)则明显上超于东营组之上，表现出明显的上超特征(图 2 -6)。

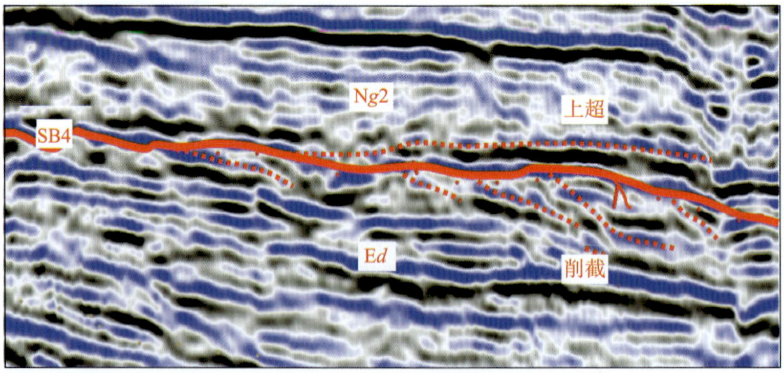

图 2 -6 SB4 地震反射特征

上述识别出的四个层序界面，把整个东营组从下向上分为了 SQ1、SQ2、SQ3 三个三级层序。其中 SQ1 为一个不完整的三级层序，只发育于第二坡折带及深洼陷区；而 SQ2 和 SQ3 则为两个完整的三级层序，SQ2 持续上超并披覆于埕北古潜山之上；SQ3 发育时期，整个埕北古潜山已经全部被 SQ2 披覆埋藏，SQ3 在全区近乎等厚且发育广泛。东营组的含油砂体主要集中在 SQ2 中，该层序为本次研究的重点。依据识别出的四个层序界面的地震反射特征，在地震剖面上对其进行了全区的追踪，可以得出三级层序界面在全区的分布情况(图 2 -7、图 2 -8)。

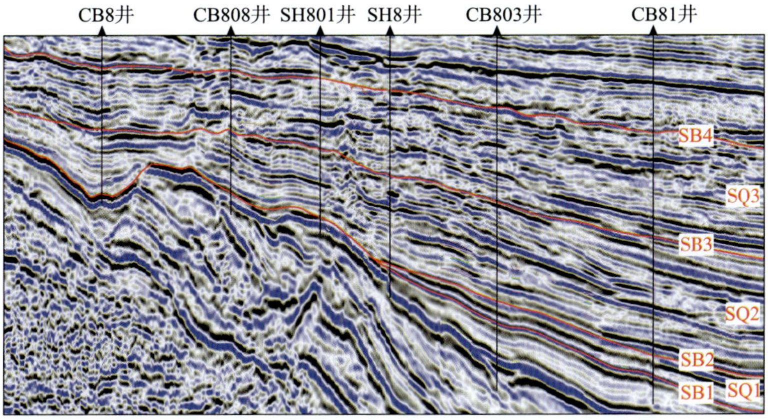

图 2 -7　埕北东斜坡地区过 CB8 井—CB81 井的东营组三级层序界面地震剖面图

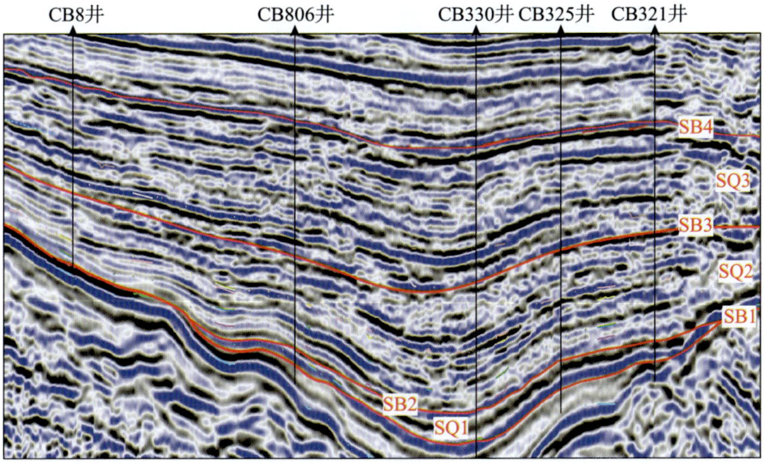

图 2 -8　埕北东斜坡地区过 CB8 井—CB321 井的东营组三级层序界面地震剖面图

(二)测录井特征

SB1、SB2、SB3 和 SB4 四条层序界面在测井曲线和录井岩性组合上有明显的变化特征。SB1 和 SB4 作为东营组的顶、底界面易于识别，而位于东营组内部的 SB2 和 SB3 识别难度相对较大。

SB2 界面附近的测井曲线基值发生了较为明显的转折，其中 GR 和 SP 曲线变化最为明显，GR 曲线的值表现为由大变小，SP 曲线的值表现为由小变大；AC、RS 曲线的变化程度相对较小，但也能清晰地辨别出两者的转折，AC 曲线的值同样表现为由大变小，RS 曲线的值则由小变大。SB2 界面处的岩性也发生转变，由泥岩转变为厚层含砾砂岩或者由油泥岩和油页岩转变为泥岩。

SB3 界面处的测井曲线基值也发生了明显的转折，各测井曲线值的变化特征与 SB2 界面处的相似。在该界面处，也是 GR 和 SP 曲线变化最为明显，GR 曲线的值表现为由大急剧变小，SP 曲线的值表现为由小急剧变大，AC、RS 曲线的变化程度不太明显，能够辨别出两者轻度的转折，AC 曲线的值同样表现为由大急剧变小，RS 曲线的值则由小急剧变大，同时该界面位于进积的漏斗形曲线(GR、AC、SP、RS)的底部，SB3 界面处的岩性也同样发生突变，由泥岩突变为薄层的细砂岩，逐渐过渡为厚层含砾砂岩(图 2-9、图 2-10)。

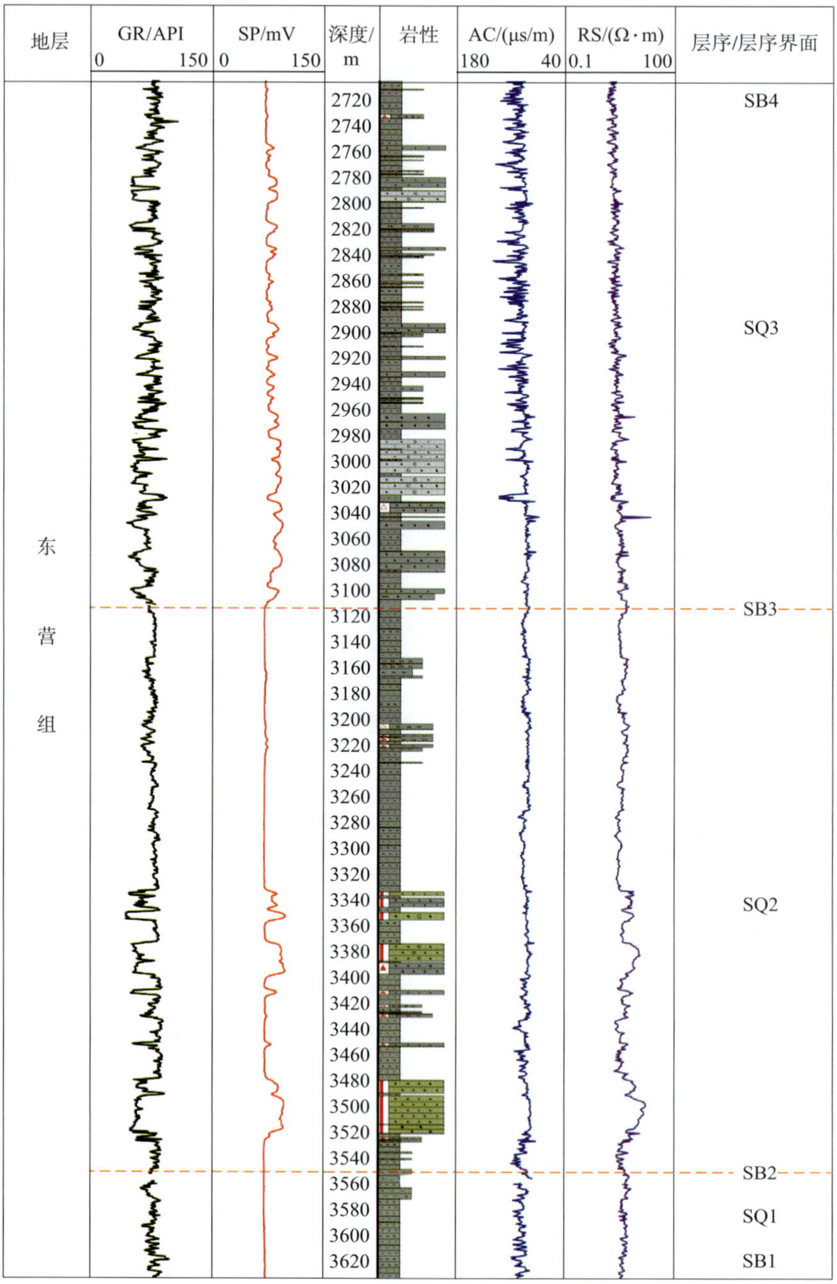

图 2-9 CB326 东营组测井柱状图

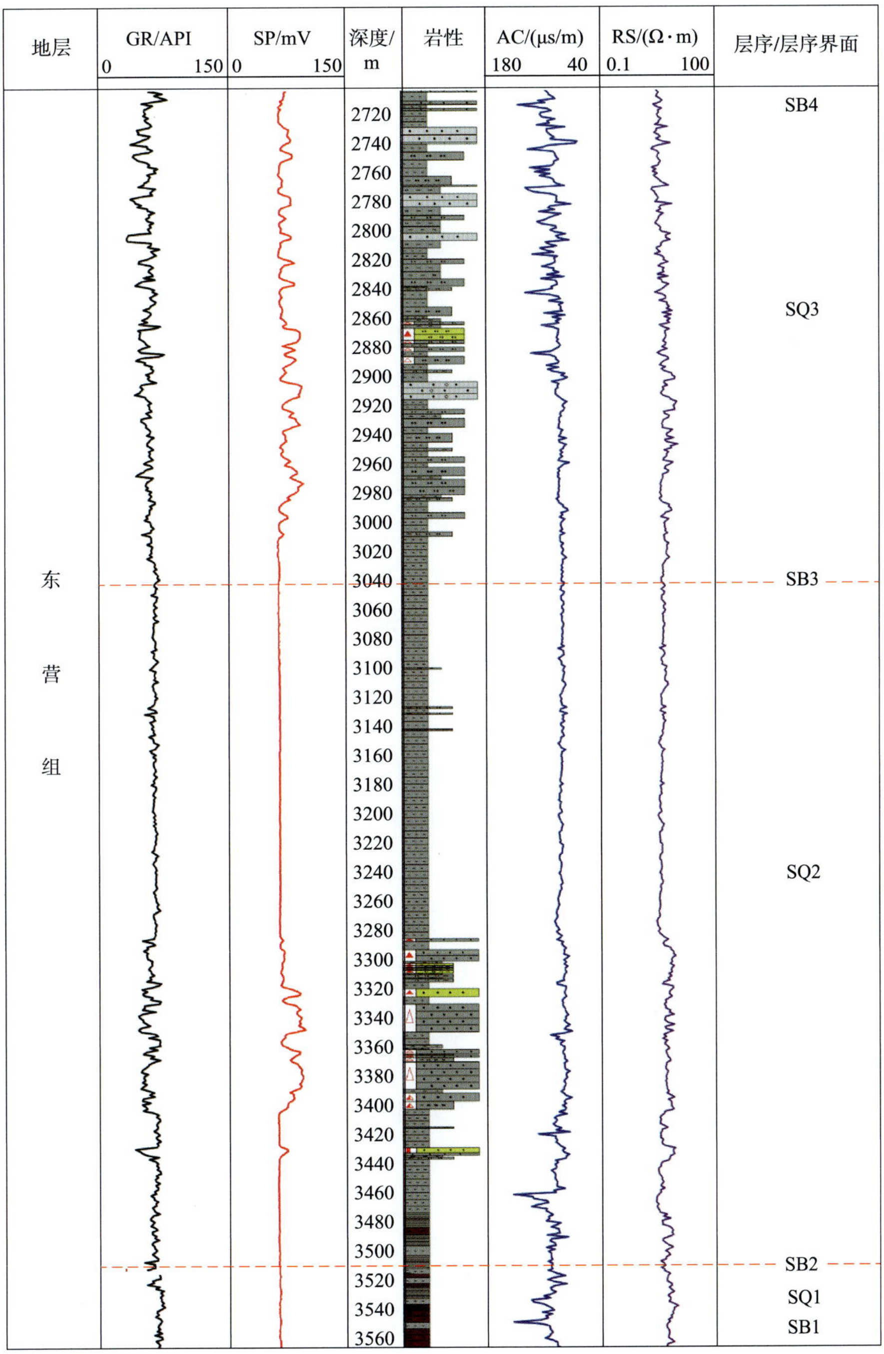

图 2-10 SH10 东营组测井柱状图

(三)小波时频特征

1. 小波选取的原则

总体来看，比较著名的小波有 Daubechies 小波、Coiflets 小波、Symlets 小波、Morlet 小波、MexicanHat 小波与 Meyer 小波等，每一种小波具有不同的函数和形态，所有满足小波条件的函数都可以作为小波函数。选取小波的原则主要有以下3种。

(1)自相似性原则。对二进小波变换，如果选择的小波与信号有一定相似性，则变换后的能量比较集中，可以有效减少计算量。

(2)判别函数。针对某类问题找出一些关键性的技术指标，得到一个判别函数，将各种小波函数代入其中，得到一个最优函数。

(3)支集长度。大部分应用选择支集长度为5~9的小波，因为支集太长会产生边界问题，支集太短不利于信号能量的集中。

实际应用中信号的信息量太大，很难找到相应的模式，因此，需要通过典型井小波分析结果与实际地质认识的反复对比选取。对于利用测井曲线的小波变换进行沉积旋回的划分，不少研究人员已进行过有益的探索。通过对小波形态与测井曲线形态的对比及对不同小波进行变换的结果分析，认为Daubechies小波在划分沉积旋回时具有较好的适用性。从形态上看，该小波相对其他几种类型对称性较差、变化特征明显，与测井曲线具有较好的相似性，符合小波函数选取的原则。通过采用不同阶数的Daubechies小波分别对测井曲线进行变换后发现，db5小波的能量集中较好，无论是对于层序边界、准层序组还是准层序的划分结果均较理想。

2. 测井曲线的选取

测井曲线的选取也是一个重要的环节，不同的曲线具有不同的地质含义，进行相同的变换可能会得到不同的结果。但是，在研究中通过对自然伽马、声波时差、感应电导率、电阻率等多条曲线进行小波变换后对比发现，不同测井曲线所得出的变换结果尽管形态上不完全一样，但在旋回划分时却较一致。虽然不同的曲线代表着不同的地层响应，会呈现出不同的特征，但地层中各种参数的变化主要受沉积环境的影响，会随着沉积环境的旋回变化呈现出基本一致的旋回特征。这也从一个方面反映了小波变换在沉积旋回划分中的客观性。因此，可以选择目标井的测量精度较高、质量较好的曲线进行小波变换，进而进行沉积旋回划分。本次研究过程中选取了对于岩性反映较敏感、精度较高的自然伽马(GR)曲线作为目标转化曲线。

3. 小波变换曲线及能量谱系图的获取

应用MATLAB软件的小波分析工具箱获取小波变换曲线及能量谱系图(图2-11)。MATLAB是MathWorks公司于1982年推出的一套高性能的数值计算和可视化软件，其中的小波分析工具箱可以满足对测井曲线进行小波变换的需要，也可以根据其基本原理编制相关的程序来实现。

在对测井曲线进行小波变换时，首先需要对所研究层段的顶、底界面进行准确标定，然后将需要变换的深度段的GR测井曲线数值建立单独的文本文件作为原始文件。将原始文件导入后保存成“.m”格式的信号文件。选择MATLAB软件的wavelet(小波分析)工具箱进行一维小波变换，小波类型选择db，阶数为5，最大级数定为12。将上述参数选好后进

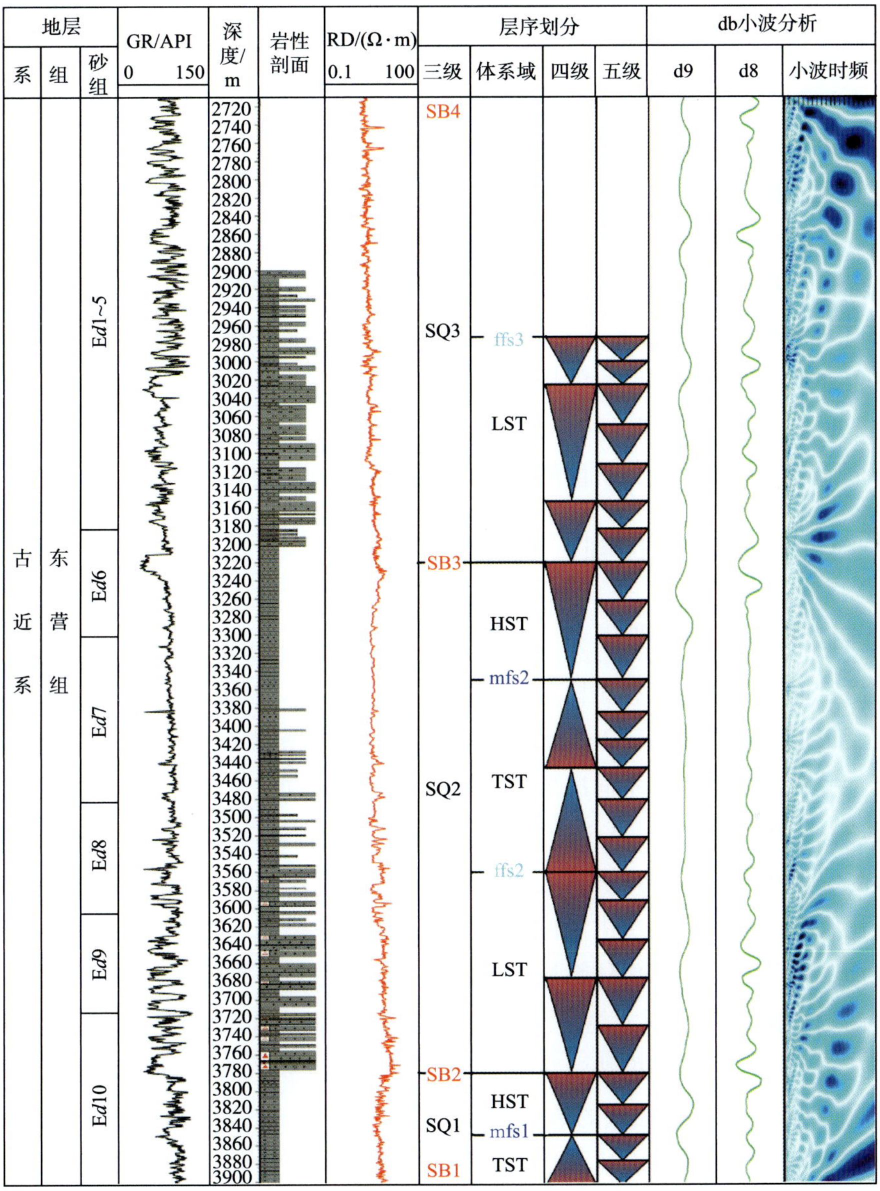

图 2－11　CB81 井单井层序分析图(含小波分析结果)

行分析，即可得到一组 12 条不同级次的 db5 小波变换曲线和相应的能量谱系图。这些不同级次的小波变换曲线经过与实际地质认识的分析和对比，可以与不同周期的沉积旋回(三级层序、准层序组、准层序)相对应，同时，不同周期的沉积旋回边界对应小波能量的变化。

4. *层序界面对应的小波时频特征*

利用上述的方法对 CB81 井的 GR 曲线进行处理，获得了 12 条不同级次的 db5 小波变换曲线和相应的能量谱系图。经过对比选择了分别与准层序和准层序组对应较好的第 8、第9级次的db5小波变换曲线(d8、d9)(图2-11)。以CB81井为例，对层序界面对应的小波时频特征进行阐述。在CB81井中，SB1和SB4层序界面作为东营组的顶、底界面易于识别，不做阐述。而SB2和SB3层序界面分别定在3780m和3220m处，两处的测录井特征与上面讲述的层序界面对应的测录井特征一致。SB2和SB3层序界面都对应着d8、d9小波变换曲线的高频部分，而两个界面上下的附近曲线部分均表现为低频的特征，两条小波变换曲线在两个层序界面处表现为“低频-高频-低频”的特征。另外，小波能量谱系图也对层序界面有很好的响应。在小波能量谱系图上，SB1和SB4层序界面都为高能量表征，而SB2和SB3层序界面则表现为“低能-高能-低能”的变化特征。此外，从小波能量谱系图上还可以看出层序明显的周期性与旋回性。在每个三级层序内部，小波能量都表现为“由强变弱，再由弱变强”的特征，这种特征代表了基准面先上升、后下降的变化过程。这种周而复始的能量变化，能够表征层序的周期性与旋回性。

二、体系域界面的识别

(一)初次洪泛面的识别

初次洪泛面是湖平面从相对稳定的缓慢上升阶段进入快速上升阶段时湖水发生第一次大规模湖泛形成的地层界面，即低水位体系域与水进体系域之间的界面。在本次研究过程中，利用钻井和测井剖面上垂向准层序的叠加方式的异同和变化识别出了两个初次洪泛面(ffs2和ffs3)，其中ffs2为层序SQ2的低水位体系域与水进体系域之间的界面，ffs3为层序SQ3的低水位体系域与水进体系域之间的界面。由于层序SQ1不发育低水位体系域，未在其中识别出初次洪泛面。初次洪泛面ffs2和ffs3都对应进积式准层序组向退积式准层序组转换的界面，其下部为低水位体系域，上部为水进体系域。在低水位体系域中，准层序常呈加积式(低位加积)或进积式叠置，形成加积式或进积式准层序组，而水进体系域中由于湖水的快速上升或构造基底的快速沉降，其准层序以退积式叠加方式为特征(图2-12)。在这两个界面处，GR测井曲线的值表现为由小变大，而SP测井曲线的值则表现为由大变小。另外从录井资料来看，在这两个界面附近，岩性均发生转变，由较厚层砂岩转变为泥岩或砂泥岩薄互层。初次洪泛面在小波变换曲线和相应能量谱系图上的反映特征不太明显，在界面附近只能识别出轻微的能量变化(图2-12)。此外，在地震剖面上，初次洪泛面表现为中弱振幅相对较连续的亚平行反射特征。

(二)最大洪泛面的识别

最大洪泛面为水进体系域与高水位体系域之间的分界面，在最大洪泛面附近会伴随着一套稳定且富含有机质的泥岩段出现，称为密集段。利用测录井和三维地震资料在埕岛东斜坡地区东营组中识别出了三个最大洪泛面(mfs1、mfs2、mfs3)，其中mfs1为层序SQ1的水进体系域与高位体系域之间的界面，mfs2为层序SQ2的水进体系域与高位体系域之间的界面，mfs3为层序SQ3的水进体系域与高位体系域之间的界面。最大洪泛面mfs1、mfs2

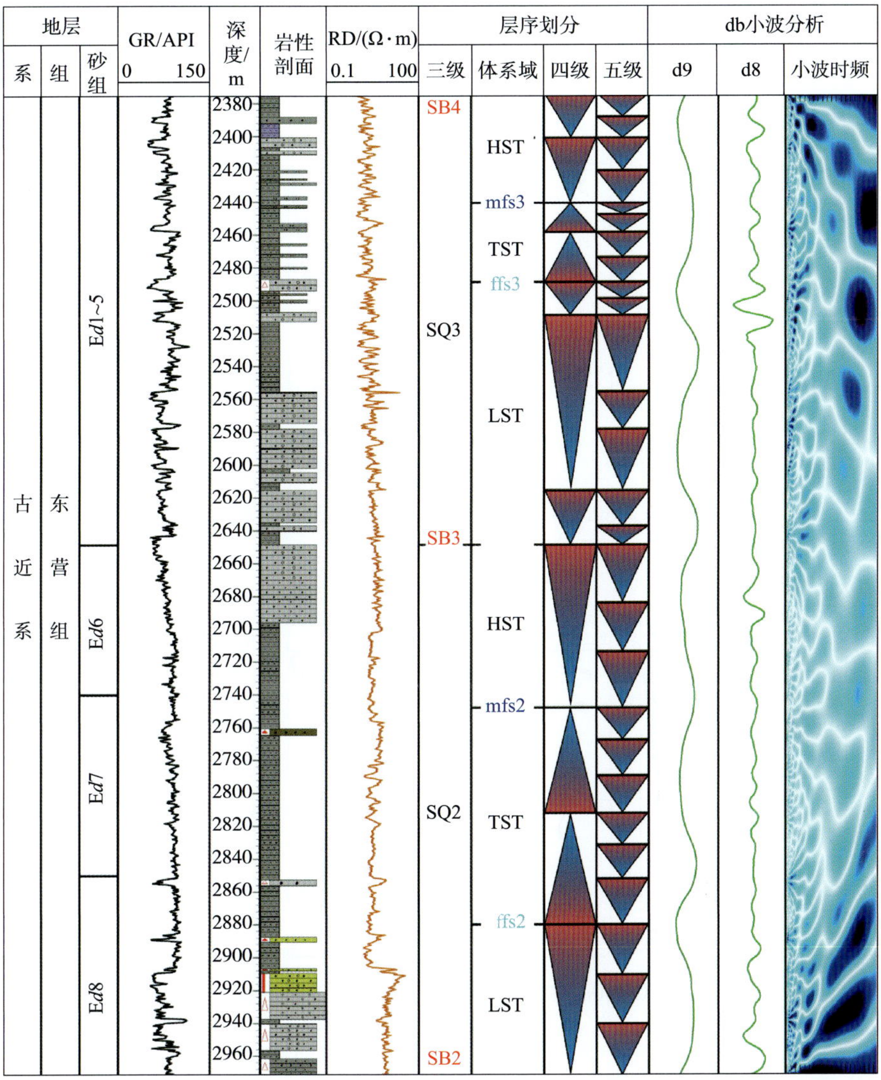

图 2－12 CB8 井单井层序分析图(含小波分析结果)

和 mfs3 都对应退积式准层序组向进积式准层序组转换的界面，其下部为水进体系域，上部为高位体系域。在水进体系域中由于湖水的快速上升或构造基底的快速沉降，其准层序以退积式叠加方式为特征；而在高位体系域中，准层序常呈加积式(低位加积)或进积式叠置，形成加积式或进积式准层序组(图 2－13、图 2－14)。在这些界面附近，相比于其上下附近的井段，GR 测井曲线表现为高值，而 SP 测井曲线通常表现为低值(图 2－13、图 2－14)。从录井资料来看，在最大洪泛面处，发育一套深灰色、灰色的页岩、油泥岩或泥岩(密集段)，一般具有反映静水沉积环境的水平层理构造，这套泥岩在该区的大部分地区一般广泛且稳定的分布。另外从微体古生物资料来看，最大洪泛面处浮游微体古生物的数量和丰度一般达到最大，这与水体广阔为浮游生物提供了有利的生存环境有关。最大洪泛面在小波变换曲线和相应能量谱系图上的反映特征同样不太明显，在界面附近只能识别出轻微的能量变化(图2－11、图2－12)。在地震剖面上，因密集段波阻抗界面明显而表现出分布广、同相轴连续性强和振幅较大、频率低的特点。

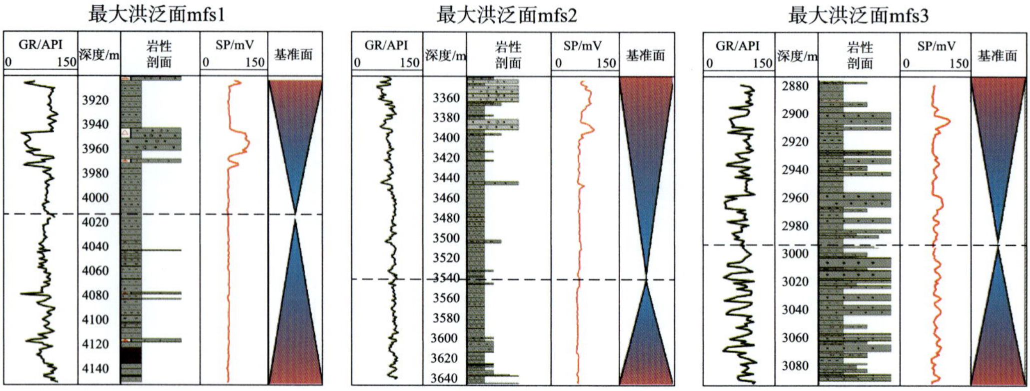

图2－13　CB323井三个最大洪泛面录井及基准面变化特征

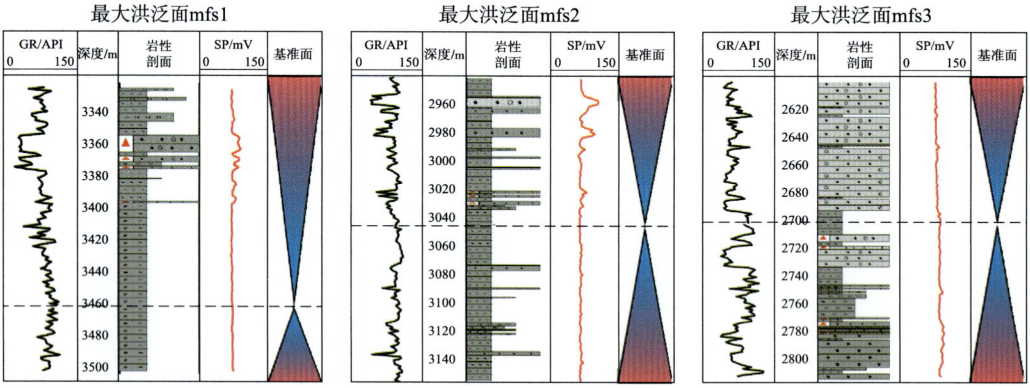

图2－14　CB804井三个最大洪泛面录井及基准面变化特征

三、准层序组界面的识别

准层序组为四级层序地层单元，是具有特定叠加形式的一组有成因联系的准层序序列，以主要洪泛面及与之相对应的界面为边界，这些边界可以与体系域或层序边界一致。准层序组界面将地层划分为退积式准层序组、加积式准层序组、进积式准层序组三种叠置模式的准层序组。退积式准层序组是指准层序组内各个准层序的沉积相水体向上变深；加积式准层序组是指准层序组内各个准层序的沉积相水体变化不大；进积式准层序组是指准层序组内各个准层序的沉积相水体向上变浅。在研究过程中，综合岩心和测录井资料及小波时频分析，在东营组识别出了13个准层序组界面，一般为岩性突变面，表现为粗粒沉积转变为细粒沉积，或者细粒沉积转变为粗粒沉积。这些界面将整个东营组划分成了14个准层序组，d9小波变换曲线的周期性变化特征与14个准层序组有较好的对应性，此外从小波的能量谱系图中也可以看出与准层序组对应的能量周期性变化特征(图2－15)。在层序 SQ1 中，水进体系域包括 1 个退积式准层序组，高位体系域包括 1 个进积式准层序组；在层序 SQ2 中，低水位体系域包括 2 个进积式准层序组，水进体系域包括 2 个退积式准层序组，高位体系域包括 1 个进积式准层序组；在层序 SQ3 中，低水位体系域包括 3 个进积式准层序组，水进体系域包括 2 个退积式准层序组，高位体系域包括 2 个进积式准层序组（表 2－2）。这些准层序组垂向叠置，反映了东营组基准面的周期性变化特征（图 2－15）。

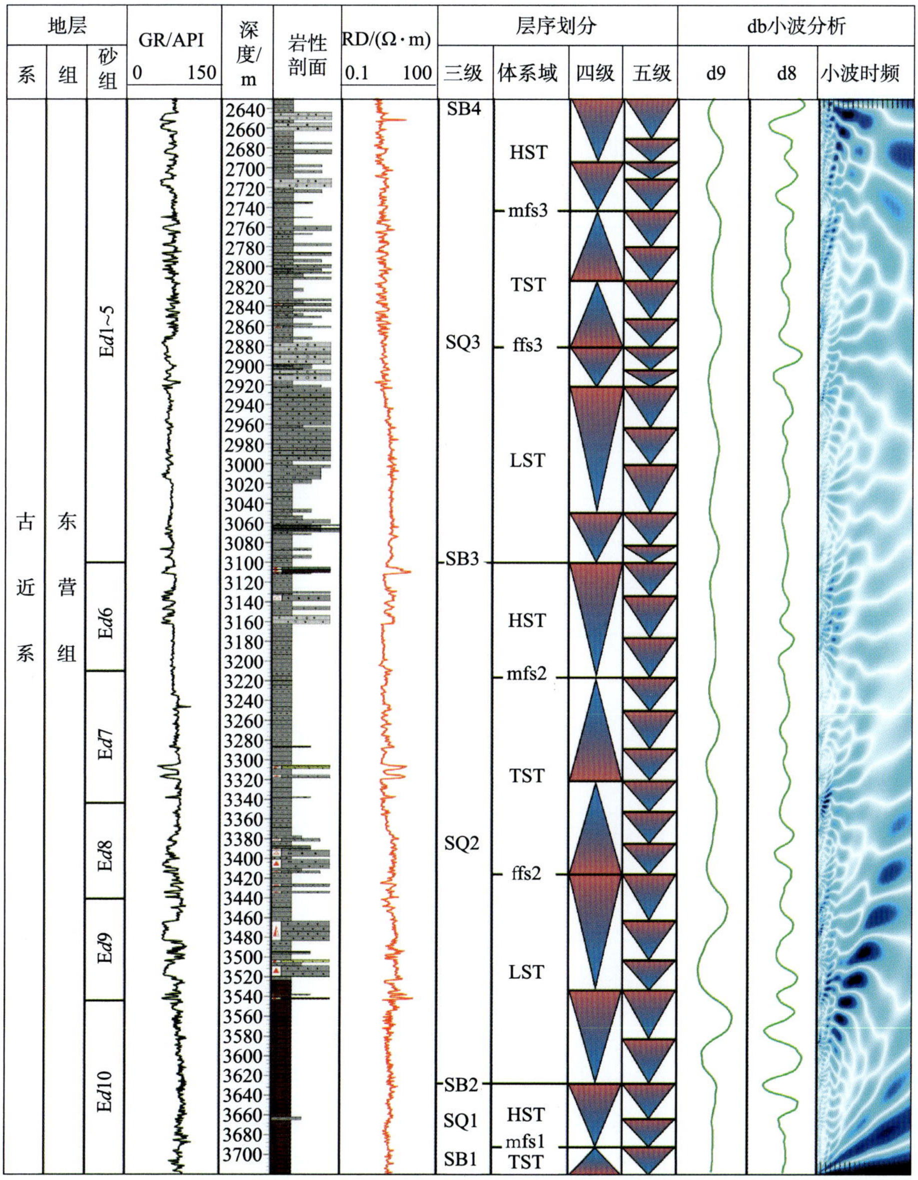

图 2－15　CB803 井单井层序分析图（含小波分析结果）

四、准层序界面的识别

准层序为五级层序地层单元，是以湖泛面或相应界面为界，具有成因联系的一套相对整合的岩层或岩层组序列，是比准层序组低一级的湖水变化沉积组合。准层序厚度较小，在常规地震资料上无法识别，综合利用岩心和测录井资料及小波时频分析对准层序界面进行了识别。在东营组中总共识别出了32个准层序界面，一般为岩性突变面。这些界面将整个东营组划分为33个准层序，d8小波变换曲线的周期性变化特征与33个准层序具有较好的对应性(图2－15)。在层序SQ1中，水进体系域包括2个准层序，高位体系域包括2个准层序；在层序SQ2中，低水位体系域包括5个准层序，水进体系域包括6个准层序，高位体系域包括3个准层序；在层序SQ3中，低水位体系域包括7个准层序，水进体系域包括4个准层序，高位体系域包括4个准层序(表2－2)。这些准层序垂向叠置，反映了东营组基准面在更小尺度上的周期性变化特征(图2－15)。

表2－2　埕岛东斜坡地区东营组层序地层单元统计表

三级层序	体系域界面	体系域	准层序组/个	准层序/个
SQ1	mfs1	TST	1	2
		HST	1	2
SQ2	ffs2	LST	2	5
	mfs2	TST	2	6
		HST	1	3
SQ3	ffs3	LST	3	7
	mfs3	TST	2	4
		HST	2	4

第三节　层序地层格架的建立

通过对三维地震资料、测录井资料、岩心和小波时频进行分析，结合前述层序地层界面的识别和划分原则与方法，对埕岛东斜坡地区35口探井和评价井的目标层段的三级层序边界、初次洪泛面、最大洪泛面以及准层序组界面共8条层序地层界面进行了识别与井震标定工作，最终得出了井震对应的测井深度数据和地震时深数据(表2－3)。

在完成埕岛东斜坡地区35口井目标层段的各级层序地层界面识别与井震标定工作的基础上，利用所获得的测井深度和地震时深数据，结合连井进行了区域上的层序对比，构建了埕岛东斜坡区目标层段新的准层序组级别(四级)的层序地层格架(图2－16～图2－20)。根据完成的层序地层对比图可以明显地发现，由于低位域时期水体相对较浅的砂体向盆地内进积，因此，低位体系域的有利砂体可向湖盆中心推进。陆源沉积物可以沉积于湖盆的大部分区域，并在湖盆中大面积分布，低位域时期为有利储层发育的最有利时期。

表 2-3　埕岛东斜坡地区目标层段的各级层序界面井震标定数据统计表

边界名称	CB8	SH801	SH8	CB803	CB81	CB811	CB812	CB806	CB819
SB3（E*d*5）	2648m	2780m	2912m	3100m	3220m	2691m	2794m	2870m	2991m
mfs2	2747.72/2.185	2906.03/2.237	3051.5/2.329	3217.22/2.397	3350.62/2.572	2774.83/2.150	2886.87/2.235	2967.53/2.300	3090.37/2.420
TST－pps	2812.65/2.222	2972.15/2.276	3132.72/2.377	3321.71/2.455	3446.81/2.626	2840.64/2.189	2958.79/2.277	3055.99/2.347	3167.33/2.466
ffs2	2880.38/2.261	3044.79/2.318	3194.17/2.413	3416.05/2.507	3559.57/2.688	2911.07/2.232	3028.4/2.319	3139.75/2.391	3242.31/2.508
LST－pps	2984.41/2.319	3150.74/2.381	3296.5/2.468	3533.4/2.569	3674.2/2.75	2965.27/2.266	3103.4/2.365	3222.49/2.436	3331.35/2.557
SB2			3374.28/2.516	3629.71/2.631	3772.99/2.803			3318.19/2.487	3418.58/2.606
mfs1			3443.7/2.562	3692.99/2.675	3847.89/2.850			3382.18/2.521	3470.38/2.638
SB1（T21）				3722.51/2.697	3893.47/2.882				3498.69/2.657

边界名称	CB810	CB804	CB805	CB807	CB321	CB322	CB323	CB324	CB818
SB_3（E*d*5）	2780m	2940m	2832m	2550m	2884m	3016m	3404m	2984m	2844m
mfs2	2886.09/2.221	3046.45/2.327	2937.86/2.294	2631.47/2.102	2974/2.321	3098.56/2.368	3541.29/2.743	3104.08/2.323	2940.22/2.269
TST－pps	2969.55/2.271	3104.66/2.360	3020.79/2.341	2709.15/2.148	3039.67/2.354	3179.5/2.411	3623.82/2.787	3147.19/2.349	3040.51/2.327
ffs2	3069.5/2.328	3192.19/2.408	3100.97/2.387		3103.73/2.388	3260.45/2.461	3716.95/2.837	3204.9/2.385	3133.22/2.382
LST－pps	3169.31/2.389	3316.99/2.473	3217.57/2.457		3177.57/2.430	3351.61/2.506	3807.6/2.886	3287.97/2.438	3215.66/2.436
SB2	3189.66/2.402	3409.38/2.523			3274.99/2.490	3437.83/2.560	3922.85/2.947	3374.89/2.487	
mfs1		3461.52/2.556			3355.1/2.540	3510.58/2.607	4014.45/3.000	3458.86/2.528	
SB1（T21）		3490.77/2.576				3553/2.638	4110.28/3.058		

边界名称	CB325	CB326	CB327	CB330	CB813	CB817	SH10	CB802	CB809
SB3（E*d*5）	3000m	3112m	3300m	3085m	2769m	3080m	3040m	2830m	2690m
mfs2	3083.96/2.357	3192.92/2.441	3427.32/2.595	3187.24/2.433	2869.9/2.232	3182.2/2.448	3148.81/2.411	2919.52/2.251	2767.45/2.162
TST－pps	3160.3/2.397	3271.83/2.482	3506.88/2.638	3279.73/2.484	2937.74/2.271	3256.62/2.490	3214.83/2.447	2996.8/2.294	2838.48/2.204
ffs2	3238.79/2.437	3337.33/2.519	3581.47/2.678	3373.04/2.534	3025.62/2.32	3345.83/2.541	3333.58/2.513	3063.5/2.331	2917.66/2.250

续表

边界名称	CB325	CB326	CB327	CB330	CB813	CB817	SH10	CB802	CB809
SB3(Ed5)	3000m	3112m	3300m	3085m	2769m	3080m	3040m	2830m	2690m
LST－pps	3314. 8/2. 479	3452. 92/2. 581	3686. 4/2. 732	3490. 74/2. 598	3125. 49/2. 383	3459. 42/2. 603	3448. 84/2. 577	3155. 7/2. 388	2990. 85/2. 291
SB2	3432. 05/2. 540	3552. 28/2. 636	3779. 96/2. 783	3598. 93/2. 662		3579. 79/2. 670	3510. 45/2. 618		
mfs1	3643. 79/2. 651	3606. 47/2. 668	3858. 48/2. 830	3658. 56/2. 699		3638. 04/2. 708	3586. 07/2. 672		
SB1(T21)		3657. 66/2. 698	3940. 4/2. 881	3694. 12/2. 722		3657. 2/2. 72			

边界名称	CB328	CB32	CB84	CB826	CB808	CBG4	CB329	CB815
SB3(Ed5)	3265m	3130m	3070m	3150m	2720	2780	2920m	3040m
mfs2	3386. 92/2. 533	3256. 51/2. 485	3195. 3/2. 471	3274. 4/2. 502	2801. 82/2. 169	2885. 01/2. 225	3021. 61/2. 289	3142. 1/2. 415
TST－pps	3463. 03/2. 576	3320. 56/2. 520	3288. 87/2. 522	3390. 14/2. 567	2877. 47/2. 213	2959/2. 268	3095. 76/2. 333	3232. 82/2. 466
ffs2	3515. 92/2. 606	3376. 10/2. 549	3369. 06/2. 566	3491. 89/2. 624	2955. 5/2. 258	3035. 5/2. 310	3172. 91/2. 379	3313. 31/2. 512
LST－pps	3611. 01/2. 656	3444. 7/2. 586	3464. 92/2. 618	3613. 71/2. 688	2992. 25/2. 280	3100. 59/2. 349	3258. 24/2. 428	3392. 71/2. 559
SB2	3728. 5/2. 724	3523. 11/2. 628	3553. 89/2. 666	3747. 63/2. 760			3335. 3/2. 473	3460. 55/2. 603
mfs1	3797. 76/2. 767	3581. 24/2. 665	3617. 15/2. 704	3838. 38/2. 811			3410. 08/2. 523	3506. 43/2. 635
SB1(T21)	3859. 08/2. 81	3652. 14/2. 707	3653. 9/2. 728	3905. 82/2. 849				

注：表中数据“2747. 72/2. 185”为“2747. 72m/2. 185s”。

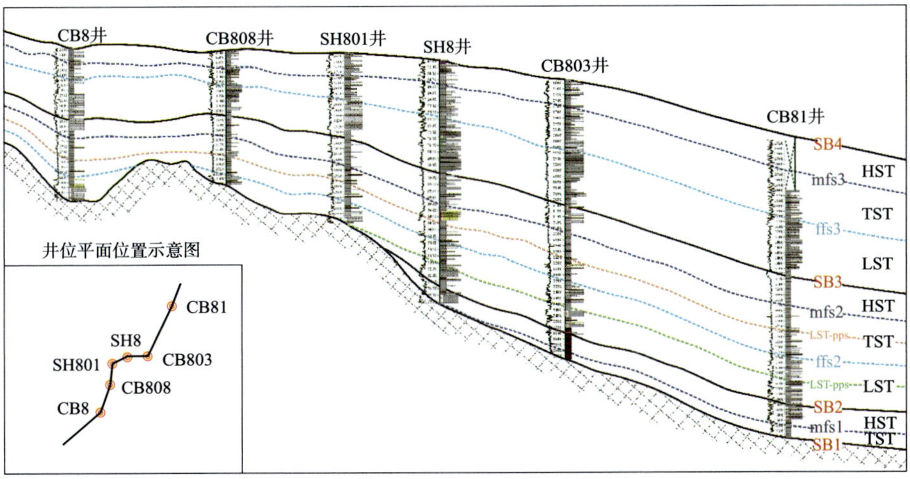

图 2－16　埕北东斜坡地区 CB8 井—CB81 井东营组层序地层格架图

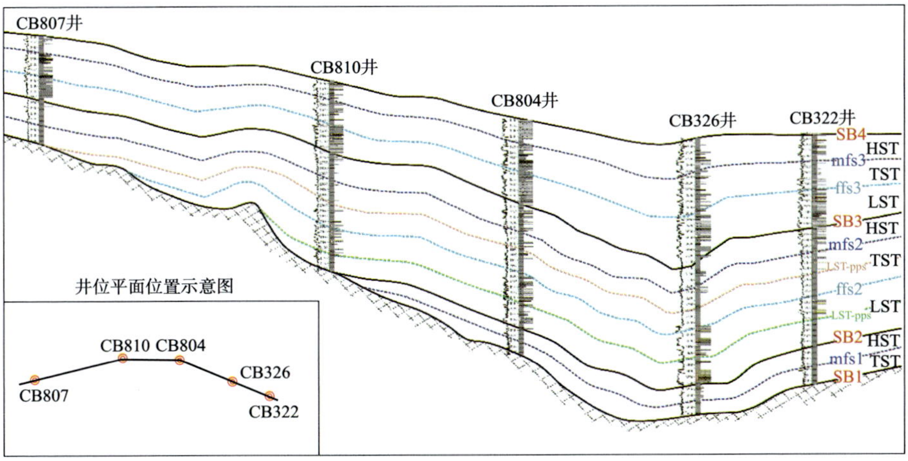

图 2－17　埕北东斜坡地区 CB807 井—CB322 井东营组层序地层格架图

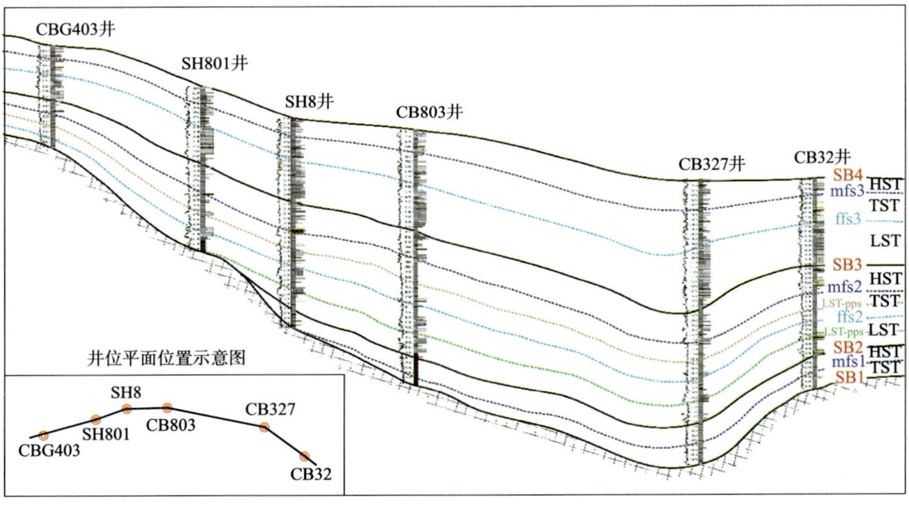

图 2－18　埕北东斜坡地区 CBG403 井—CB32 井东营组层序地层格架图

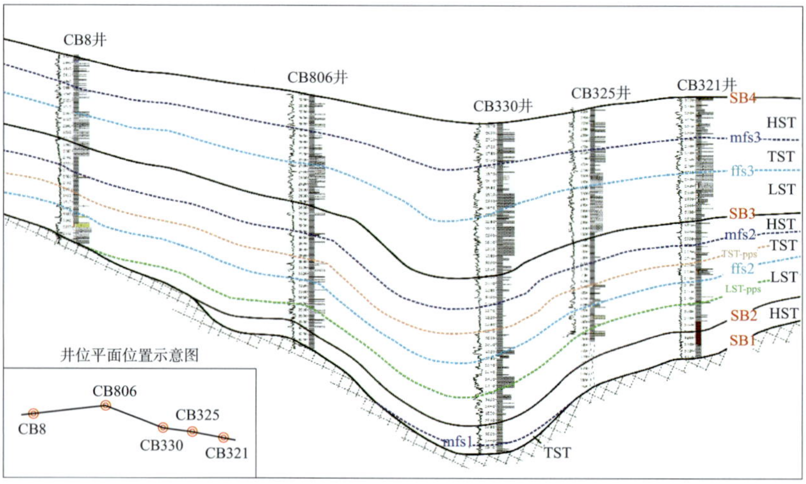

图2-19　埕北东斜坡地区 CB8 井—CB321 井东营组层序地层格架图

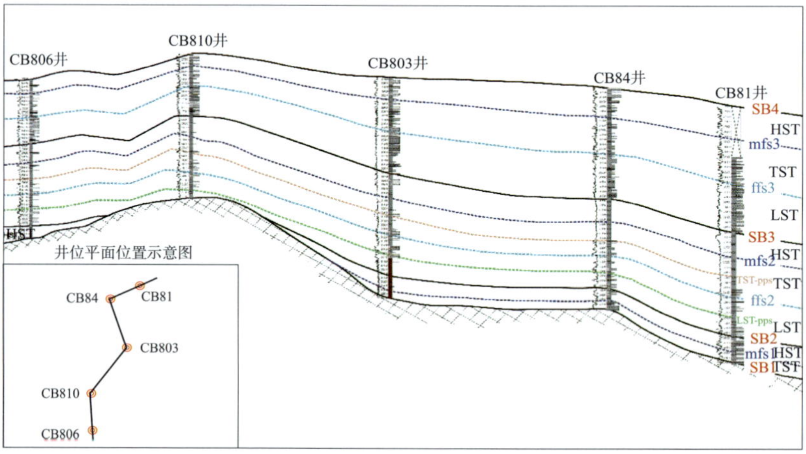

图2-20　埕北东斜坡地区 CB806 井—CB81 井东营组层序地层格架图

第三章　沉积相类型及沉积模式研究

第一节　古地貌恢复

古地貌是控制沉积体系发育的关键因素之一，研究古地貌有助于揭示物源体系、沉积体系的发育特征与空间配置关系。古地貌恢复是一项综合性很强的工作，也是油气勘探领域中的热点和难点，目前的研究大都停留在定性阶段。残留厚度和补偿厚度印模法、回剥和填平补齐法是常用的古地貌恢复方法和理论基础，但由于在恢复古地貌特征方面均存在许多未考虑的地质因素(如不同岩性岩石沉积后遭受的压实程度不等)，导致古地貌恢复结果存在较大的误差。本次研究中以残留厚度和补偿厚度印模法为基础，并充分考虑到能够导致古地貌恢复产生误差的地层倾角和压实两个地质因素，利用两者相关的参数对恢复的地貌进行校正，最终得到了东营组沉积前相对准确的古地貌图。

一、地层倾角校正

地层在埋藏过程中往往会由于构造运动等因素而发生倾斜，造成钻井与地层斜交，而不是垂直穿过地层。因此，直接从钻井资料中统计的地层厚度(视厚度)不能准确反映地层的真实现今厚度(真厚度)，往往大于真厚度，在压实恢复之前需要进行地层真厚度校正。

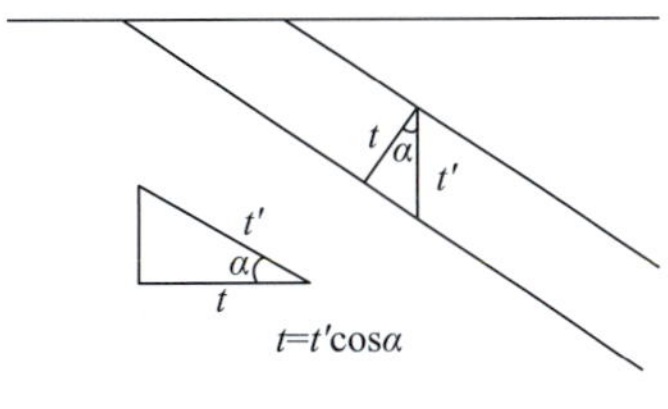

图 3－1　地层倾角校正原理示意图

图 3－1 中，t 为倾斜地层的真厚度，m；t'为通过钻井资料读取的地层视厚度，m；显然 $t'>t$。设 t 与 t'之间的夹角为 α，根据勾股定理：$t=t'\cos\alpha$，由该式和图 3－1可知：只要求得 t 与 t'之间的夹角 α，就可以由地层视厚度 t'计算出地层的真厚度 t。

α 的获取步骤如下所述：如图 3－2 所示，在目的地层层面上，选某一定点 O，以 O 点为某正方形的中心，选定正方形端点及边线中点共八个点，代表八个不同的方位[图 3－2(a)]，以图 3－2(a)中 A 点为例，设 A 点与 O 点的连线 OA 与水平方向之间的夹角为 α'，则 $\alpha'=\alpha$[图 3－2(b)]。设 s 为 A 点与 O 点之间的水平距离，Z_o、Z_a 分别为 O、A 两点埋深，则有 $\alpha=\alpha'=\arctan[(Z_o-Z_a)/s]$，即求得了地层在 OA 方向上的倾角。同理，分别对图 3－2(a)中所示的其他七个点进行同样的计算，共

求得八个 α'，选取其中的最大值，可以近似认为这个 α' 就是地层在 O 点的真实倾角 α。进一步求出 $\cos\alpha$ 并代入上面 α 与 α' 的关系式中，即可由地层视厚度 t' 计算出地层的真厚度 t。

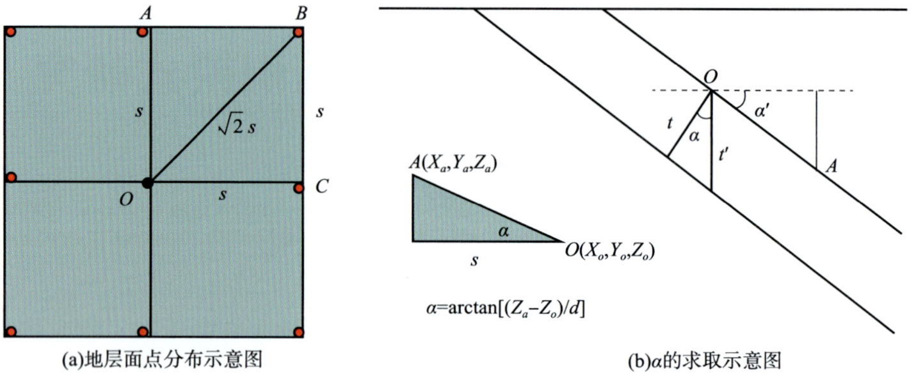

图 3-2 地层层面点分布示意图与 α 的求取示意图

通过以上地层倾角求取以及地层倾角校正的方法，最终获得了层序 SQ2 的初次洪泛面(ffs2)与东营组底界(T21)之间的地层倾角，图 3-3 为其等值线图，进一步计算其余弦值，最后将余弦数据与残余地层厚度数据进行合并，得到经倾角校正的残余地层厚度数据。

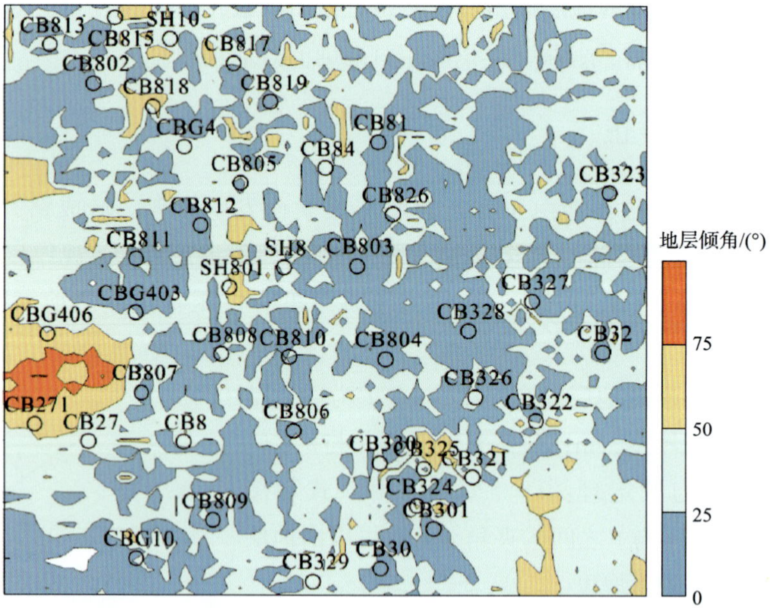

图 3-3 层序 SQ2 的初次洪泛面(ffs2)与东营组底界(T21)之间的地层倾角等值线图

二、压实恢复

沉积物埋藏过程中，在重力及上覆沉积物压载共同作用下，随深度增加，沉积物孔隙度不断减小，地层厚度也减小。在压实过程中，不同岩性压实作用有较大的差异，泥岩、粉砂岩初始孔隙度分别约为 52% 和 50% ，而被压实后，孔隙度可降为 10% 以下，地层厚度相对于原始厚度可以减少 40% 以上。因此，压实恢复对古地貌研究具有重要意义。

压实恢复建立在一定的假设前提之上：①假设在地层压实过程中，岩石骨架体积始终保持不变，地层孔隙度体积变小导致地层体积变小，且孔隙度变化具有不可逆性。②地层在横向上保持不变，仅在纵向上的厚度随地层体积变化，即地层体积变化主要归结于地层厚度的变化，且地层的压实具有不可逆性，由地层曾经历的最大埋深控制。③同一地层的沉积速率相等；如果有剥蚀，假设同一地层被剥蚀掉的部分都是在一次剥蚀事件中造成的，并且剥蚀速率相等。压实恢复主要包括压实方程的建立与压实厚度恢复两方面的内容。

1)压实方程的建立

岩层孔隙度随深度增加有规律减小，孔隙度与深度存在以下关系：

$$\phi = \phi_0 e^{(-C \times D)} \tag{3-1}$$

式中，ϕ 为岩层的现今孔隙度,%；ϕ_0 为岩层沉积时期的初始孔隙度,%；e 为自然对数的底；C 为压实系数；D 为埋藏深度，m。

其中，压实系数 C 和初始孔隙度 ϕ_0 与岩性有关，只要有了不同深度地层岩石的孔隙度，就可以做出 $\phi - D$ 关系曲线，通过拟合关系式可得到初始孔隙度 ϕ_0、压实系数 C 和任意深度下岩石的孔隙度 ϕ。岩性不同，初始孔隙度和压实系数就有所不同。实验表明：泥岩压实系数最大；砂岩次之；碳酸盐岩压实系数介于两者之间，如含泥质较多则偏向于泥岩，反之则偏向于砂岩；蒸发岩可视为无压实作用。

2)压实厚度恢复

在上述基础上，可以由盆地模拟软件实现压实恢复，得到原始厚度和压实率。为简化模型和便于程序设计，有以下几点假设：①岩层压实前后岩石骨架颗粒体积不变，压实作用导致的厚度缺失部分仅来自岩石孔隙体积的减小。②不考虑成岩作用过程中的各种次生变化。③压实过程不可逆。

在上述假设的基础上，根据姜正龙等(2009)的模型，设 D_1、D_2 分别为目的地层现今的顶、底界埋深，剥去上覆一套地层后，其顶、底界埋深分别为 D_1' 和 D_2'，应存在如下等式：

$$\int_{D_1}^{D_2} [1 - \varphi(D)] \mathrm{d}D = \int_{D_1'}^{D_2'} [1 - \varphi(D)] \mathrm{d}D \tag{3-2}$$

等式的左边和右边分别代表该套地层恢复前后单位截面积的骨架高度，求解该式即可得到 D'_1 和 D'_2。该过程可以由 BASINMOD 盆地模拟软件实现。

通过以上地层恢复的方法，求取了埕岛东斜坡地区 35 口井的层序 SQ2 初次洪泛面(ffs2)与东营组底界(T21)之间的地层压实系数，图 3－4 为其等值线图，并将压实系数数据与经校正的残余地层厚度数据进行合并，得到经过压实校正的真实地层厚度数据。

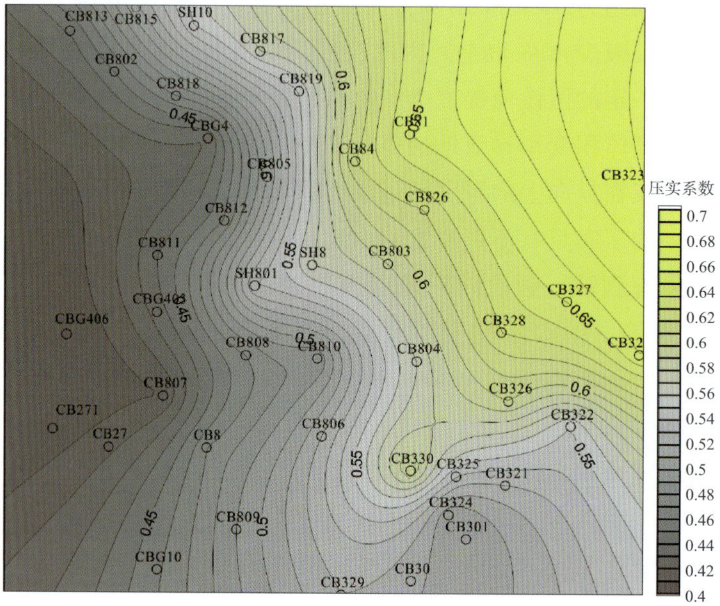

图 3－4　层序 SQ2 的初次洪泛面(ffs2)与东营组底界(T21)之间的压实系数等值线图

三、古地貌恢复结果

经过以上各步骤后，将得到的地层数据进行三维可视化，就得到了埕岛东斜坡地区东营组地层沉积时期的古地貌图(图 3－5)。图中色标数值大于 0 的部分为正向地貌，色标数值小于 0 的部分为负向地貌。从古地貌图中可以看出，该区的古地貌主要受从南向北依次排开的三条大沟谷控制，其中最南面的沟谷规模最大，向北沟谷规模依次变小。此外，

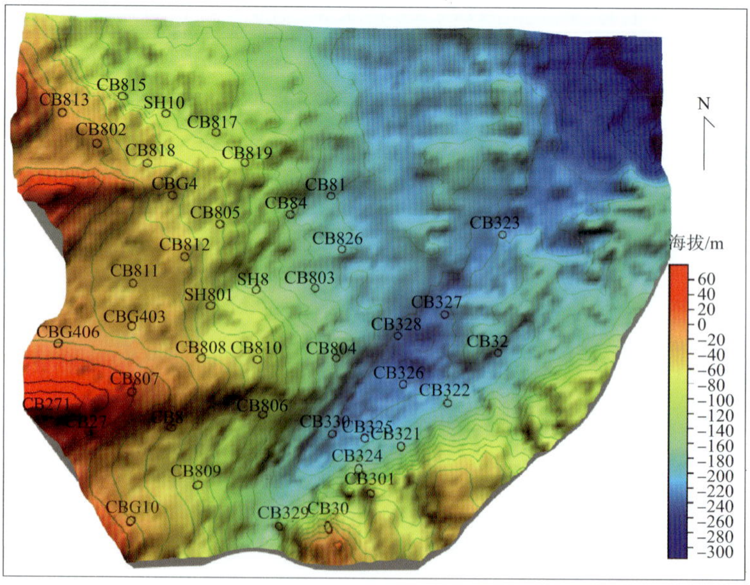

图 3－5　埕岛东斜坡地区东营组地层沉积时期的古地貌

该区的古地貌呈现明显的坡折化，可以区分出剥蚀区、第一坡折带、第二坡折带和洼陷带，剥蚀区在图中为红色区域，第一坡折带为黄—橙色区域，第二坡折带为黄绿色区域，洼陷带为蓝—深蓝色区域。

第二节　沉积相类型

本次研究中共观察埕岛东斜坡东营组下段(简称东下段)取心井 11 口，井的分布位置如图 3－6 所示，岩心总长度 201.49m，对所有岩心的颜色、岩性、含油情况、生物遗迹、颗粒大小及沉积构造进行了详细的观察、记录以及拍照工作，一共拍摄照片 3258 张。在此基础上，以岩心的微观特征及分析化验资料为主，以测录井资料为辅，进行了沉积相类型的分析与识别。东下段含油砂体主要集中在层序 SQ2 的低水位体系域(LST)和水进体系域(TST)两个体系域中，这两个体系域为本次研究的重点。最终按照砂体成因在上述两个体系域中识别与划分出了 5 种沉积相类型，分别为：碎屑流沉积、浅水风浪改造的洪水重力流沉积、深水洪水重力流沉积、风暴沉积、滩坝沉积。其沉积特征分别表述如下。

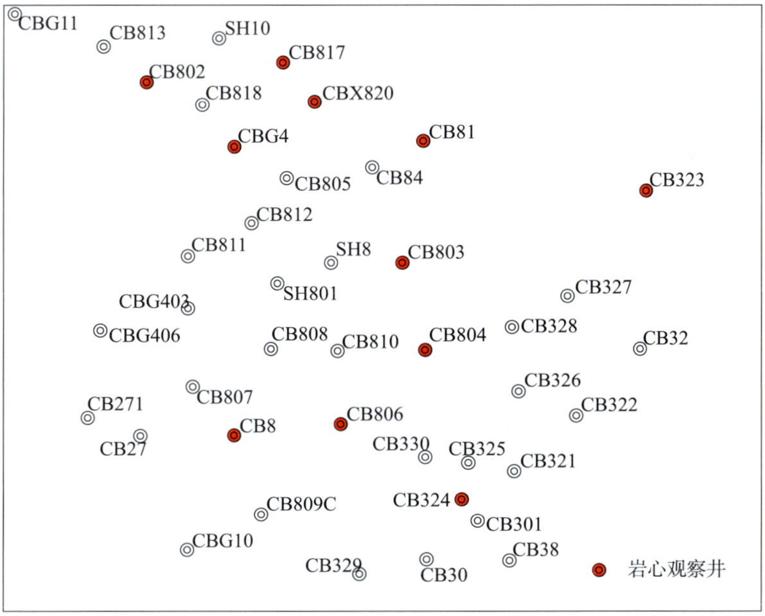

图 3－6　埕岛东斜坡地区井位及岩心观察井分布图

一、碎屑流沉积

碎屑流沉积主要发育于层序 SQ2 的低水位体系域(LST)时期，在平面上呈扇形分布，主要发育在 CB8 井区附近，展布范围比较小，紧邻埕北低凸起物源区。

1)岩性

碎屑流沉积的粒度整体偏粗，砂岩以含砾中－粗砂岩和砂砾混杂岩为主，岩心整体呈灰白色，部分层段含有大量的砾石，砾石包括灰色、红褐色泥岩角砾和灰白色石英砾，砾石的直径为 3mm ~ 5cm，砾石间充填有细砂和粉砂级颗粒(图 3 − 7)。

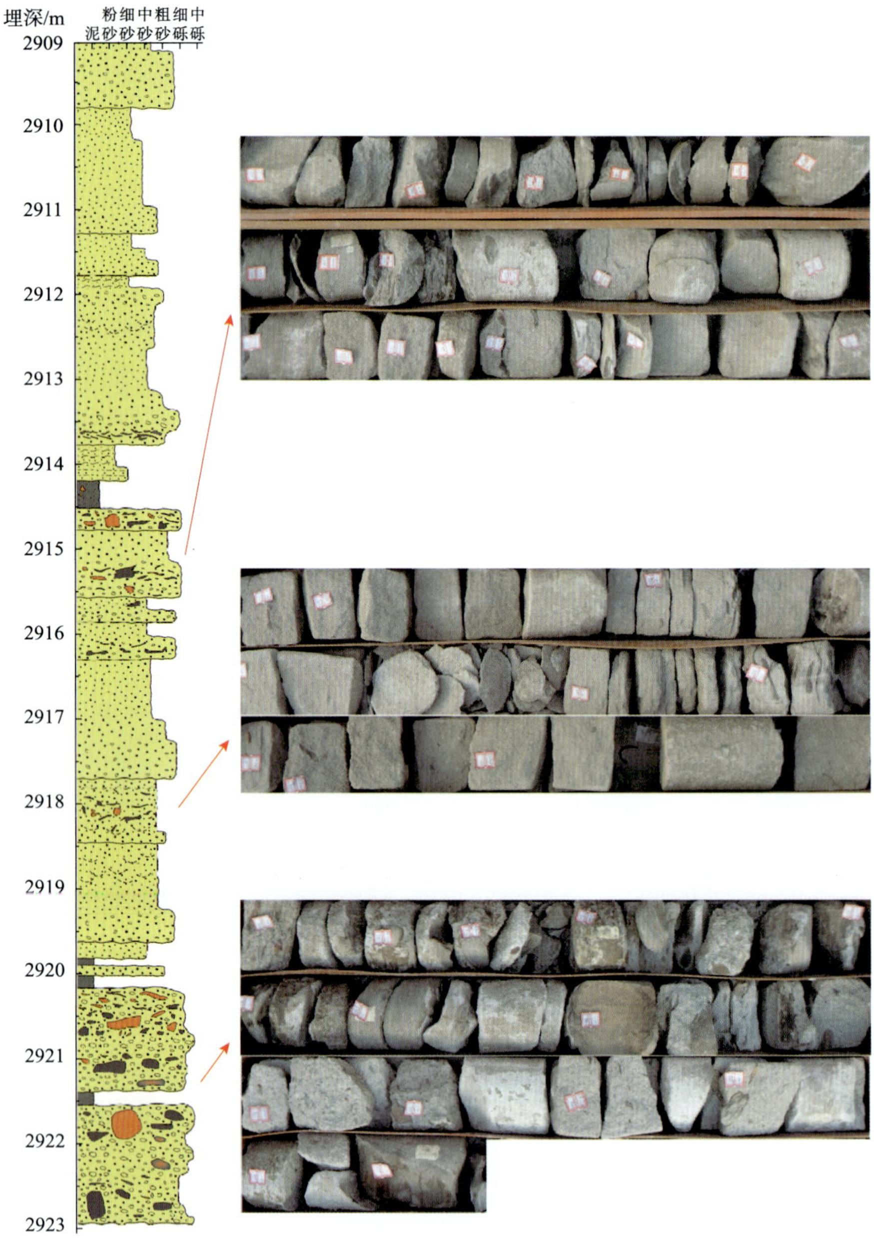

图 3 − 7　CB8 井 2909 ~ 2923m 取心井段岩心柱状图和岩心照片

2)沉积构造

该沉积相中沉积层理构造发育较少，在砂砾混杂岩中无沉积层理可见，表现为泥岩角砾和石英砾的杂乱分布，没有一定的定向性[图 3 − 8(a) ~ (c)]；在含砾中 − 粗砂岩中，表现为块状层理[图 3 − 8(d) ~ (e)]，还可以见到“似平行层理”[图 3 − 8(f)]。

(a) 2920.20m，砂砾混杂岩

(b) 2920.40m，大块灰色、红褐色泥砾

(c) 2920.74m，红褐色泥砾、石英砾

(d) 2916.08m，块状层理

(e) 2912.66m，块状层理

(f) 2912.66m，似平行层理

图 3－8　CB8 井碎屑流沉积岩心照片

3）砂岩结构

该沉积相中砂粒的直径为 0.35～0.50mm，砾石的直径为 3mm～5cm，相对较细的砂粒充填在较粗的砾石之间[图 3－9(a)～(b)]，颗粒的接触类型主要为点接触，其次为线接触[图 3－9(c)～(d)]，颗粒分选极差，颗粒磨圆主要为棱角状到次棱角状。

4）成因机制

上述描述的岩性、沉积构造和砂岩结构特征，证明该类沉积为碎屑流沉积。碎屑流由于基质强度大，通常在塑性成层的黏着状态下流动，其流动性像湿的混凝土。碎屑流形成的沉积通常被称为“碎积岩”，可由泥、泥砂混合物以及泥、砂和砾杂乱混合组成。较高的基质强度足以支撑流体中砾石大小的碎屑并沉积下来。在内部，碎屑流表现为碎屑的随机排列或较大碎屑的叠瓦状排列。因为较高的基质强度，流体流动产生沉积构造较少，一般可见到少量的块状层理、正粒序层理、泄水构造。

(a) 2922.79m，细颗粒充填于粗颗粒之间，单偏光

(b) 2922.79m，细颗粒充填于粗颗粒之间，正交光

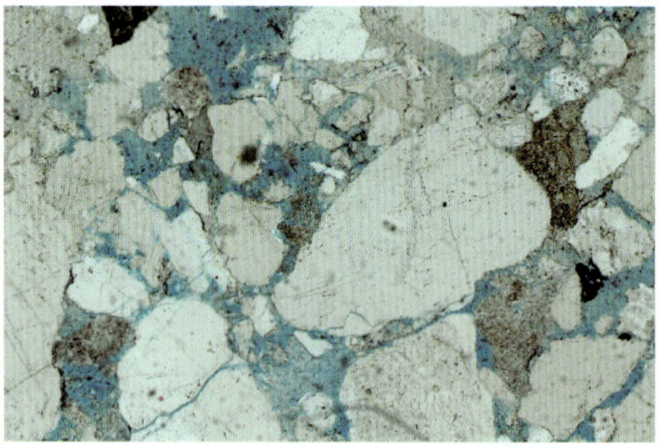

(c) 2922.00m，颗粒点、线接触，单偏光

(d) 2922.00m，颗粒点、线接触，正交光

图3－9　CB8井碎屑流沉积微观照片

一个完整的垂向碎屑流沉积单元往往表现出韵律结构特征。克服碎屑流屈服强度的外力主要是碎屑流自身重力沿其底面方向向下的分力。所以，自上而下碎屑流各部分所受的外力逐渐增大。理论上，碎屑流必须具有一定的厚度才能使其下部受到的剪切力大于其屈服力而发生流动。在碎屑流上部，由于所受到的剪切力小于其屈服力，沉积物整体以同一速度呈固态运动，可视作“刚体”，称作“刚性”筏，在“刚性”筏之下，碎屑流因受到的外力大于其屈服力而发生流动。因此，碎屑流沉积一般应具有上、下两层韵律结构特征，即上部为“刚性”筏流段，下部为层流段。筏流段以发育块状层理为主，层流段以发育平行碎屑结构或“似平行层理”为典型特征，表明沉积物沉积时流体的流动状态是层流而不是紊流，尤其是易碎的页岩碎屑的保存更指示了层流的存在。

碎屑流经常受其周围流体的稀释改造，随着碎屑流中基质含量的减少和水分含量的增加，其流体强度逐渐降低而流动性逐渐增加，强碎屑流变为中－弱碎屑流，甚至浊流。水槽实验表明，弱砂质碎屑流沉积发育正粒序，而强砂质碎屑流沉积发育逆粒序。逆粒序的形成可归于包括分散压力、上浮力、基质强度及有阻碍沉降等多种机制。当碎屑流经周围流体整体稀释改造且改造不彻底时，其流体强度自下而上可表现为由强到弱的变化趋势，形成自下而上的逆—正粒序沉积韵律结构而不是上部发育筏流段下部发育层流段的韵律结构，其中发育呈漂浮状的石英颗粒、泥质撕裂屑、镶边泥球以及碎屑颗粒聚集体(pockets of gravels)等。

在埕岛东斜坡地区碎屑流沉积相中，仅有碎屑流筏流段的块状层理和层流段的“似平行层理”均可以在岩心中找到[图3-8(d)~(f)]，而碎屑流遭到稀释后，正粒序层理在岩心中几乎没有找到。

二、浅水风浪改造的洪水重力流沉积

浅水风浪改造的洪水重力流沉积主要发育在层序SQ2的低水位体系域(LST)和水进体系域(TST)时期，少部分发育在层序SQ1的高水位体系域(HST)时期；且主要发育在第一坡折带的主沟道内，靠近埕北低凸起物源区。该类沉积因在主沟道所处的位置不同，其砂岩的粒级有所不同，处于主沟道中心的砂岩粒度较粗，处于主沟道侧缘的砂岩粒度较细。以下对处于不同位置的该类沉积分别作阐述。

(一)主沟道中心处的浅水风浪改造的洪水重力流沉积

1)岩性

风浪改造的洪水重力流沟道沉积的粒度整体偏粗，主要为含砾细-中砂岩，岩心整体为灰白色或灰绿色，部分层段含有大量的灰色、红褐色泥岩角砾，砾石的直径为1~6cm(图3-10)。

2)沉积构造

该沉积相中沉积层理构造发育也相对较少，含有泥岩角砾的层段，表现为泥岩角砾的杂乱分布，没有一定的定向性[图3-11(a)~(b)]，砂岩大部分表现为块状层理[图3-11(c)]，一般在一期块状层理砂岩的顶部可以见到波状层理[图3-11(d)~(e)]，少部分砂岩中也可以见到“似平行层理”[图3-11(f)]。

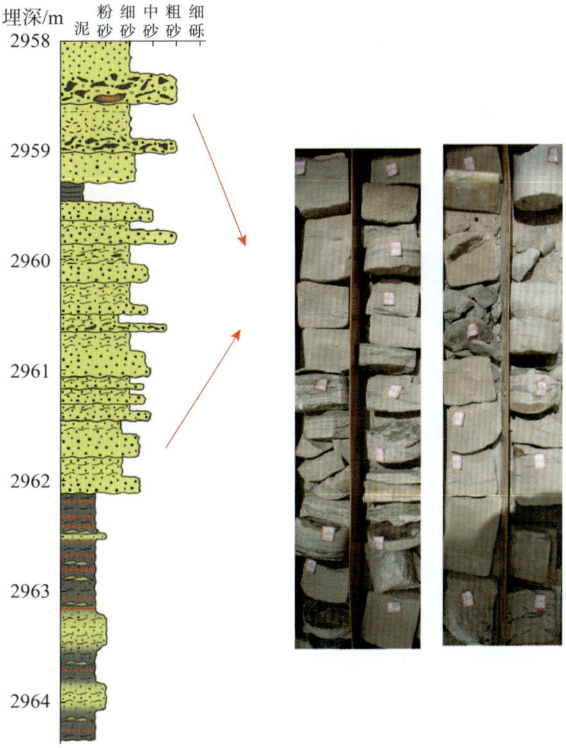

图3-10 CBG4井2958~2964m取心井段岩心柱状图和岩心照片

(a) 2958.46m，大块灰色、红褐色泥砾

(b) 2960.48m，大块灰色、红褐色泥砾

(c) 2960.88m，块状层理

(d) 2960.30m，波状层理

(e) 2960.23m，波状层理

(f) 2958.61m，似平行层理

图 3－11　CBG4 井主沟道中心处的浅水风浪改造的洪水重力流沉积岩心照片

3）砂岩结构

该沉积相中砂粒的直径为 0.35～0.55mm，砾石的直径为 1～6cm，相对较细的砂粒充填在较粗的砾石之间[图 3－12(a)]，颗粒的接触类型主要为点接触，其次为线接触[图 3－12(a)～(b)]，颗粒磨圆主要为棱角状到次棱角状，颗粒分选在块状层理砂岩和波状层理砂岩中不同，在块状层理砂岩中分选很差[图 3－12(a)]，而在波状层理砂岩中则分选相对较好[图 3－12(b)]。

(a)2958.89m，细颗粒充填于粗颗粒之间，单偏光

(b)2960.83m，颗粒分选较好

图 3－12　CBG4 井主沟道中心处的浅水风浪改造的洪水重力流沉积微观照片

4）粒度特征

该沉积相中的块状层理、“似平行层理”和含泥岩角砾砂岩段的沉积物粒度特征与波状层理砂岩段的沉积物粒度特征具有明显的区别，前者的粒度概率累积曲线呈单段上拱式，为平缓或微上凸的弧形曲线［图 3－13（a）～（b）］，不能区分“滚动”“跳跃”“悬浮”组分，为典型的重力流沉积物粒度特征；而后者的粒度概率累积曲线为明显的两段式，可分出“跳跃”和“悬浮”组分，反映牵引流沉积物的粒度特征［图 3－13（c）～（d）］。

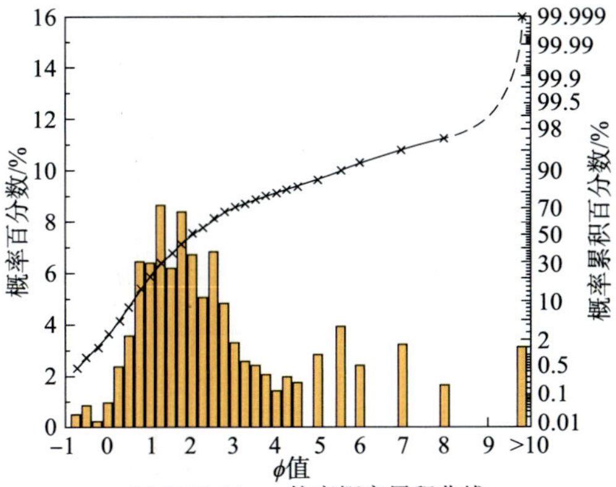

(a) 2958.54m，粒度概率累积曲线

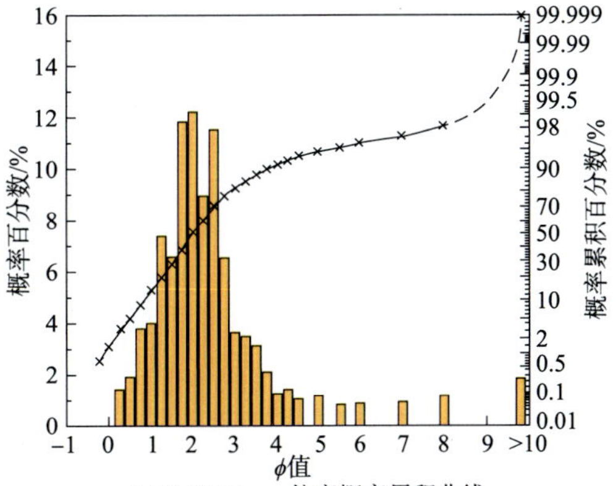

(b) 2960.26m，粒度概率累积曲线

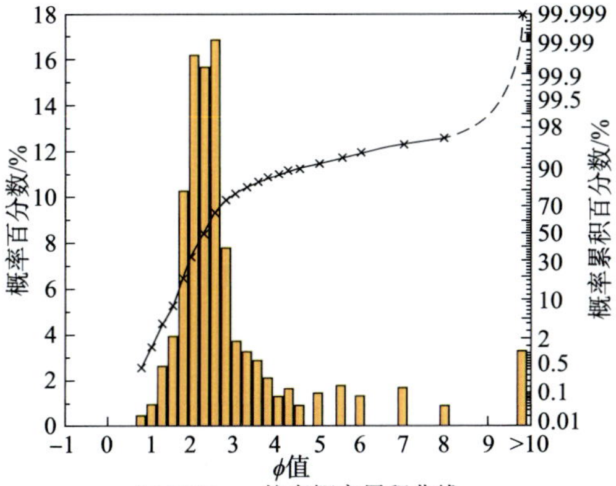

(c) 2960m，粒度概率累积曲线

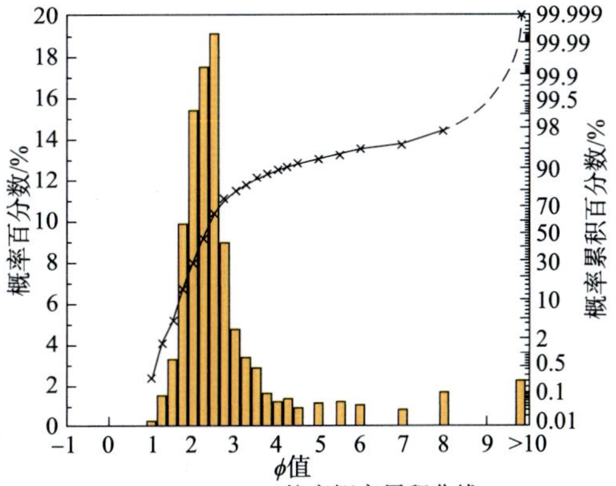

(d)2961.45m，粒度概率累积曲线

图 3－13　CBG4 井主沟道中心处的浅水风浪改造的洪水重力流沉积粒度特征

5）成因机制

该沉积相的成因机制与1.1小节阐述的碎屑流沉积的成因机制具有相同点，其岩心上表现出的砂砾混杂的特征，块状层理、“似平行层理”和砂岩微观下表现出的分选很差的特征，以及砂岩的粒度特征都表明该沉积相为碎屑流沉积。然而与碎屑流沉积不同的是，该沉积相的块状层理砂岩上部存在波状层理，这些波状层理为正常风浪改造的产物。由于该沉积相主要分布于第一坡折带的主沟道内，沉积水体较浅，当一期碎屑流沉积之后，处于顶部的沉积物在正常风浪的作用下被改造，形成波状层理，岩心中可观察到多期块状层理砂岩上部出现波状层理的现象。

（二）主沟道侧缘处的浅水风浪改造的洪水重力流沉积

1）岩性

主沟道侧缘处的该类沉积相的粒度整体比主沟道中心处偏小，主要为含砾粉－细砂岩，岩心整体为灰白色或灰绿色，少量的泥质夹层呈灰绿色和红褐色，该沉积相砂岩中偶尔会出现红褐色的陆源砾石，砾石直径为1～3cm（图3－14）。

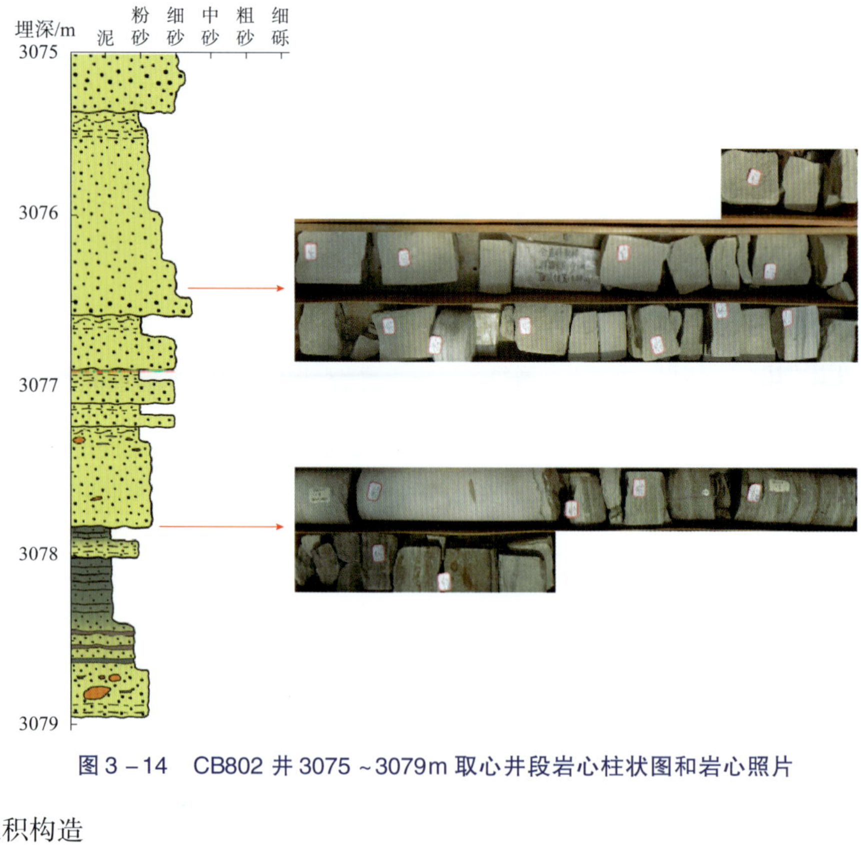

图3－14　CB802井3075～3079m取心井段岩心柱状图和岩心照片

2）沉积构造

砂岩的沉积构造总体以块状层理为主［图3－15(a)～(c)］，块状层理砂岩中偶尔含有磨圆较好的红褐色陆源泥砾［图3－15(a)］。该沉积相同样在一期块状层理砂岩的顶部可以见到波状层理［图3－15(d)～(f)］，并在波状层理发育的层段可以见到生物扰动现象［图3－15(e)］。

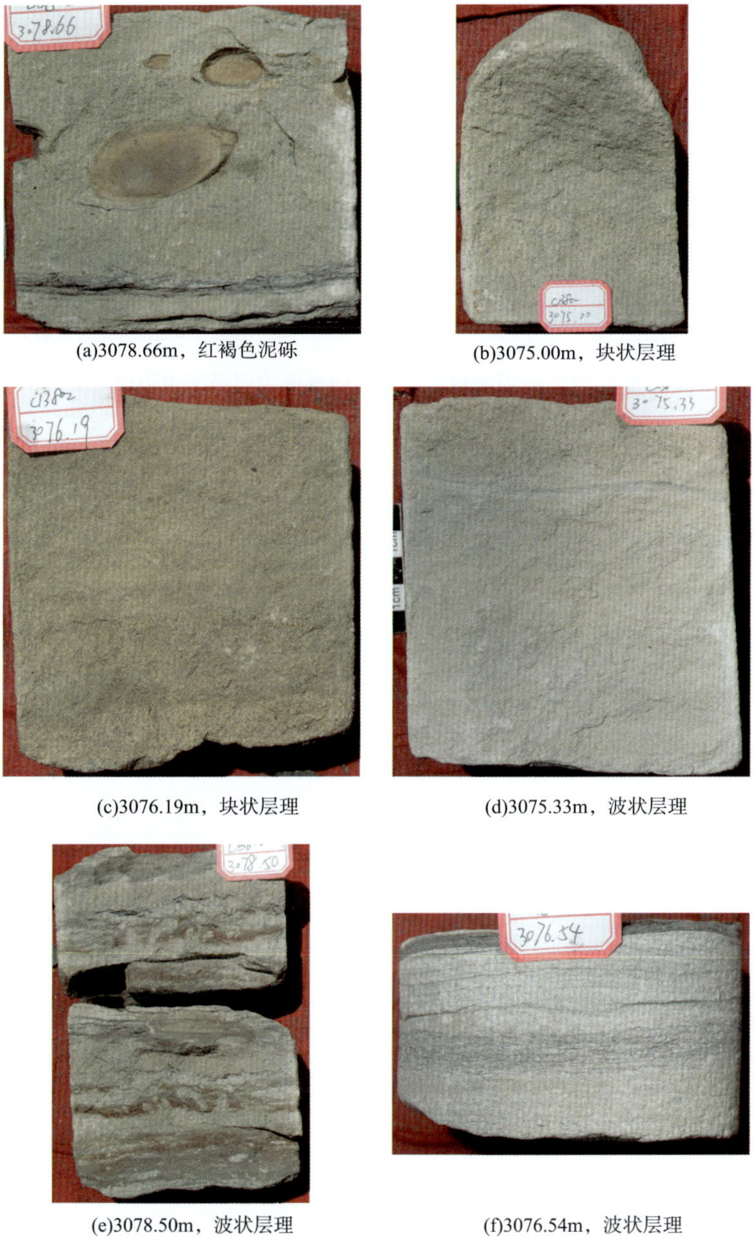

(a)3078.66m，红褐色泥砾

(b)3075.00m，块状层理

(c)3076.19m，块状层理

(d)3075.33m，波状层理

(e)3078.50m，波状层理

(f)3076.54m，波状层理

图 3－15　CB802 井主沟道侧缘处的浅水风浪改造的洪水重力流沉积岩心照片

3)砂岩结构

该沉积相中砂粒的直径为 0. 05～0. 25mm，砾石的直径为 1～3cm，颗粒的接触类型主要为点接触，其次为线接触[图 3－16(a)～(b)]，颗粒磨圆主要为棱角状到次棱角状，颗粒分选在块状层理砂岩和波状层理砂岩中不同，在块状层理砂岩中分选很差[图 3－16(a)～(b)]，而在波状层理砂岩中则分选相对较好，这是由于波状层理砂岩是牵引流改造的产物，牵引流将沉积物进行了重新筛选与分配，使分选性变好。

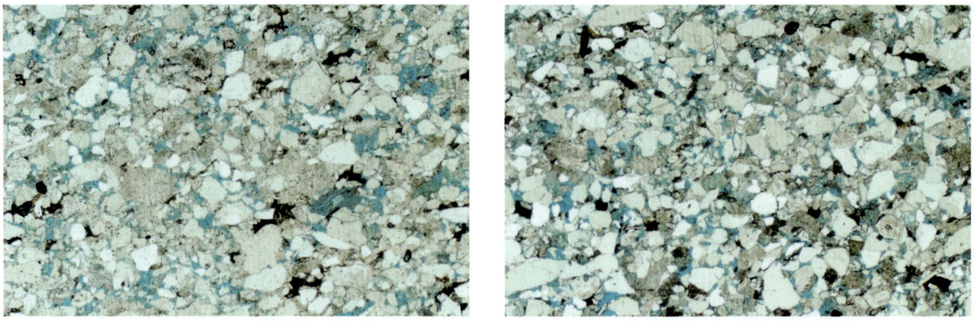

(a)3076.29m，颗粒分选较差　　(b)3076.42m，颗粒分选较差

图 3－16　CB802 井主沟道侧缘处的浅水风浪改造的洪水重力流沉积微观照片

4)粒度特征

粒度特征与主沟道中心处沉积的粒度特征相似，块状层理砂岩段的沉积物粒度特征与波状层理砂岩段的也有较明显的区别，前者的粒度概率累积曲线呈单段上拱式，为平缓或微上凸的弧形曲线[图 3－17(a)～(b)]，分不出“滚动”“跳跃”“悬浮”组分，为典型的重力流沉积物粒度特征；而后者的粒度概率累积曲线为明显的两段式，可分出“跳跃”和“悬浮”组分，反映出牵引流沉积物的粒度特征[图 3－17(c)～(d)]。牵引流对沉积物进行了重新分配，使粒度各组分分异明显。

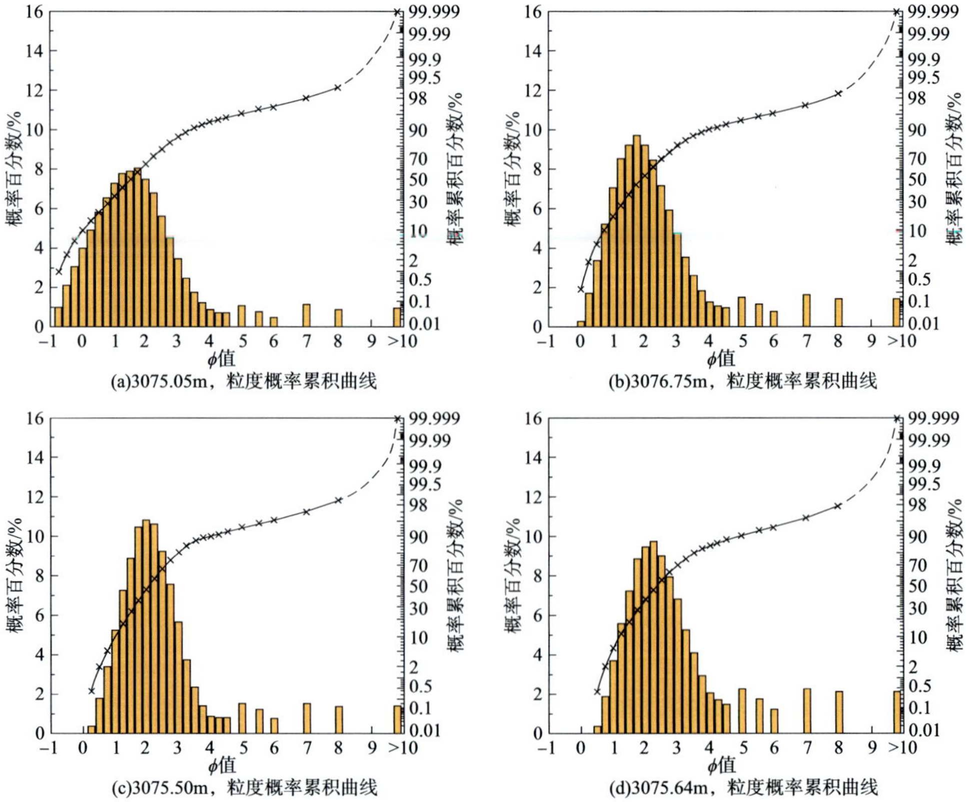

(a)3075.05m，粒度概率累积曲线　　(b)3076.75m，粒度概率累积曲线

(c)3075.50m，粒度概率累积曲线　　(d)3075.64m，粒度概率累积曲线

图 3－17　CB802 井主沟道侧缘处的浅水风浪改造的洪水重力流沉积粒度特征

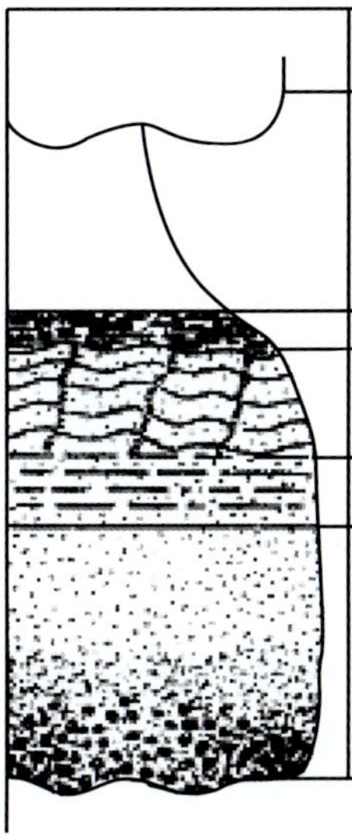

粒度	序列	鲍马(1962)分层	解释
泥	*E*	浊流间沉积(页岩)	深水沉积或细粒密度浊积
	D	水平纹层	?
砂 粉砂	*C*	波痕、波状或包卷纹层	低流态下部
	B	平行纹层	高流态
砂(底部细砾)	*A*	块状，递变	高流态(?)快速堆积

图 3－24　鲍马序列及其解释

(二)沟道间沉积

1)岩性

沟道间沉积的粒度整体偏细，主要为粉－细砂岩。该沉积微相中偶尔也会出现红褐色的陆源泥质砾石和灰色的泥岩撕裂屑，砾石直径为 1～3cm。该沉积微相的岩心纵向上总体表现为灰白色的粉－细砂岩和灰黑色的泥岩互层(图 3－25)。砂岩部分为多期鲍马序列的纵向叠置。

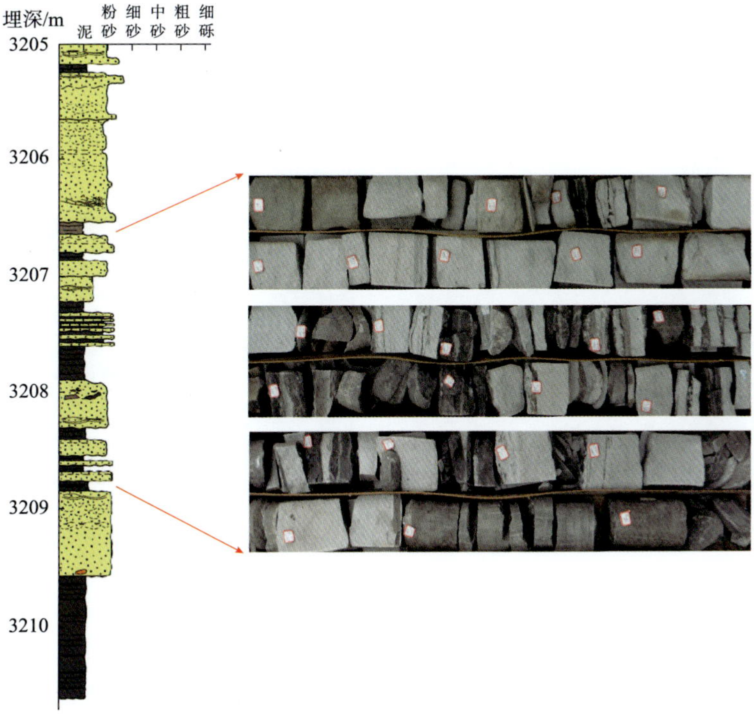

图 3－25　CB804 井 3205～3210m 取心井段岩心柱状图和岩心照片

2)沉积构造

该沉积微相砂岩中沉积构造发育，总体表现为低密度浊流形成的鲍马序列不同层段的组合，图3－26(a)所示为鲍马序列Ta＋Tb＋Tc段的组合，发育有正粒度层理、平行层理和波状层理；图3－26(b)所示为鲍马序列Ta＋Tb段的组合，发育有正粒度层理和平行层理；图3－26(c)所示为鲍马序列Ta＋Te段的组合，发育有正粒度层理和水平层理。一般在鲍马序列的Ta段还可以见到泄水构造[图3－26(b)]和包卷层理[图3－26(d)]等与孔隙水逃逸有关的构造。该沉积相的砂岩部分为多期完整或不完整的鲍马序列的垂向叠置。

(a)3205.79m，鲍马序列Ta+Tb+Tc段　(b)3205.64m，鲍马序列Ta+Tb段　(c)3207.31m，鲍马序列Ta+Te段　(d)3206.23m，包卷层理

图3－26　CB804井沟道间沉积岩心照片

3)砂岩结构

该沉积微相中砂粒的直径为0.05～0.25mm，偶尔出现的砾石的直径为1～3cm，颗粒的接触类型主要为点接触，其次为线接触，颗粒磨圆主要为棱角状到次棱角状图[图3－27(a)～(b)]，鲍马序列Ta层段的颗粒分选较差，而鲍马序列的Tb段和Tc段的颗粒分选则相对较好。

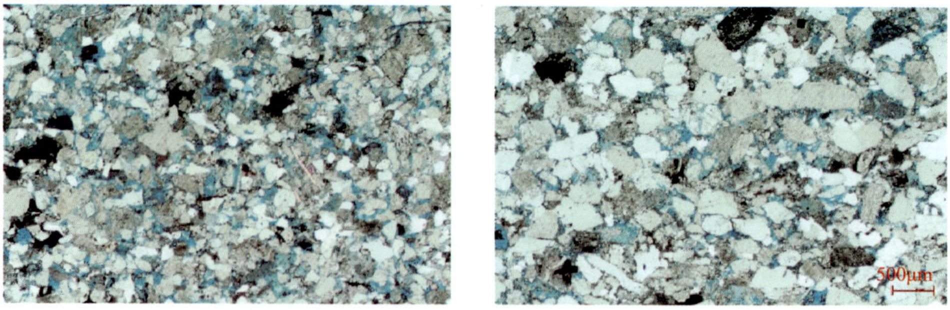

(a)3205.32m，颗粒分选较差　(b)3208.18m，颗粒分选较差

图3－27　CB804井沟道间沉积微观照片

4)成因机制

该沉积微相的砂岩表现为多期完整或不完整的鲍马序列的垂向叠置，为低密度浊流成

因，具体见辫状沟道沉积成因机制中的低密度浊流部分。

四、风暴沉积

风暴沉积只在层序SQ2的水进体系域(TST)时期发育，且主要发育在第二坡折带及深洼陷区，离埕北低凸起物源区相对较远。

1)岩性

风暴沉积的粒度整体偏细，主要为粉－细砂岩。该沉积相中偶尔会出现灰黑色的泥岩撕裂屑，撕裂屑的长轴长度为1～4cm，长轴方向呈“V”形。该沉积相的岩心总体为厚层的粉－细砂岩，其间发育灰薄层的黑色泥质条带(图3－28)。

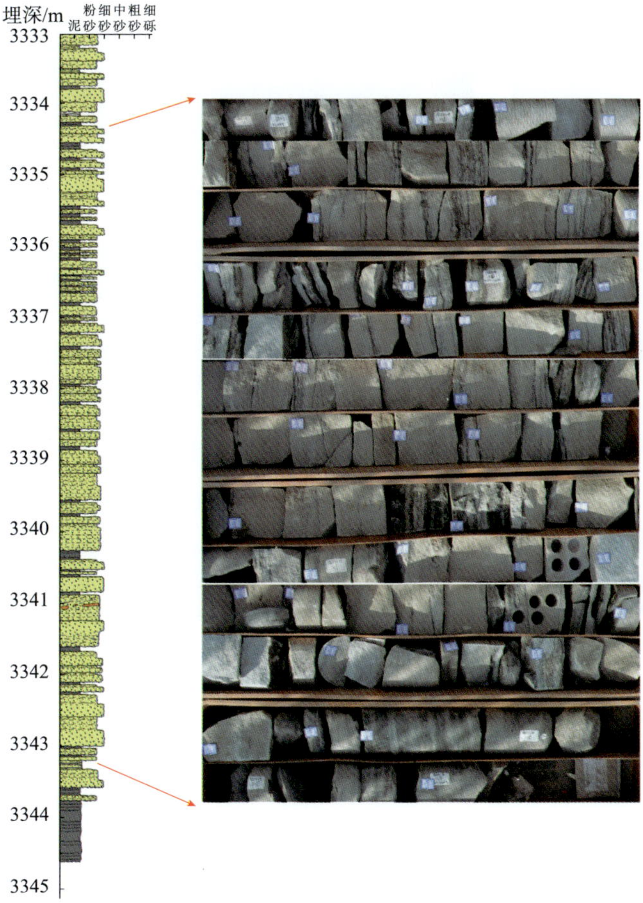

图3－28　CB817井3333～3344m取心井段岩心柱状图和岩心照片

2)沉积构造

该沉积相砂岩的沉积构造丰富，发育大量与风暴有关的沉积构造，包括风暴沉积的标志性沉积构造——丘状交错层理，还有“V”形泥岩撕裂屑、风暴似鲍马序列、生物扰动构造等。图3－29(a)～(b)为风暴沉积的典型构造——丘状交错层理；图3－29(c)为“V”形泥岩撕裂屑，其为风暴发生时所产生的离岸流和向岸流的作用下形成；图3－29(d)为风暴似鲍马序列，类似于浊流沉积经典的鲍马序列，从下向上依次发育正粒序层理段、平行层理段和丘状交错层理段；图3－29(e)为风暴似鲍马序列中的平行层理；图3－29(f)为风暴沉积中发育的大量的生物扰动构造。该沉积相表现为纵向上多期风暴沉积序列叠置的特征。

(a)3339.59m，丘状交错层理

(b)3335.81m，丘状交错层理

(c)3340.95m，“V”形泥岩撕裂屑

(d)3337.60m，风暴似鲍马序列

(e)3339.46m，平行层理

(f)3334.55m，生物扰动构造

图3－29　CB817井风暴沉积岩心照片

3)砂岩结构

该沉积相中砂粒的直径为0.05～0.15mm，偶尔出现的泥岩撕裂屑的长轴长度为1～4cm，颗粒的接触类型主要为点接触，其次为线接触，颗粒磨圆主要为棱角状到次棱角状[图3－30(a)～(d)]，该沉积相的砂岩均一性较差，靠近薄层泥岩的砂岩层段粒间孔隙被大量方解石胶结物充填[图3－30(a)]，而远离薄层泥岩的砂岩层段则粒间孔隙保存完整[图3－30(b)]。另外，该沉积相中不同层段砂岩的分选性也存在差异，在风暴岩似鲍马序列的平行层理和丘状交错层理段，砂岩的分选性较好[图3－30(a)～(b)]，而在正粒序层理段，砂岩的分选性较差[图3－30(c)～(d)]。

(a)3333.68m，颗粒分选好，
方解石胶结物充填

(b)3334.80m，颗粒分选好，
粒间无胶结物充填

(c)3334.55m，颗粒分选相对较差

(d)3342.87m，颗粒分选相对较差

图 3－30　CB817 井风暴沉积微观照片

4）粒度特征

该沉积相的粒度概率曲线表现为“多跳－悬式”[图 3－31（a）～（b）]，可以分辨出多个跳跃组分和一个悬浮组分。多个跳跃组分是由于风暴发生时能够产生离岸和向岸的振荡性水流，该振荡性水流能够使沉积物的粒度曲线出现分段，这种多组跳跃组分的特征也是风暴沉积的典型特征。

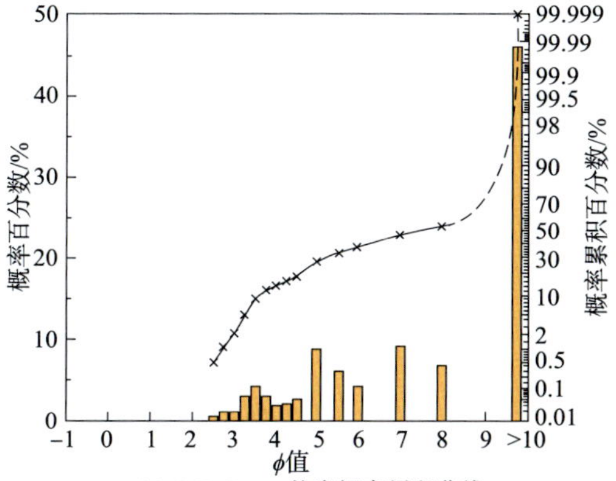

(a)3302.53m，粒度概率累积曲线

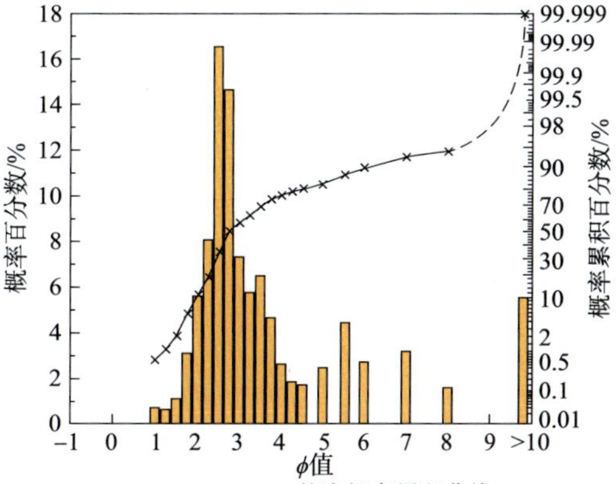

(b)3432.30m，粒度概率累积曲线

图 3－31　SH10 井风暴沉积粒度特征

5) 成因机制

该沉积相中的粉－细砂岩为风暴成因，一个完整的风暴沉积层序由下向上包括四个部分：粒序层或滞留沉积段，有侵蚀的底界、平行层理段，丘状交错层理或浪成交错层理段及泥岩和页岩段，构成似鲍马层序(图 3－32)。风暴活动过程可分为成长期、高峰期、衰减期和停息期四个阶段，不同阶段沉积特征各不相同。①风暴成长期以侵蚀作用为主。②风暴高峰期侵蚀作用达到最强，该期风暴浪引起的涡流和风暴回流强烈地冲刷海底，形成明显的冲刷面，并出现扁长沟、槽状的侵蚀充填构造(称为“渠模”)以及各种工具痕。经风暴浪搅动，较细的物质悬浮起来，而一些大的介壳和粗的内碎屑、砾石则被风暴簸选并残留下来形成滞留沉积。一般都是经过原地簸选、改造和扰动，常具有一定的优选方位，多呈凸面向上。③风暴衰减期由于细粒物质的沉积，在贝壳层中可以形成渗滤组构，如遮蔽孔隙、遮蔽沉积等。当风暴稍减弱或风暴密度流的流速开始降低时，沉积物按粒度大小依次沉积，形成向上变细的粒序层。这种粒序层在风暴浪基面以下的浅海地带最容易保存。该期风暴流的能量减弱，回流的流速开始减小，细粒碎屑物质迅速从悬浮状态沉积下来，形成细砂与粉砂组成的纹层段。底部强烈的剪切水流可以形成平行层理，随后风暴流进一步减弱为浪生振荡水流，则形成丘状交错层理、洼状交错层理和浪成砂纹层理，并向上逐渐过渡为爬升波纹层理。④风暴停息期水流速度更为缓慢，风暴流携带的悬浮物质最终沉积下来，形成了细粉砂和泥或以泥为主的泥岩段，以及正常天气条件下所形成的页岩段，常发育生物潜穴和生物逃逸痕迹。

厚度/cm	沉积序列	序号	岩性描述	风暴作用阶段	风暴能量
5~20		J	正常半深湖泥岩/页岩	风暴衰减	弱
1~6		I	具截切面构造泥岩/页岩		
5~15		H	具准同生变形层理粉砂岩，常见包卷层理		
5~15		G	具小型浪成沙纹层理粉砂岩	弱	
10~20		F	具丘状交错层理粉-细砂岩		
0~20		E	具平行层理粉-细砂岩	风暴浪	
10~20		D	具波状层理或大型浪成沙纹层理粉-细砂岩	强	
0~20		C	具递变层理或块状层理粉-细砂岩	风暴涡流	
10~20		B	具“V”形泥岩撕裂屑粉-细砂岩		
1~5		A	具渠模构造粉-细砂岩(冲刷面)		强

图例

图 3－32　风暴岩理想垂向序列

五、滩坝沉积

滩坝沉积仅在层序 SQ2 的水进体系域(TST)时期发育，且主要发育在第一坡折带，离埕北低凸起物源区相对较近。

1)岩性

滩坝沉积的粒度整体偏细，主要为粉砂岩、泥质粉砂岩和泥岩。该沉积相中粉砂岩和泥质粉砂岩与泥岩呈薄互层发育。岩心整体颜色呈灰绿色或红褐色，表明该沉积相发育于滨浅湖环境中(图 3－33)。

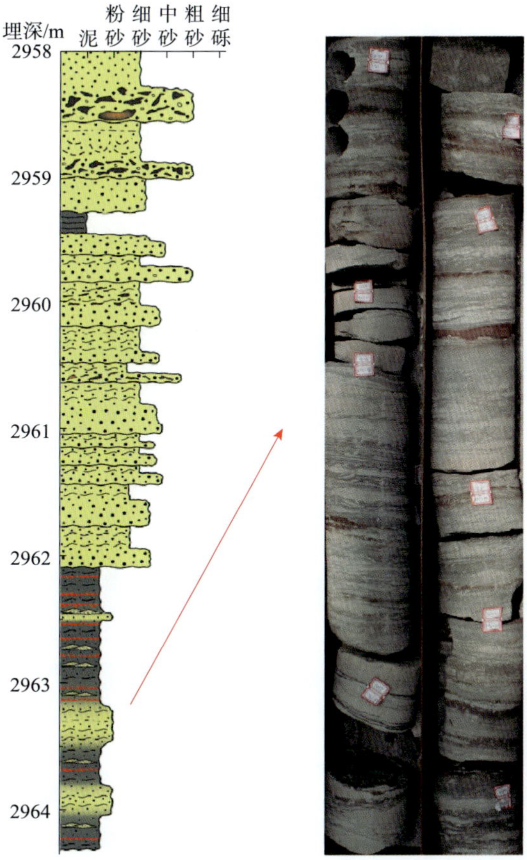

图 3－33 CBG4 井 2958～2964.5m 取心井段岩心柱状图和岩心照片

2)沉积构造

该沉积相砂岩的沉积构造也相对丰富，发育大量与正常风浪有关的沉积构造，包括透镜状层理、波状层理、浪成沙纹层理等，同时也发育了大量的生物扰动，生物扰动在一定程度上破坏了原有的层理构造。图 3－34(a)为被大量生物扰动破坏的透镜状层理；图 3－34(b)为被大量生物扰动破坏的波状层理；图 3－34(c)为浪成沙纹层理；图 3－34(d)为被大量生物扰动破坏的浪成沙纹层理。

(a) 2962.87m，透镜状层理，生物扰动 (b) 2963.00m，波状层理，生物扰动 (c) 2963.30m，浪成沙纹层理 (d) 2963.82m，浪成沙纹层理，生物扰动

图 3 – 34　CBG4 井滩坝沉积岩心照片

3）砂岩结构

该沉积相的砂粒的直径为 0.01 ~ 0.10mm，相比于上述四个沉积相，颗粒粒度最细。该沉积相中颗粒的接触类型主要为线接触，其次为点接触，颗粒磨圆主要为棱角状到次棱角状[图 3 – 35(a) ~ (b)]。该沉积相粉砂岩段的泥质成分含量较少，而泥质粉砂岩段的泥质成分则含量较多，颗粒分选也相对较差[图 3 – 35(c) ~ (d)]。

(a)2963.43m，颗粒分选较好 (b)2963.43m，颗粒分选较好

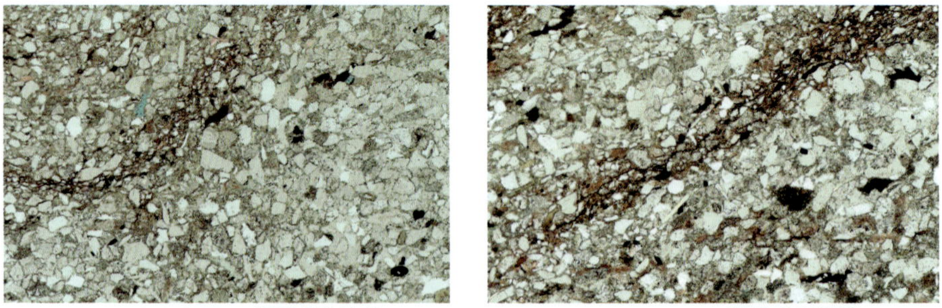

(c)2964.06m，泥质成分较高 (d)2964.06m，泥质成分较高

图 3 – 35　CBG4 井滩坝沉积微观照片

4）成因机制

风作用于湖泊水体，形成波浪，波浪在向岸传播的过程中，至浪基面附近遇浅变形，随着继续向岸传播，水深越小，波高越逐渐增大。当水深减小到一定范围时，波陡值达到极限，波浪开始倒卷和破碎，形成破浪。一方面，从遇浅波浪带传播而来的波浪，向破浪

带输送沉积物；另一方面，向岸方向波浪破碎之后，还有可能再次形成振荡波，并在破浪线向岸一侧形成环流。另外，波浪向岸传播，会形成离岸的补偿流(底流)。因此，在破浪带中，水从2个方向流向破浪线(汇流)，破浪带陆侧产生的离岸搬运与湖侧的向岸搬运汇聚在一起，沉积物在破浪线附近集中，结果将在破浪带中形成沙坝(图3-36)。

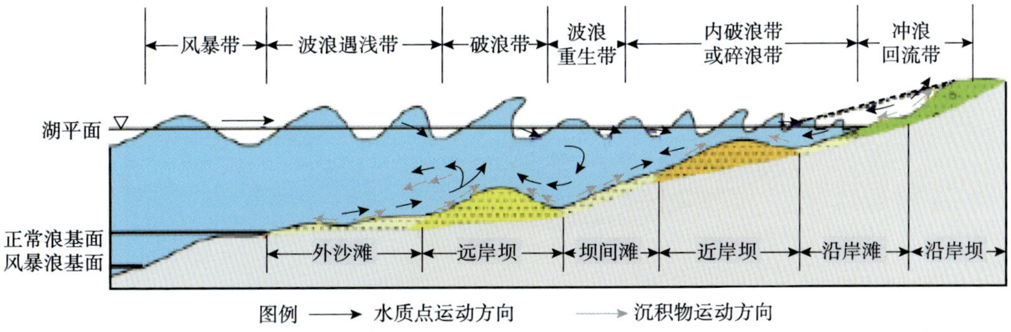

图3-36　滨岸带水动力特征及滩坝微地貌的形成

波浪破碎之后的最终归宿是变成冲浪，形成“冲浪带”或“冲流带”。湖水借惯性力冲向岸边，没有渗入沉积物中的水直接回头沿坡而下形成退浪或回流，直至消失，或与下一个冲浪相撞。在冲浪回流带，冲流的搬运能力强于退流，因此，波浪有效地将较粗的沉积物搬运向岸。泥沙被向上带到上冲流达到的最高位置并堆积下来，形成沿岸线展布的沙坝，称为沿岸坝(图3-36)。在沙坝之间同时能够发育滩沉积。

第三节　沉积模式分析

依据各个沉积相发育的成因机制，构建了东营组下段地层的沉积模式，描述如下。

(1)层序SQ1高位体系域(HST)(简写为SQ1-HST)和层序SQ2低水位体系域(LST)(简写为SQ2-LST)沉积模式：该时期湖平面较低，在坡折带和洼陷带发育大套洪水重力流沉积，成为东下段主要油气储集体，第一坡折带的洪水重力流沉积物位于正常浪基面以上，发生风浪改造作用，第二坡折带及以下区域的洪水重力流沉积物未被改造(图3-37)。

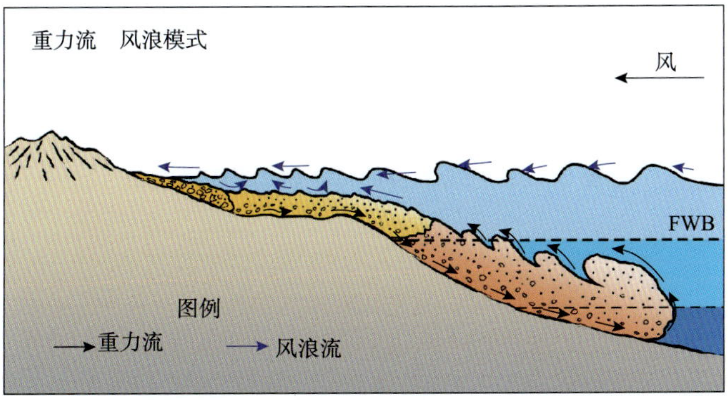

图3-37　SQ1-HST和SQ2-LST沉积模式图

（2）层序 SQ2 水进体系域（TST）（简写为 SQ2－TST）风暴期的沉积模式：进入层序 SQ2 水进体系域，湖平面逐渐上升，水体逐渐变得开阔，浅水区域扩大，沉积物发生退积作用，在第一坡折带附近主要发育浅水风浪改造的洪水重力流沉积，而受间或发生的风暴影响，在半深湖区域发育风暴沉积（图 3－38）。

图 3－38 SQ2－TST 沉积模式图

（3）层序 SQ2 水进体系域（TST）正常风浪期的沉积模式：层序 SQ2 水进体系域时，由于沉积物不断积聚，地貌上坡折变得不再明显，该体系域中发育的洪水重力流沉积的规模比层序 SQ2 低水位体系域时期的小很多。受正常风浪的作用，滨浅湖区域的洪水重力流沉积遭受风浪的改造，向岸流携带沉积物向岸运移，加之离岸流携带岸边的碎屑物质，在浅水风浪改造的洪水重力流沉积的向陆侧形成滩坝沉积（图 3－39）。

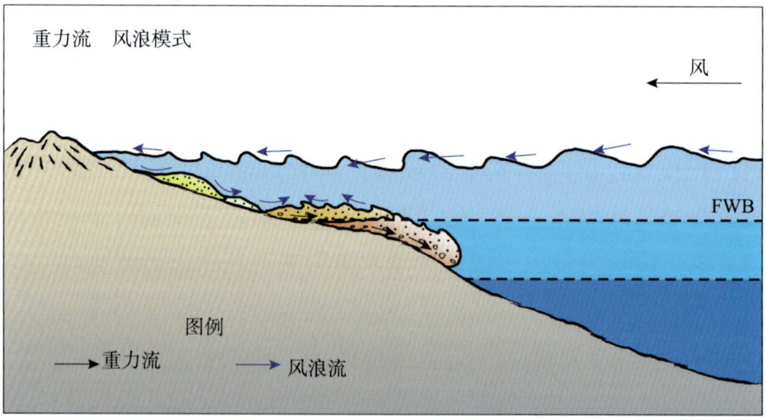

图 3－39 SQ2－HST 中下部沉积模式图

第四章　砂体及沉积体系分布规律

第一节　沉积相测录井和地震响应特征

一、碎屑流沉积(图4－1)

录井砂体特征：单层砂体厚度约为20m，砂体之间被灰绿色泥岩相隔。

测井曲线特征：呈高幅齿化箱形。

地震反射特征：内部为丘状起伏，低连续性较杂乱反射，中振幅。

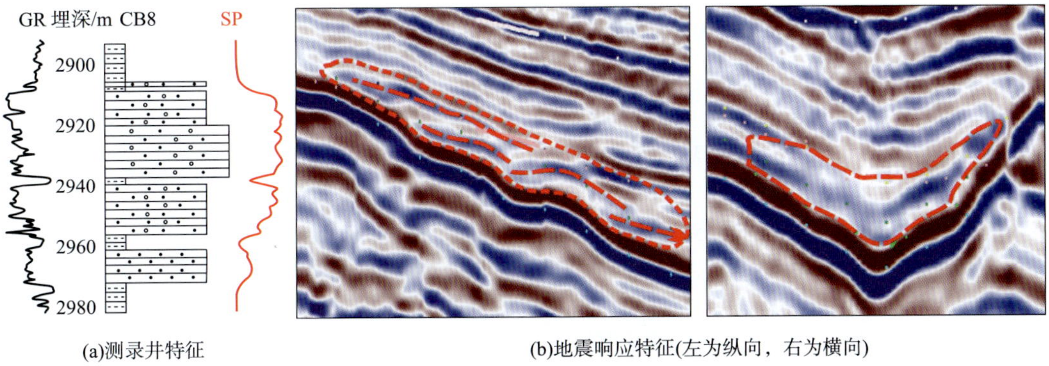

图4－1　碎屑流沉积测录井和地震响应特征

二、浅水风浪改造的洪水重力流沉积(图4－2)

(一)主沟道中心处风浪改造的洪水重力流沉积

录井砂体特征：单层砂体厚度为10～15m，砂体之间为灰绿色泥岩。

测井曲线特征：呈中－高幅微齿化箱形。

(二)主沟道侧缘处风浪改造的洪水重力流沉积

录井砂体特征：单层砂体厚度为5～8m，砂体之间为灰绿色泥岩。

测井曲线特征：呈低幅齿化指形。

地震反射特征：两者共同组成主沟道充填反射，多期次重力流呈片状叠置，每期沉积物厚度由主沟道中心向侧缘减薄，主沟道中心为中振幅，侧缘为低振幅。

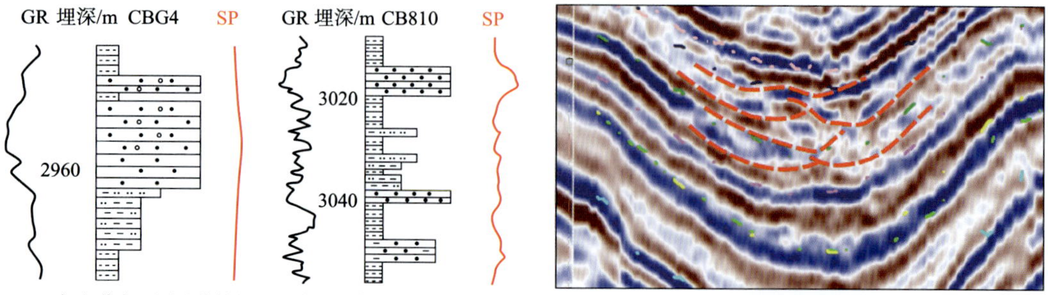

(a)主沟道中心测录井特征 (b)主沟道侧缘测录井特征 (c)地震响应特征

图4-2 浅水风浪改造的洪水重力流沉积测录井和地震响应特征

三、深水洪水重力流沉积(图4-3)

(一)深水洪水重力流辫状沟道沉积

录井砂体特征：单层砂体厚度为5~15m，砂体之间为深灰色泥岩。

测井曲线特征：呈高幅微齿化箱形。

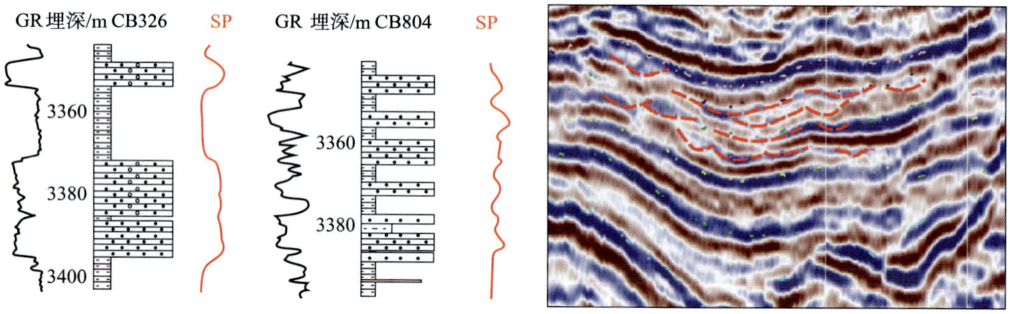

(a)沟道测录井特征 (b)天然堤测录井特征 (c)地震响应特征

图4-3 深水洪水重力流沉积测录井和地震响应特征

(二)深水洪水重力流沟道间沉积

录井砂体特征：单层砂体厚度为4~8m，最厚可达20m，砂体之间为深灰色泥岩。

测井曲线特征：呈低-中幅齿化指形或箱形。

地震反射特征：沟道和天然堤组成沟道-天然堤体系，地震剖面上往往可以看到沟道的侧向迁移，由沟道向侧翼的天然堤厚度逐渐减薄，沟道为中振幅，天然堤为低振幅。

四、风暴沉积(图4-4)

录井砂体特征：单层砂体厚度为2~8m，厚者可达15m，砂体之间为深灰色泥岩。

测井曲线特征：呈低幅微齿化指形或箱形。

地震反射特征：小规模、平行、低连续性反射，低振幅。

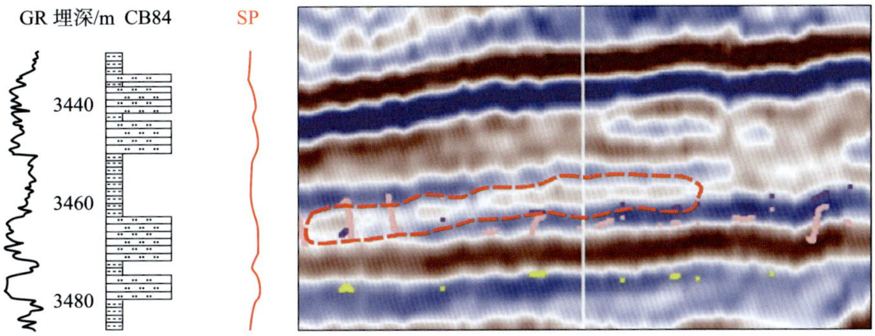

(a)测录井特征　　(b)地震响应特征

图4-4　风暴沉积测录井和地震响应特征

五、滩坝沉积(图4-5)

录井砂体特征：单层砂体厚度为2~5m，与灰绿色、红色泥岩呈现薄互层。

测井曲线特征：呈低-中幅齿化指形。

地震反射特征：小规模、平行、低连续性反射，低振幅。

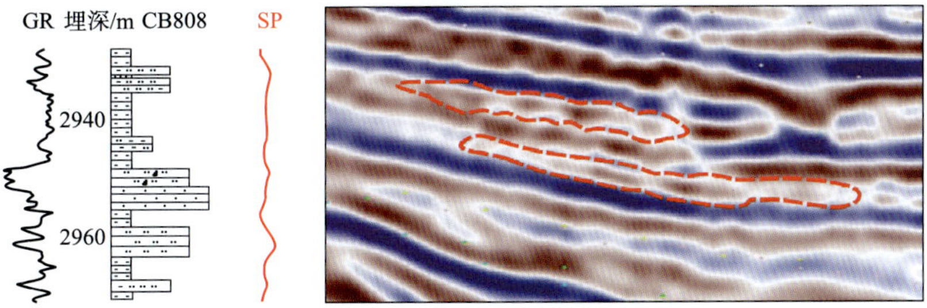

(a)测录井特征　　(b)地震响应特征

图4-5　滩坝沉积测录井和地震响应特征

除了测录井和地震特征之外，结合每种沉积相的沉积特征，包括岩性和沉积构造，总结出每种沉积相的测录井和地震响应标志，如表4-1所示。

表4-1　各种沉积相的测录井及地震响应特征

沉积相	岩心描述		测井特征		地震反射特征
深水洪水重力流辫状沟道沉积	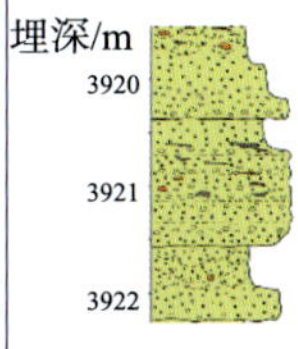	岩性：中砂-粗砂，局部含砾石和泥岩撕裂屑 沉积构造：正粒序层理、泄水构造、少见反粒序层理	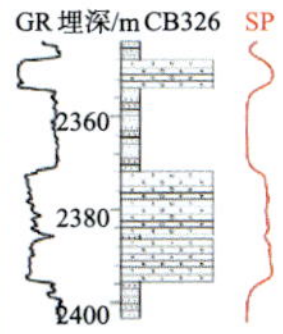	砂体特征：单层砂体厚度为5~15m，砂体之间为深灰色泥岩 测井曲线特征：呈高幅微齿化箱形	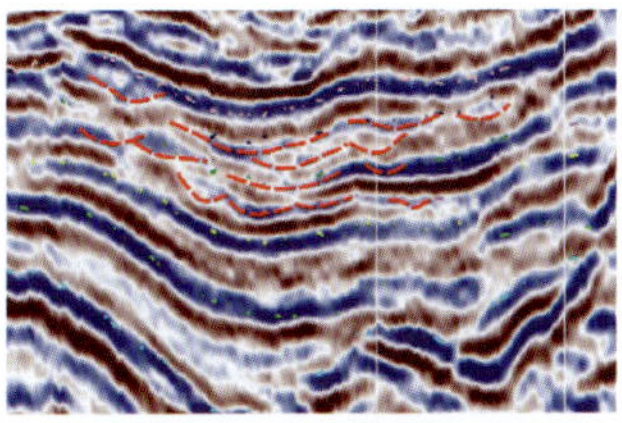
深水洪水重力流沟道间沉积	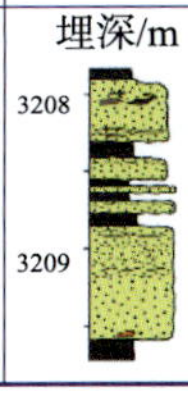	岩性：粉砂-细砂，局部含砾石和泥岩撕裂屑 沉积构造：波状层理、平行层理、泄水构造、正粒序层理	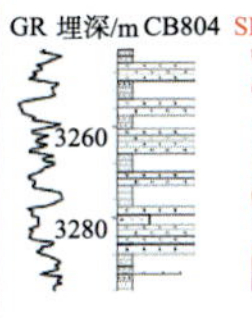	砂体特征：单层砂体厚度为4~8m，厚者可达20m，砂体之间为深灰色泥岩 测井曲线特征：呈低-中幅微齿化指形或箱形	沟道和天然堤组成沟道-天然堤体系，地震剖面中往往可以看到沟道的侧向迁移，由沟道向侧翼的天然堤厚度逐渐减薄，沟道为中振幅，天然堤为低振幅

续表

沉积相	岩心描述		测井特征		地震反射特征
风暴沉积	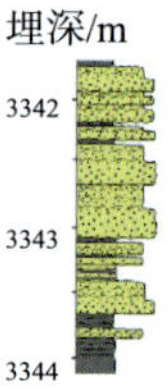	岩性：局部粉砂-细砂，局部含深灰色V形泥岩撕裂屑 沉积构造：丘状层理、平行层理、波状层理、正粒序层理	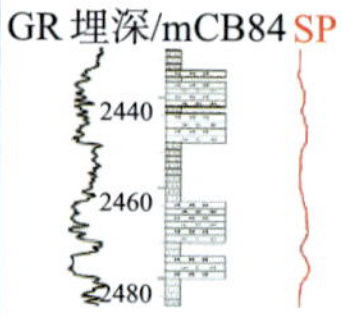	砂体特征：单层砂体厚度为2~8m，厚者可达15m，砂体之间为深灰色泥岩 测井曲线特征：呈低幅微齿化指形或箱形	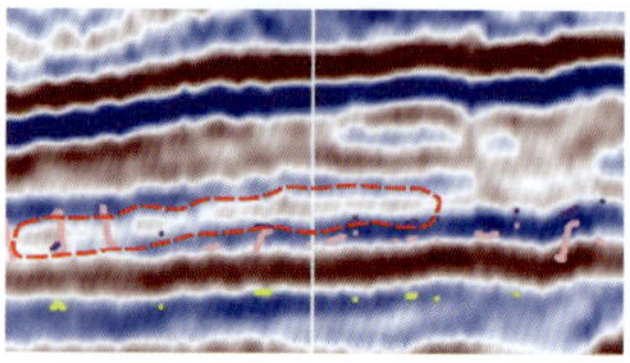 小规模、平等、低连续性反射，低振幅
碎屑流沉积	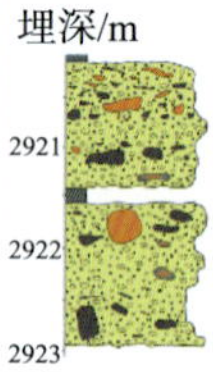	岩性：砂砾岩，砾石为泥砾和石英砾，直径为3mm~5cm 沉积构造：砂砾混杂，无沉积层理显现	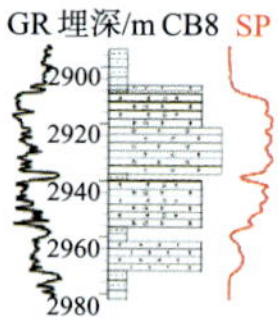	砂体特征：单层砂体厚度约为20m，砂体之间被灰绿色泥岩相隔 测井曲线特征：呈高幅微齿化箱形	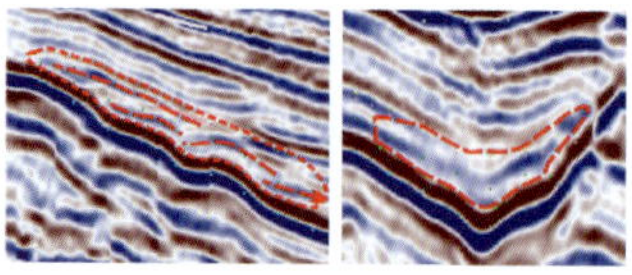 内部为丘状起伏，低连续性较杂乱反射，中振幅
浅水风浪改造的洪水重力流沉积	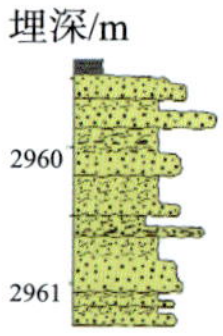	岩性：中砂-细砾，局部含泥岩撕裂屑 沉积构造：块状构造、波状层理	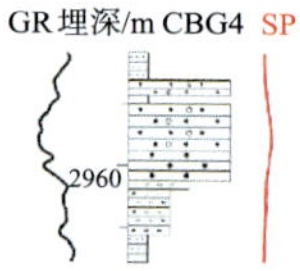	砂体特征：单层砂体厚度为10~15m，砂体之间为灰绿色泥岩 测井曲线特征：呈中-高幅微齿化箱形	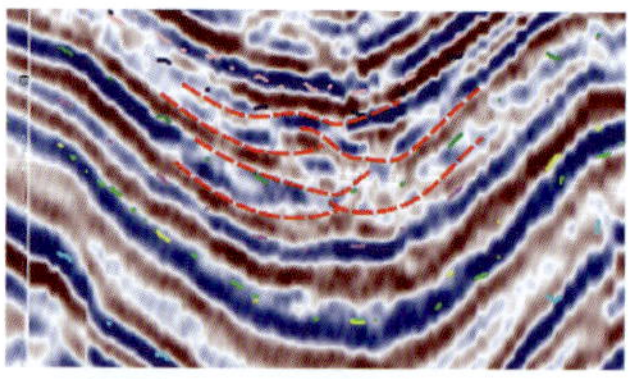 地震反射特征表现为主沟道充填，多期重力流呈片状叠置，每期沉积物厚度由主沟道中心向侧缘减薄，主沟道中心为中振幅，侧缘为低振幅
	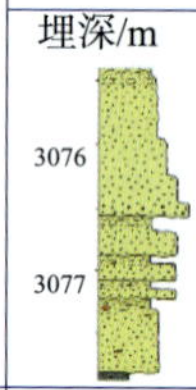	岩性：粉砂-细砾，局部含砾石 沉积构造：块状构造、正粒序层理、波状层理、平等层理	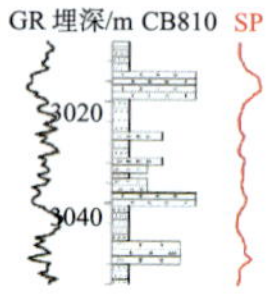	砂体特征：单层砂体厚度为5~8m，砂体之间为灰绿色泥岩 测井曲线特征：呈低幅齿化指形	
滩坝沉积	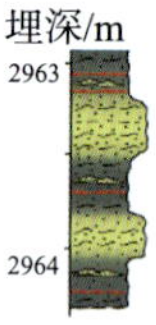	岩性：泥质粉砂-粉砂，局部含腹足类化石 沉积构造：波状层理、透镜状层理、浪成沙纹层理、生物扰动构造丰富	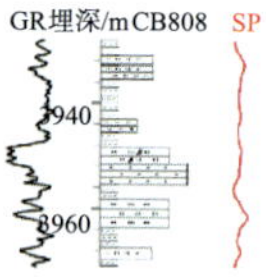	砂体特征：单层砂体厚度为2~5m，与灰绿色、红色泥岩呈现薄互层 测井曲线特征：呈低-中幅齿化指形	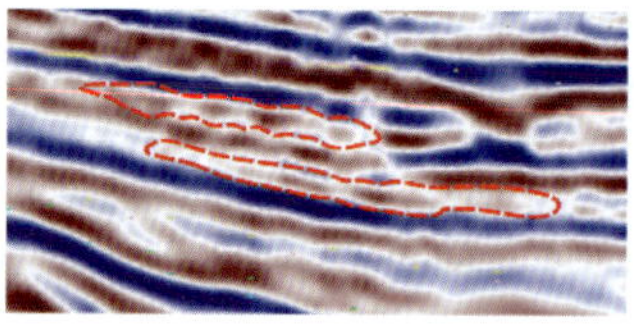 小规模、平等、低连续性反射，低振幅

第二节　连井剖面相对比

在结合上述各种相的沉积特征及测录井和地震响应标志的基础上，进行了剖面相对比。

一、CB807 井—CB808 井—SH801 井—SH8 井—CB803 井—CB81 井连井剖面

该剖面为埕岛东斜坡地区由西南部向东北部延伸的一条顺物源剖面（图 4－6），剖面

西南部位于埕北低凸起，向东北向进入深洼陷区，在深洼陷区地层厚度最厚。该地带处于地形突变带，沉积物多于地形转变带沉积。顺该条剖面的方向，第一坡折带及以上区域为浅水，而第二坡折带及以下区域为深水，多样的水体环境，使得该地区发育多种类型的沉积相。

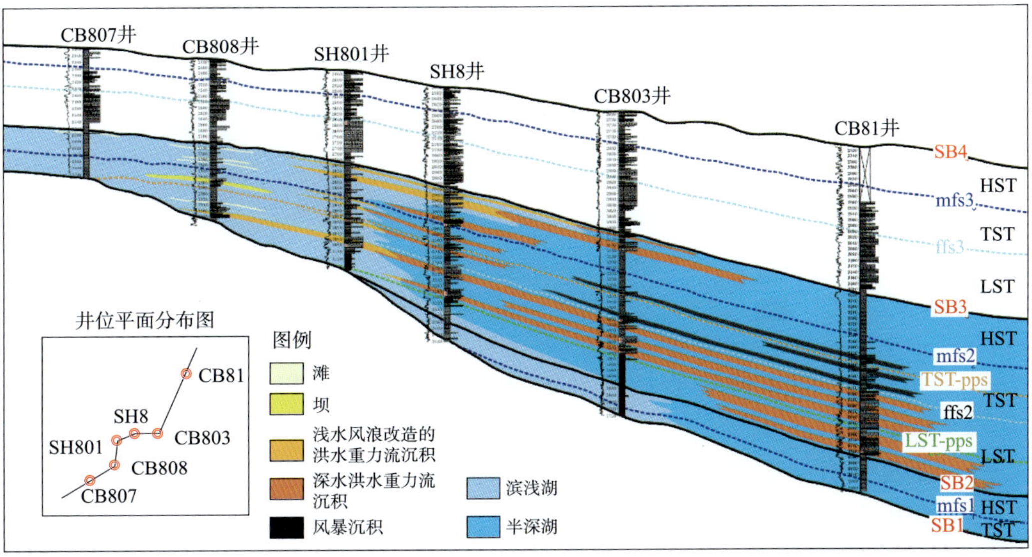

图 4－6　CB807 井—CB808 井—SH801 井—SH8 井—CB803 井—CB81 井连井剖面相图

通过连井剖面对比可以发现，砂体主要分布在层序 SQ2 的低水位体系域(LST)和水进体系域(TST)。低水位体系域时期，重力流砂体大范围发育，第一坡折带区域水体浅，经过波浪作用的搬运改造，形成了浅水风浪改造的洪水重力流沉积；而在第二坡折带及以下区域，无波浪作用，为深水洪水重力流沉积。水进体系域时期，水域范围开始扩大，第一坡折带以上被水体覆盖的区域变得开阔，该区域受到正常波浪作用的影响，发育滩坝沉积和浅水风浪改造的洪水重力流沉积；而在第二坡折带及以下区域，由于水体较深，发育深水洪水重力流沉积和风暴沉积。高位体系域时期，水体更加开阔，在浅水区依然发育滩坝沉积和浅水风浪改造的洪水重力流沉积；而在深水区，仅发育深水洪水重力流沉积。

二、CBG406 井—CB811 井—CB812 井—CBG4 井—CB817 井连井剖面

该剖面也是埕岛东斜坡地区由西南部向东北部延伸的一条顺物源剖面(图 4－7)，剖面西南部位于埕北低凸起，向东北向进入深洼陷区，地层厚度向洼陷区也逐渐增厚。过该剖面沉积相的发育规律与 CB807 井—CB808 井—SH801 井—SH8 井—CB803 井—CB81 井连井剖面相似，不同点在于该剖面的 CB812 井—CBG4 井所在的第一坡折带较宽阔，该区域在层序 SQ2 的低水位体系域(LST)和水进体系域(TST)发育了大面积的滩坝沉积和浅水风浪改造的洪水重力流沉积。

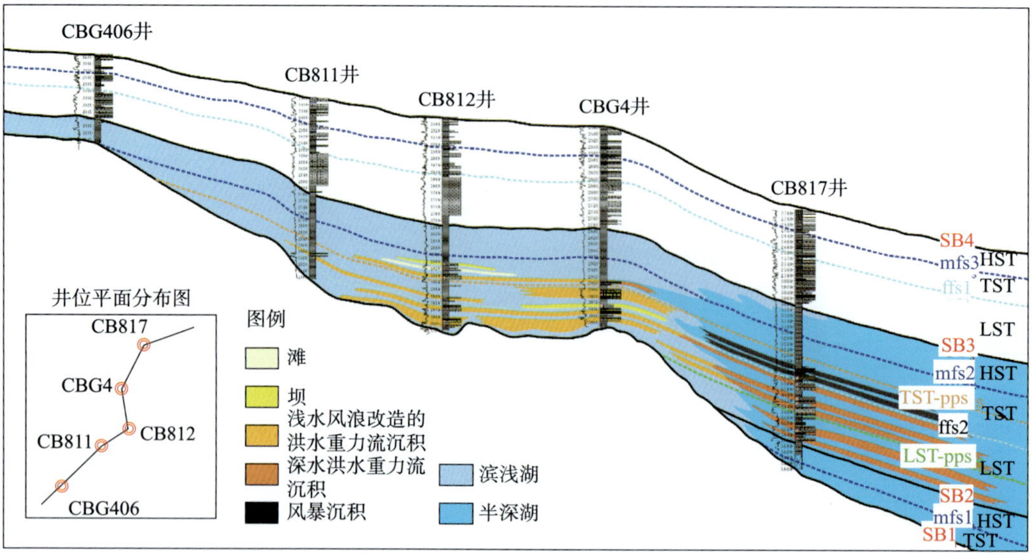

图 4-7　CBG406 井—CB811 井—CB812 井—CBG4 井—CB817 井连井剖面相图

三、CB329 井—CB330 井—CB326 井—CB328 井—CB327 井—CB323 井连井剖面

该剖面也是埕岛东斜坡地区由西南部向东北部延伸的一条顺物源剖面(图 4-8)，剖面顺着埕北低凸起与埕北 30 古潜山之间沟谷延伸到东北部的深洼陷区，但该剖面沉积相的发育规律与上述两个剖面相似，不同点在于该剖面所经过的第一坡折带区域较狭窄，滩坝沉积和浅水风浪改造的洪水重力流沉积发育受限，但在较深水区域发育大面积的风暴沉积和深水洪水重力流沉积。

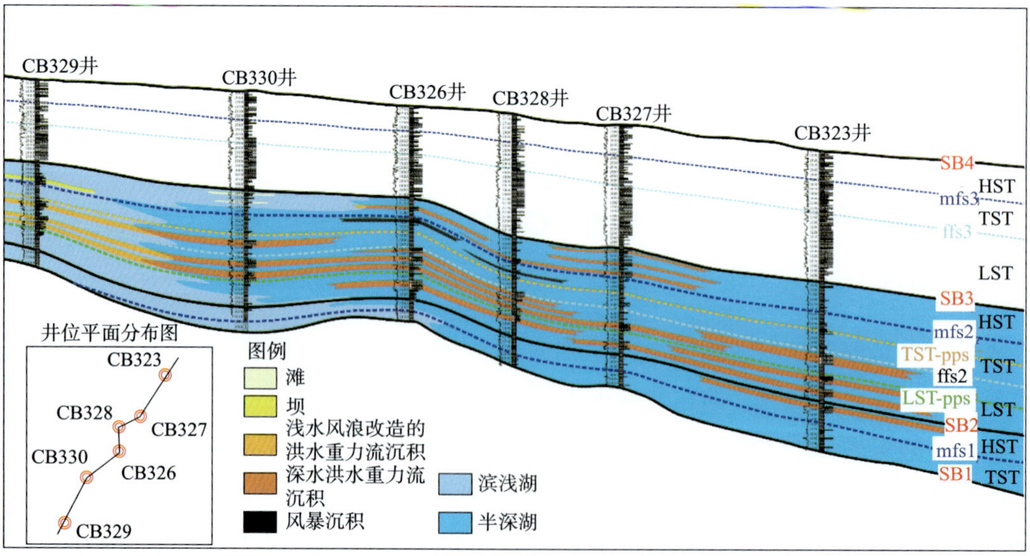

图 4-8　CB329 井—CB330 井—CB326 井—CB328 井—CB327 井—CB323 井连井剖面相图

第三节　地震相分析技术

埕岛东斜坡的第二坡折带钻井较少，而深洼陷区的钻井更少，只有 CB323 井一口钻井。如果只利用钻井资料将难以分析区域沉积特征。因此，充分利用地震剖面反射特征进行地震相的识别，减少地质沉积解释多解性。通过人工解释的方法，难以准确判别。在研究中，提出多属性地震相 FCM 聚类技术进行地震相的自动划分，减小人工识别地震相带来的随意性和不稳定性，为该区地震相研究提供方便。

一、地震相自动划分技术

传统地震相分析主要利用地震相标志，即地震反射结构、地震反射构造和地震相单元外形进行定性描述，注重多个地震反射同相轴的组合特征，所以传统地震相分析在垂向上时间跨度较大，往往忽视单个或几个反射同相轴的沉积意义。在平面上，由于人工识别地震相琐碎、费时，各种地震相经常解释为大范围的分布，尤其是埕岛地区地质结构复杂，在地震剖面上反射特征不明显，该方法更是困难。这种人工解释的地震相对内部细微变化经常被有意或无意地忽略掉，难以解决生产中的实际问题。

本次研究提出采用多属性 FCM 聚类技术进行地震相的自动划分，减少人为因素影响，提高地震相的划分精度。其基础是根据沉积环境的不同，在岩性参量上会表现出很大的差异，包括岩石的组成、颗粒的大小和形状、胶结程度、孔隙度、孔隙中的流体成分和饱和度、温度、压力、沉积厚度等。岩性的变化引起弹性参量的变化，包括弹性模量、密度、速度、泊松比、吸收特性等。弹性参量的变化又将引起地震剖面上的反射特征的变化，包括振幅、波形、频率成分、波的干涉、相干性等。因此，在地震剖面上表现为不同地震相属性，即不同地震相模式。将具有大致相同的地震相属性即属于同一类地震相模式的层段识别出来，达到划分地震相的目的，再结合其他地质和地球物理知识，可以进行沉积相和沉积模式的分析和推断。该技术方法流程如图 4 -9 所示。首先对埕岛东斜坡进行地震层位解释，提取目的层位的地震属性。同时，根据钻井分层，统计对应目的层位在钻井中的砂岩厚度参数。然后根据地震属性优化选择方法，寻找与埕岛东斜坡砂岩厚度关系密切的地震属性，利用 FCM 聚类算法，根据类比相似原理对这些优选出的地震属性进行分类，从而建立地震相图，最后根据地质、测井等资料对相应的地震相作出合理、准确的地质解释。该方法能

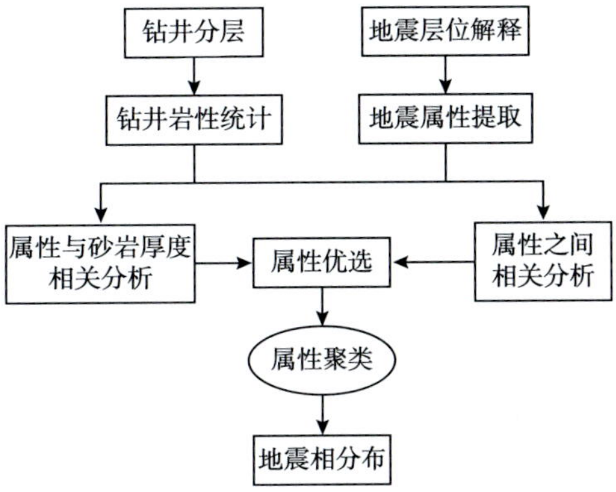

图 4 -9　地震相自动划分流程图

够快速有效地确定地震相的分布边界，且在地震相图的建立过程中无须井数据的参与。

二、FCM 聚类原理

不同的沉积相在地震属性上会有不同的响应特征，如果能够将这些相似的地震属性响应划归为一类，即可对这些沉积相进行分类，从而完成地震相的自动划分。本次研究中采用具有良好聚类特性的 FCM 聚类算法。

FCM 即模糊 C 均值聚类，为聚类分析方法中的一种。聚类分析是按照客体在性质上或成因上的亲疏关系，对客体进行定量分类的一种多元统计分析方法。FCM 基于划分的聚类思想，用隶属度确定每个数据点属于某个聚类的程度。1973 年，Bezdek 提出了该算法，作为早期 HCM(硬 C 均值聚类)方法的一种改进。其思想是使得被划分到同一簇的对象之间的相似度最大，而不同簇之间的相似度最小。

FCM 把 n 个向量 $\boldsymbol{x}_j(j=1, 2, \cdots, n)$ 分为 c 个模糊组，并求每组的聚类中心，使得非相似性指标的价值函数达到最小。FCM 与 HCM 的主要区别在于 FCM 用模糊划分，使得每个给定数据点用值在[0，1]的隶属度确定其属于各个组的程度。与引入模糊划分相适应，隶属矩阵 $\boldsymbol{U}$ 允许有取值在[0，1]的元素。不过，加上归一化规定，一个数据集的隶属度的和总等于 1：

$$\sum_{i=1}^{c} \boldsymbol{u}_{ij}=1, \quad \forall j=1, 2, \cdots, n \tag{4-1}$$

那么，FCM 的价值函数(或目标函数)的一般化形式：

$$J(\boldsymbol{U}, \boldsymbol{c}_1, \cdots, \boldsymbol{c}_c)=\sum_{i=1}^{c} J_i=\sum_{i=1}^{c}\sum_{j}^{n} u_{ij}^m d_{ij}^2 \tag{4-2}$$

式中，$\boldsymbol{u}_{ij}$介于[0，1]；$\boldsymbol{c}_i$ 为模糊组 I 的聚类中心；$d_{ij}=\|\boldsymbol{c}_i-\boldsymbol{x}_j\|$为第 i 个聚类中心与第 j 个数据点间的欧几里得距离；$m\in[1, \infty)$是一个加权指数。

构造如下新的目标函数，可求得使公式(4－2)达到最小值的必要条件：

$$\begin{aligned}\bar{J}(\boldsymbol{U}, \boldsymbol{c}_1, \boldsymbol{c}_2, \cdots, \boldsymbol{c}_c, \lambda_1, \lambda_2, \cdots, \lambda_n) &= J(\boldsymbol{U}, \boldsymbol{c}_1, \boldsymbol{c}_2, \cdots, \boldsymbol{c}_c)+\sum_{j=1}^{n}\lambda_j\left(\sum_{i=1}^{c}\boldsymbol{u}_{ij}-1\right)\\ &=\sum_{i=1}^{c}\sum_{j}^{n}\boldsymbol{u}_{ij}^m d_{ij}^2+\sum_{j=1}^{n}\lambda_j\left(\sum_{i=1}^{c}\boldsymbol{u}_{ij}-1\right)\end{aligned} \tag{4-3}$$

式中，λ_j，$j=1, 2, \cdots, n$，为公式(4－1)的 n 个约束式的拉格朗日乘子。

对所有输入参量求导，使公式(4－2)达到最小的必要条件为：

$$\boldsymbol{c}_i=\frac{\sum_{j=1}^{n}\boldsymbol{u}_{ij}^m\boldsymbol{x}_j}{\sum_{j=1}^{n}\boldsymbol{u}_{ij}^m} \tag{4-4}$$

$$\boldsymbol{u}_{ij}=\frac{1}{\sum_{k=1}^{c}\left(\frac{d_{ij}}{d_{kj}}\right)^{2/(m-1)}} \tag{4-5}$$

由上述两个必要条件，模糊 C 均值聚类算法是一个简单的迭代过程。在批处理方式运行时，FCM 用下列步骤确定聚类中心 c_i 和隶属矩阵 $\boldsymbol{U}$。

步骤 1：用在[0，1]的随机数初始化隶属矩阵 $\boldsymbol{U}$，使其满足公式(4－1)中的约束条件。

步骤 2：用公式(4－4)计算 c 个聚类中心 c_i，$i=1，2，\cdots，c$。

步骤 3：根据公式(4－2)计算价值函数。如果小于某个确定的阈值，或相对上次价值函数值的改变量小于某个阈值，则算法停止。

步骤 4：用公式(4－5)计算新的 $\boldsymbol{U}$ 矩阵。返回步骤 2。

上述算法也可以先初始化聚类中心，然后再执行迭代过程。由于不能确保 FCM 收敛于一个最优解。算法的性能依赖于初始聚类中心。因此，要么用另外的快速算法确定初始聚类中心，要么每次用不同的初始聚类中心启动该算法，多次运行 FCM。

通过上面的讨论，可以看出 FCM 算法需要两个参数：一个是聚类数目 C，另一个是参数 m。一般来讲 C 远小于聚类样本的总个数，同时要保证 $C>1$。对于 m，它是一个控制算法的柔性的参数，如果 m 过大，则聚类效果会很差，而如果 m 过小则算法会接近 HCM 聚类算法。

算法的输出是 C 个聚类中心点向量和 $C\times N$ 的一个模糊划分矩阵，这个矩阵表示的是每个样本点属于每个类的隶属度。根据这个划分矩阵按照模糊集合中的最大隶属原则就能够确定每个样本点归为哪个类。聚类中心表示的是每个类的平均特征，可以认为是这个类的代表点。从算法的推导过程不难看出，算法对于满足正态分布的数据聚类效果会很好，另外，算法对孤立点是敏感的。

三、地震相划分与识别

利用地震相自动划分技术对埕岛东斜坡地区三维地震工区东下段地层进行处理。通过前期地震属性优选分析，分别优选出目的层段对砂岩厚度较为敏感的地震属性。通过 FCM 聚类，将这砂岩厚度敏感地震属性进行聚类分析，由于同一个沉积体产生的地震属性响应类似，并且地震属性是地震反射参数的反映，所以可以近似认为属性聚类图就是地震相图，并结合地震剖面反射特征，最终得到地震相分布。应用该方法，对主力含油层位层序 SQ2 的低水位体系域(LST)和水进体系域(TST)的地震相进行划分与识别。

利用笔者开发的地震地质分析软件 SGA，采用相关系数、灰关联度、交会图等技术分析砂体与属性的关系，从而进行地震属性敏感的砂体的优化选择[图 4－10(a)～(c)]。通过研究，已经优选出与该区东下段砂体关系最密切的地震属性，包括均方根振幅、平均绝对振幅、平均反射强度和能量半衰时四种。这四种地震属性都从某一方面反映了沉积砂体分布规律，对这四种属性进行聚类，把沉积体在这四个地震属性中响应特征相同的区域化为一类，即可认为该区域的地震相具有相同的地震反射特征(振幅、频率、连续性等)。整个工区分类后，可获得地震相平面分布。

利用 SGA 的地震相自动划分模块进行处理，对这四个地震属性进行 FCM 聚类分析[图 4－10(d)]。数据运算过程可通过“计算误差观察”图中红色点的变换趋势及文本框中文字说明检查聚类效果，正常情况下，随着迭代次数的增加，误差逐渐减小，图中红色点逐渐降低，呈明显下降趋势，当迭代次数达到 50 次后，误差基本不再发生明显变化，说明聚类过程基本完成。

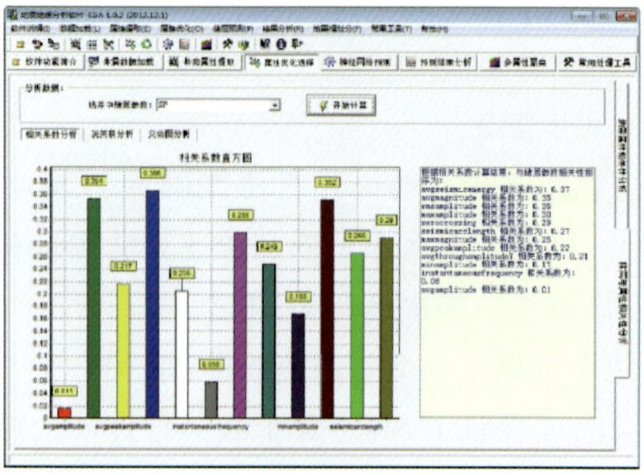

（a）相关系数及灰关联度分析

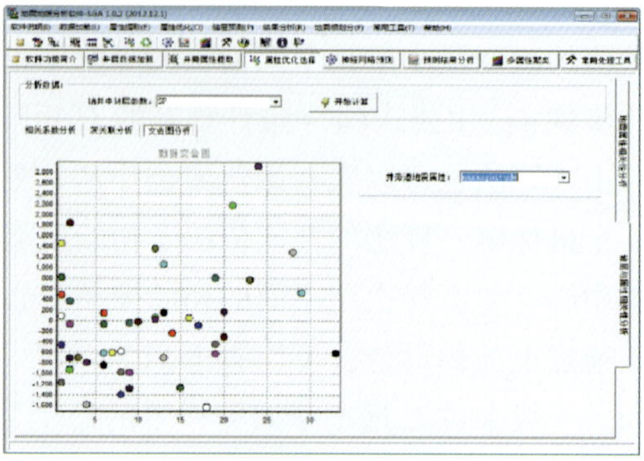

（b）地震测井交会图分析

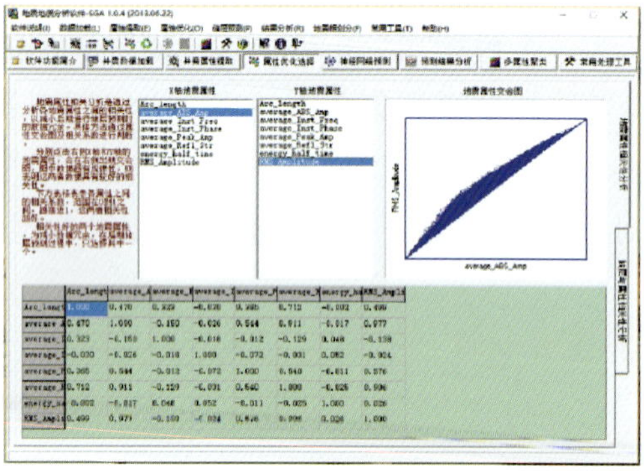

（c）地震属性间相关性分析

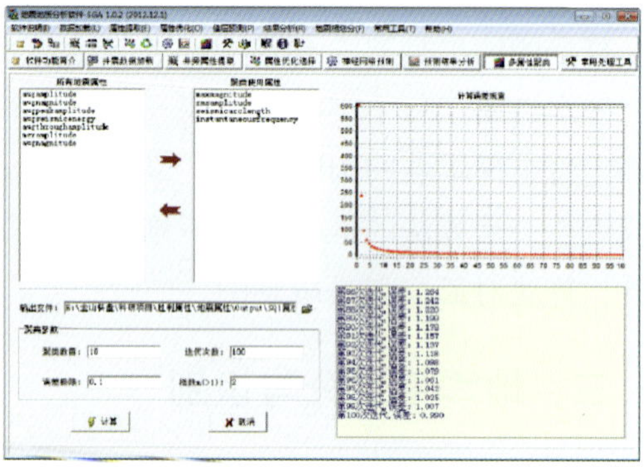

（d）地震相自动划分模块

图 4－10　地震属性优化选择和属性聚类

优选出的四种地震属性在砂体发育处的特征分别表现为：中均方根振幅、中平均绝对振幅、低平均反射强度和高能量半衰时。将均方根振幅、平均绝对振幅、平均反射强度和能量半衰时四个地震属性经过 FCM 聚类后，获得埕岛东斜坡地区主力含油层位层序 SQ2 的低位体系域(LST)和水进体系域(TST)的地震相分布图(图 4－11、图 4－12)。图中橘红色区域代表两个体系域中的砂体，颜色越深代表砂体越发育，从地震相分布图中可以清楚地看出砂体在平面上的分布特征。低水位体系域(LST)时期，湖泊水体相对局限，砂体在该区广泛分布，主要发育于第二坡折带及以下的深洼陷区(图 4－11)。水进体系域(TST)时期，随着湖泊水体的逐渐扩大，沉积过程发生退积作用，导致该时期的砂体主要分布在靠近埕北低凸起和埕北 30 古潜山的第一坡折带和第二坡折带，而在深洼陷区只分布薄层砂体或砂体欠发育(图 4－12)。

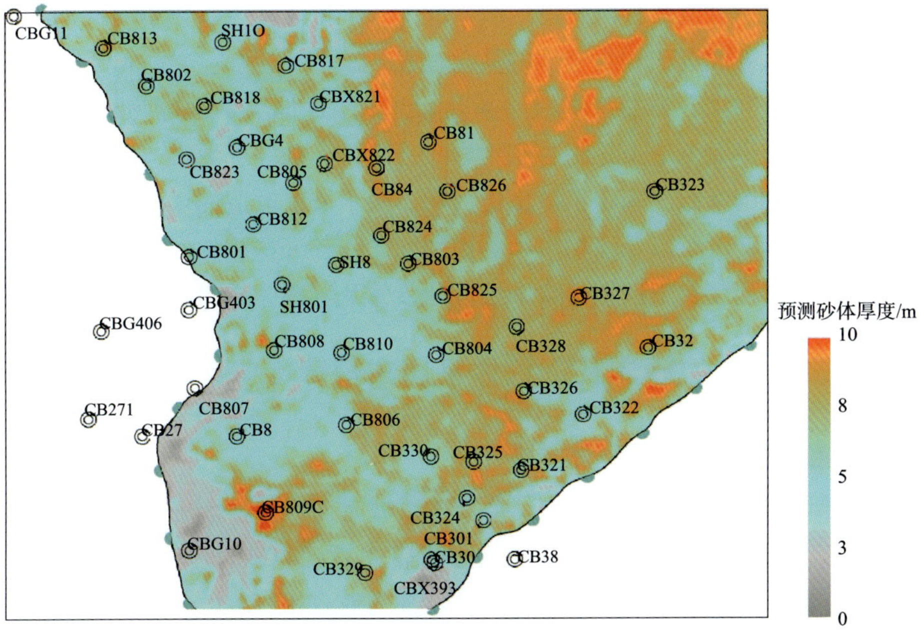

图 4－11　SQ2 的低水位体系域（LST）地震相分布图

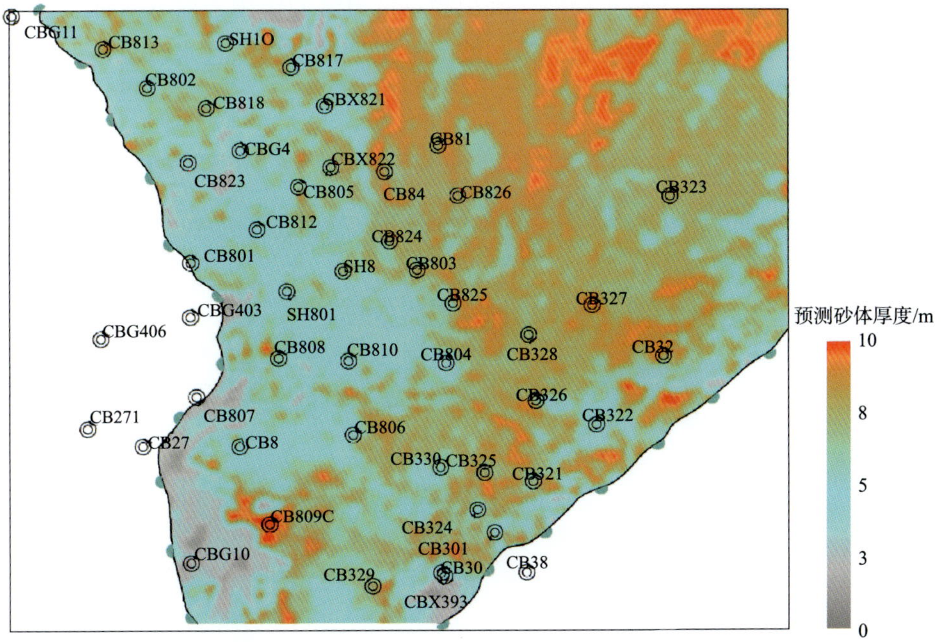

图 4－12　SQ2 的水进体系域（TST）地震相分布图

第四节　砂体及沉积体系展布规律

沉积体系是由特定的沉积相组合而成，在沉积体系内部，不同的沉积相在空间上是互相联系、有规律配置。构成同一沉积体系的各种沉积相，并非孤立存在，而是彼此之间具有成因联系，它们由一种或几种沉积作用联系起来。沉积体系也暗含了时间的概念，强调了沉积过程和成因联系的沉积相组合体的演化过程。

此次研究在充分利用各类勘探资料的基础上，以层序地层学理论为指导，以地震相、测井相和沉积相精细研究为重点，综合利用岩心、测井、录井、地震等多种资料，以区域层序地层格架的建立为基础，确定了碎屑流沉积、浅水风浪改造的洪水重力流沉积、深水洪水重力流沉积、风暴沉积以及滩坝沉积的识别标志和各沉积相的时空展布规律，并进一步揭示了埕岛东斜坡地区东下段主力含油层段的砂体及沉积体系展布规律。

一、SQ2－LST 的砂体及沉积体系展布规律

(一) LST 整体的砂体及沉积体系展布

从砂体等厚图(图 4－13)可以看出，低位体系域时期，砂岩厚度的高值区位于第二坡折带及以下的深洼陷区，而靠近凸起的第一坡折带则表现为砂岩厚度的低值。由此可见，通过统计测井上的砂岩厚度所得到的砂岩展布特征与地震相(图 4－11)所反映的砂体展布特征具有高度一致性，两者能够相互印证与补充。由于埕岛东斜坡地区砂体主要为重力流成因，低位体系域时期，水体相对局限，沉积物在重力流的作用下输入水体，多在第二坡折带和深洼陷区沉积下来，靠近凸起的第一坡折带由于相对狭窄且水深较浅，沉积下来的碎屑物质相对较少。

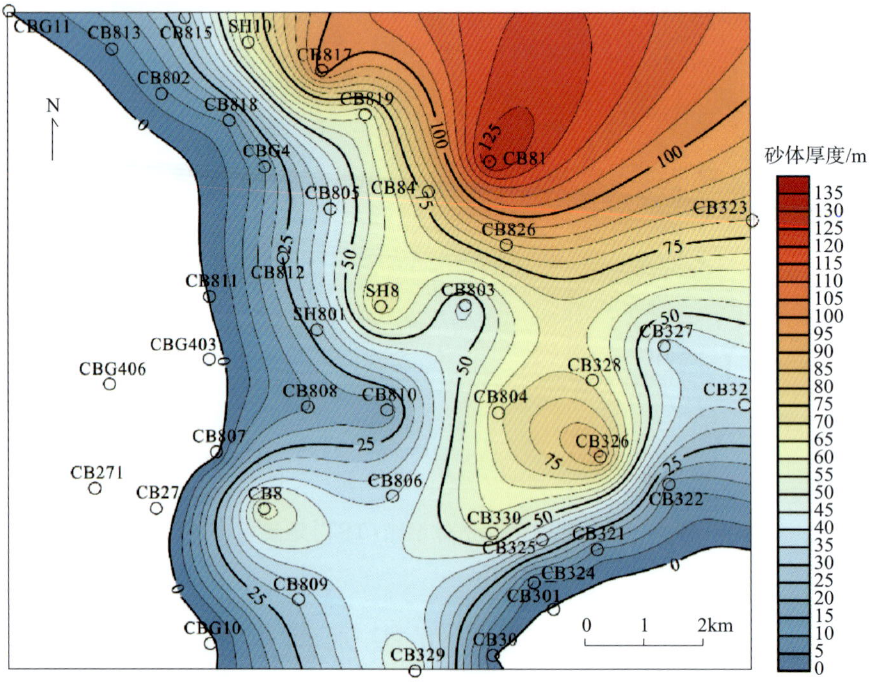

图 4－13　SQ2－LST 整体的砂体等厚图

根据前面所阐述的沉积相连井对比，可以认识沉积相的纵向发育规律，而从地震相分

布图和砂体等厚图，可以认识到沉积相在平面上的组合关系及展布特征，最终综合沉积相在纵向和平面上的发育特征，并绘制了 SQ2－LST 整体的沉积相平面图(图 4－14)。从图中可以看出坡折带区域伴随着沉积相类型的转换，这是由于该区域水深变化较大，不同的水深具有不同的水动力机制。碎屑流沉积发育在 CB8 井区附近，浅水风浪改造的洪水重力流沉积发育在 CB813 井—CB802 井—CB818 井—CBG4 井—CB805 井—CB812 井—CB813 井—SH801 井—CB810 井—CB806 井—CB329 井—CB324 井—CB321 井—CB322 井一带的第一坡折带区域，而深水洪水重力流沟道－沟道间－席状砂体系则发育在 SH10 井—CB817 井—CB84 井—CB803 井—CB804 井—CB330 井—CB325 井—CB326 井—CB32 井一带的第二坡折带及以下的深洼陷区。碎屑流沉积、浅水风浪改造的洪水重力流沉积、深水洪水重力流沉积，在平面上由凸起向深洼陷区依次发育，它们具有成因上的关联性。

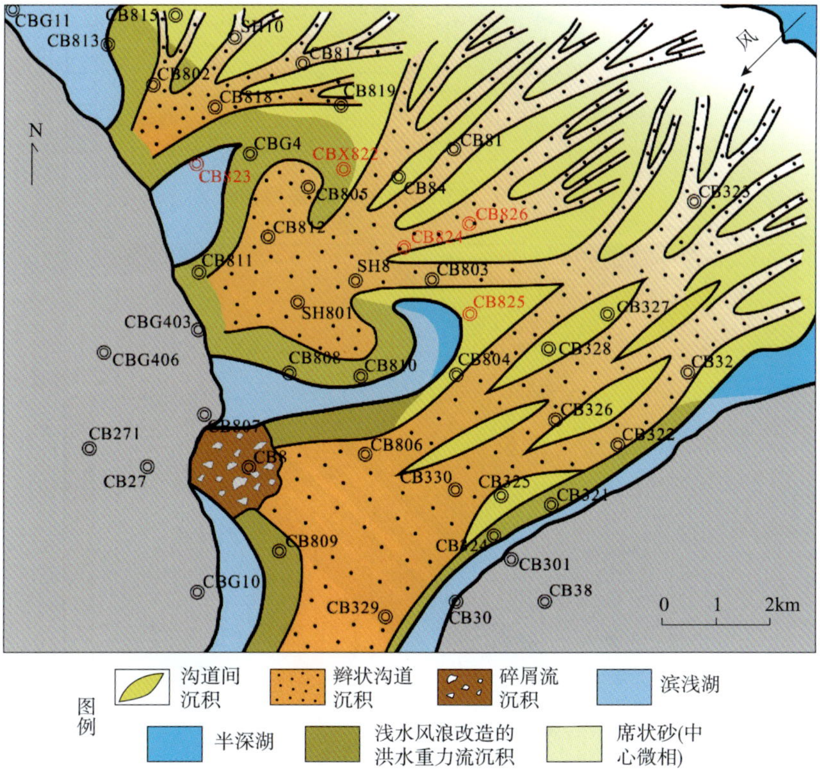

图 4－14　SQ2－LST 整体的沉积相平面图

(二)LST－1 砂体及沉积体系展布规律

前文已述及，在 SQ2 的低位体系域中识别出了两个准层序组(见第三章)，分别命名为 LST－1 和 LST－2，其中 LST－1 为下部的准层序组。地层等厚图(图4－15)反映该准层序组的沉积边界总体上刚越过第二坡折带，地层厚度呈“坡折带薄，洼陷带厚”和“沟谷发育处厚”的特点。从砂体等厚图(图 4－16)可以看出，砂岩厚度的高值主要位于第二坡折带以下的深洼陷区，同时沟谷发育处的砂体厚度大于其周围的砂体厚度，从而可以得出，埕岛东斜坡地区的物源供给主要受三条大型的沟谷控制。

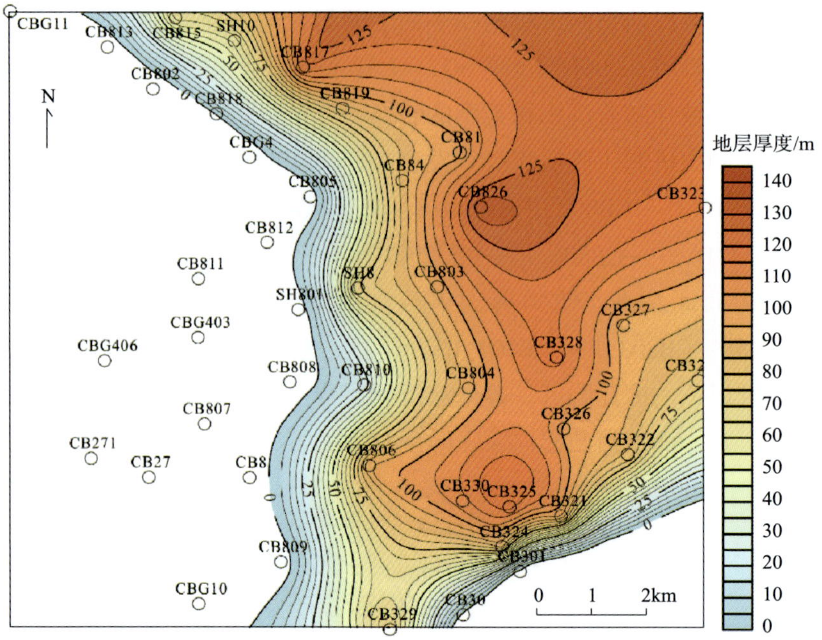

图 4-15　LST-1 的地层等厚图

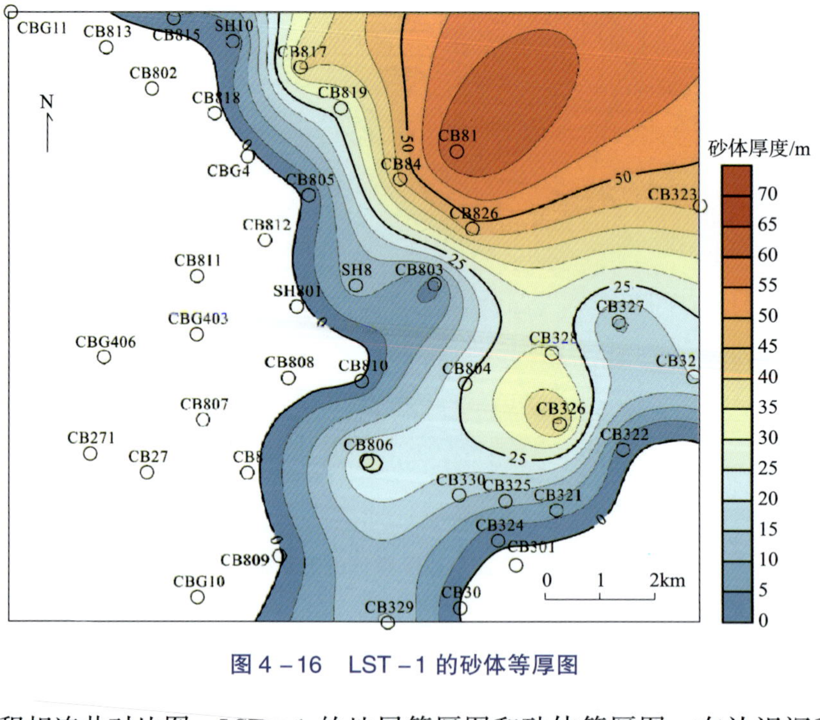

图 4-16　LST-1 的砂体等厚图

依据沉积相连井对比图、LST-1 的地层等厚图和砂体等厚图，在认识沉积相在纵向和平面上的发育特征的基础上，绘制了 LST-1 的沉积相平面图(图 4-17)。从图中可以看出，由于 LST-1 时期沉积边界总体上刚越过第二坡折带，导致浅水风浪改造的洪水重力流沉积发育局限。而深水洪水重力流沉积为主要的沉积相类型，且两者构成的扇体整体向洼陷带推进较远。

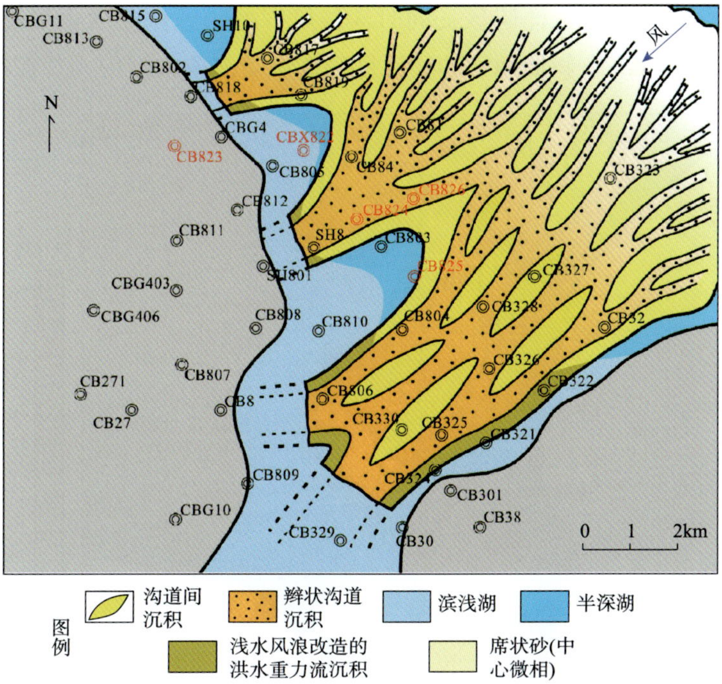

图 4－17　LST－1 的沉积相平面图

(三)LST－2 砂体及沉积体系展布规律

LST－2 为 SQ2 的低位体系域上部的准层序组。地层等厚图(图 4－18)反映该准层序组的沉积边界已经越过第一坡折带，地层厚度呈现出“第一坡折带薄，第二坡折带和洼陷带厚”和“沟谷发育处厚”的特点。从砂体等厚图(图 4－19)可以看出，砂岩厚度的高值主

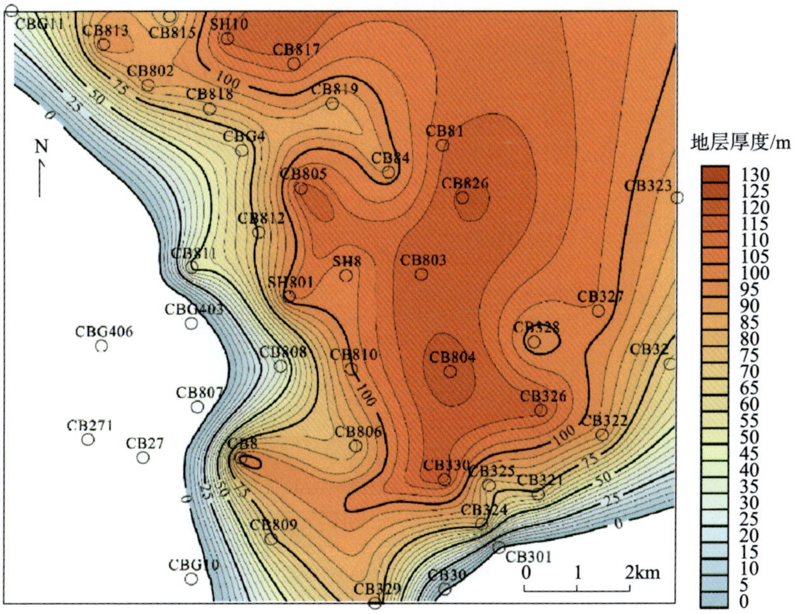

图 4－18　LST－2 的地层等厚图

要位于第二坡折带和以下的深洼陷区，同时沟谷发育处的砂体厚度也呈现出高值的特征，从而可以得出，此时埕岛东斜坡地区的物源供给依然受三条大型的沟谷控制。

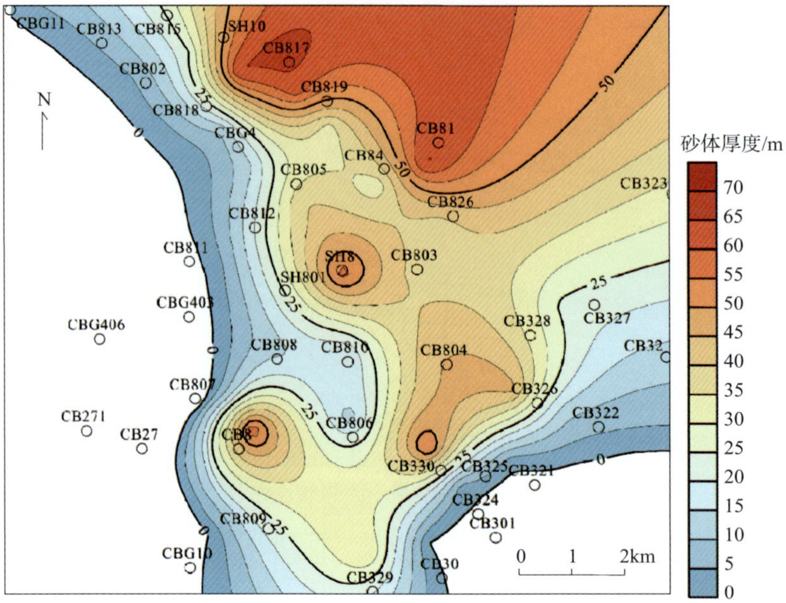

图 4－19　LST－2 的砂体等厚图

依据沉积相连井对比图、LST－2 的地层等厚图和砂体等厚图，在认识沉积相在纵向和平面上的发育特征的基础上，绘制了 LST－2 的沉积相平面图(图 4－20)。从图中可以

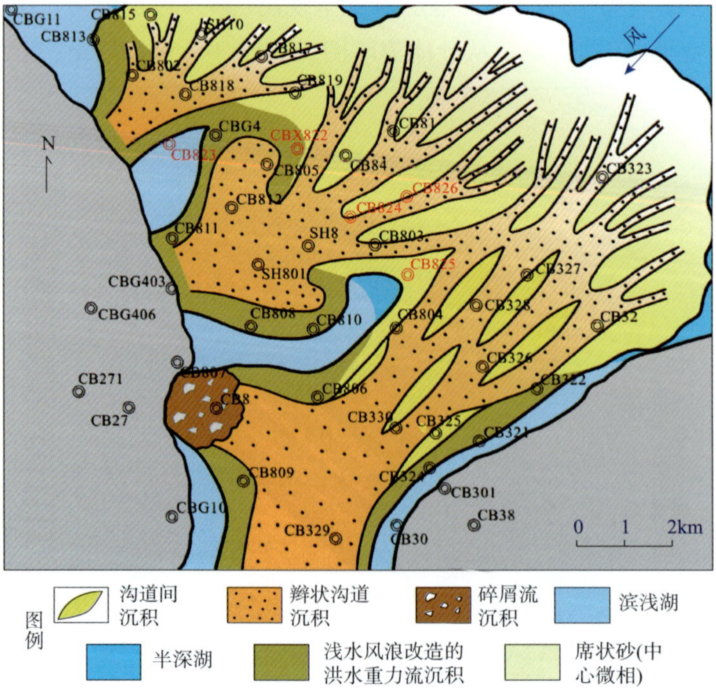

图 4－20　LST－2 的沉积相平面图

看出，由于 LST－2 时期的沉积边界已经越过第一坡折带，导致浅水区域扩大，浅水风浪改造的洪水重力流沉积发育广泛。在 CB8 井区附近发育小规模的碎屑流沉积。该时期浅水风浪改造的洪水重力流沉积和深水洪水重力流沉积构成了沉积的主体，其扇体末端边缘比 LST－1 时期的向陆收缩，表明该时期水体逐渐扩大，逐渐向隆起区超覆。

二、SQ2－TST 的砂体及沉积体系展布规律

（一）TST 整体的砂体及沉积体系展布规律

从砂体等厚图上可以看出(图 4－21)，水进体系域时期，砂岩厚度的高值区位于第一坡折带，而第二坡折带及以下的深洼陷区则表现为砂岩厚度的低值。测井统计得到的砂体展布特征与地震相(图 4－12)所反映的砂体展布特征也具有高度一致性。水进体系域时期，湖泊水体逐渐变得开阔，沉积物发生退积作用，砂体相应向凸起靠拢，在第一坡折带区域沉积了较厚的砂体，在第二坡折带仅发育有风暴作用沉积下来的粒度相对较细，厚度相对较薄的砂体，而在深洼陷区，则砂体欠发育或几乎没有砂体的发育。

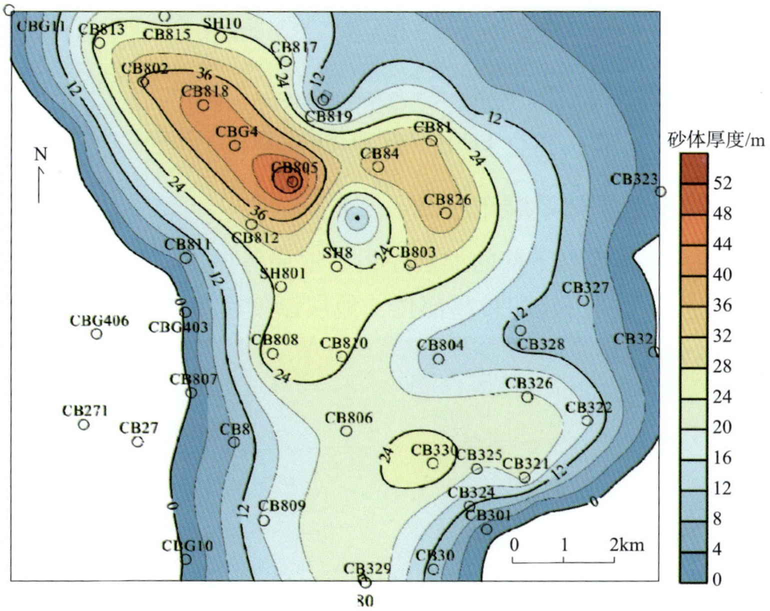

图 4－21　SQ2－TST 整体的砂体等厚图

综合沉积相在纵向和平面上的发育特征，绘制了 SQ2－TST 整体的沉积相平面图(图 4－22)。从图中可以看出，该时期第一坡折带及以上区域的水体范围要比低位体系域时期宽阔得多，碎屑流沉积不再发育，该区域主要发育浅水风浪改造的洪水重力流沉积与滩坝沉积的组合，滩坝沉积发育于浅水风浪改造的洪水重力流沉积之间，为正常风浪改造重力流沉积物形成。第二坡折带发育深水洪水重力流沉积与风暴沉积的组合，风暴沉积发育于洪水重力流沉积朝向湖盆的方向，为风暴浪改造后者的沉积物，在其前方区域沉积。深洼陷区则鲜有粗粒沉积物的输入，以泥岩和粉砂质泥岩沉积为主。上述沉积相在成因上

也具有关联性，形成一个完整的沉积体系。

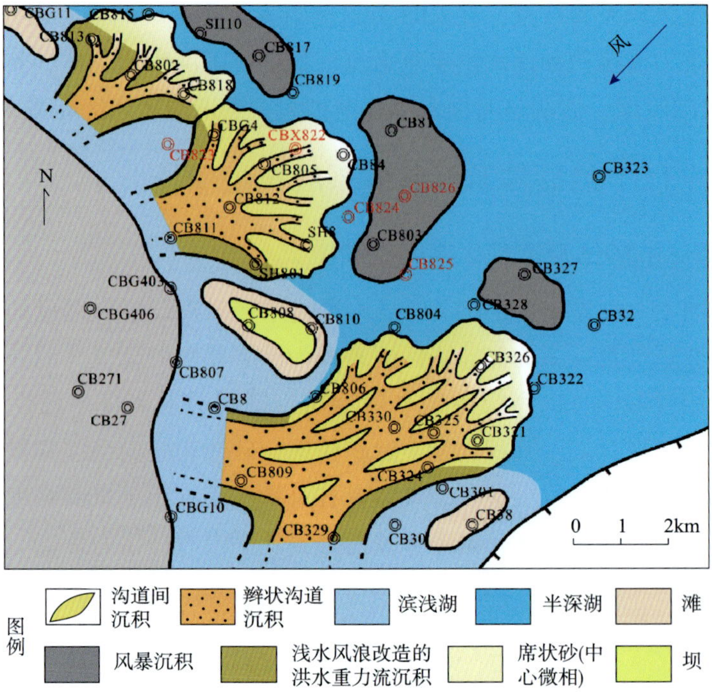

图 4－22　SQ2－TST 整体的沉积相平面图

（二）TST1 砂体及沉积体系展布规律

TST1 为 SQ2 的水进体系域下部的准层序组。地层等厚图（图 4－23）反映该准层序组的沉积边界已经到达埕北低凸起的较高部位，地层厚度也呈现出“第一坡折带相对较薄，

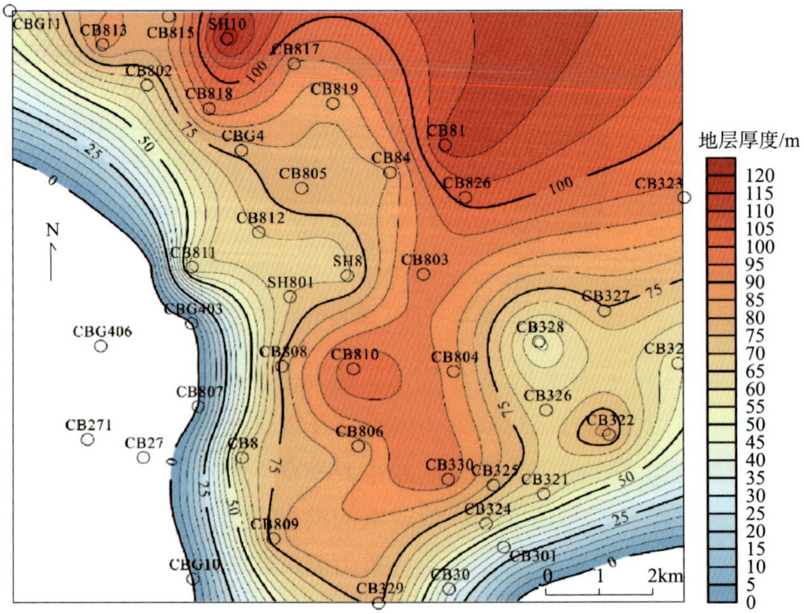

图 4－23　TST1 的地层等厚图

第二坡折带和洼陷带较厚”的特点。从砂体等厚图(图 4－24)可以看出，砂体厚度的高值主要位于第一坡折带，第二坡折带的砂体厚度相对较小，而洼陷带砂体欠发育或不发育。此时埕岛东斜坡地区的物源供给依然受三条大型的沟谷控制，依然来自埕北低凸起。

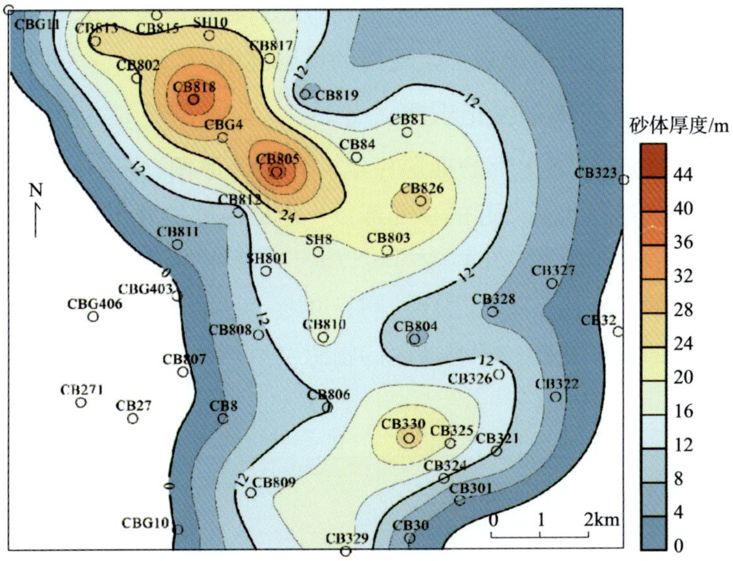

图 4－24 TST1 的砂体等厚图

依据沉积相连井对比图、TST1 的地层等厚图和砂体等厚图，在认识沉积相在纵向和平面上的发育特征的基础上，绘制了 TST1 的沉积相平面图(图 4－25)。从图中可以看出，

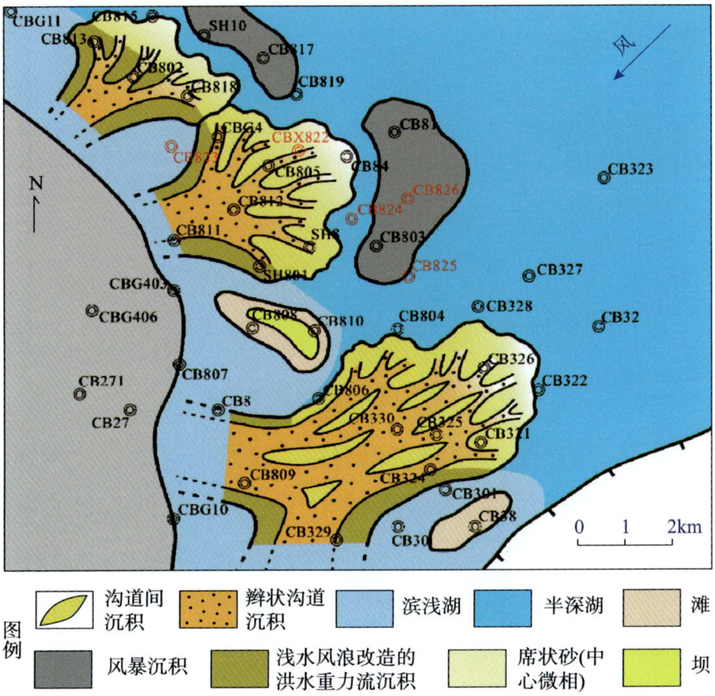

图 4－25 TST1 的沉积相平面图

该时期比 LST2 时期的沉积边界更加开阔，浅水区域更大，浅水风浪改造的洪水重力流沉积发育较广泛，同时在浅水区域由于受风浪的持续作用，出现滩坝沉积。此时的浅水风浪改造的洪水重力流沉积和深水洪水重力流沉积构成的扇体比 LST2 时期发育规模明显变小，这主要是由于埕北低凸起暴露区域逐渐缩小，物源碎屑物供应量逐渐减少造成。同时，由于受风暴的作用，在第二坡折带出现一定规模的风暴沉积。

（三）TST2 砂体及沉积体系展布规律

TST2 为 SQ2 的水进体系域上部的准层序组。地层等厚图（图 4－26）反映该准层序组的沉积边界已经快要到达埕北低凸起的顶部部位，地层厚度呈现出由凸起高部位向洼陷带逐渐变厚的特点。从砂体等厚图（图 4－27）可以看出，砂体厚度的高值主要呈孤立的片状单元分布，而且砂体的厚度比其他准层序组明显变薄，总体上砂体欠发育。随着埕岛东斜坡地区三条大型沟谷的填平补齐，此时该区的物源供给不再受沟谷控制，但依然来自埕北低凸起有限的暴露区。

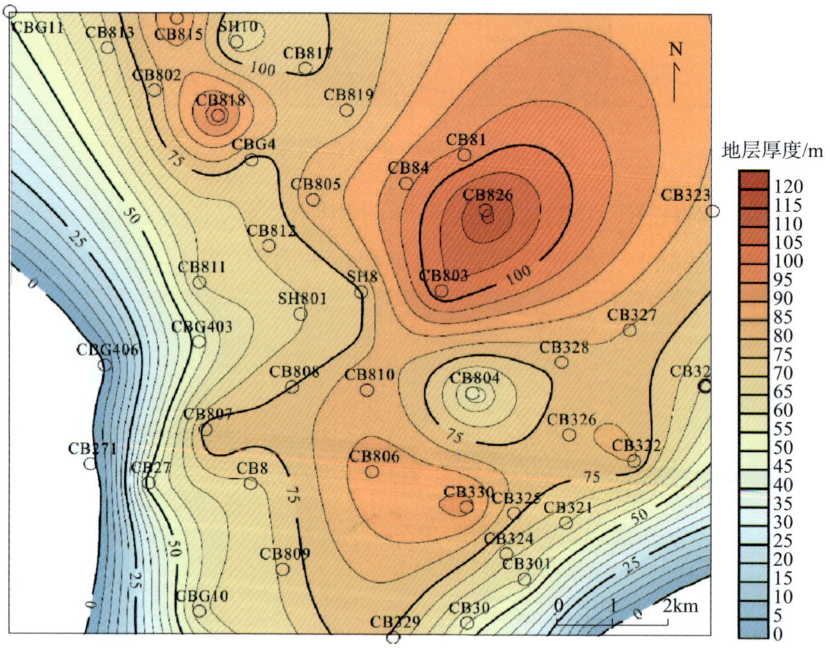

图 4－26　TST2 的地层等厚图

由 TST2 的沉积相平面图（图 4－28）可以看出，该时期总体以浅湖和半深湖泥岩沉积为主，其他沉积类型发育规模很小，这主要是由于来自埕北低凸起的物源剥蚀区已经很小，能够提供的砂级碎屑物质非常有限所致。该时期仅在 CB811 井—CB812 井区域发育一个小型的扇体，其两侧的 CB802 井区、CB808 井区分别发育滩坝沉积，滩坝沉积是由风浪改造邻近的重力流沉积物形成的。此时在半深湖区域发育一定规模的风暴沉积，分别位于 CB84 井—CB81 井—CB826 井—CB803 井区和 CB322 井—CB326 井—CB328 井—CB327 井区附近。

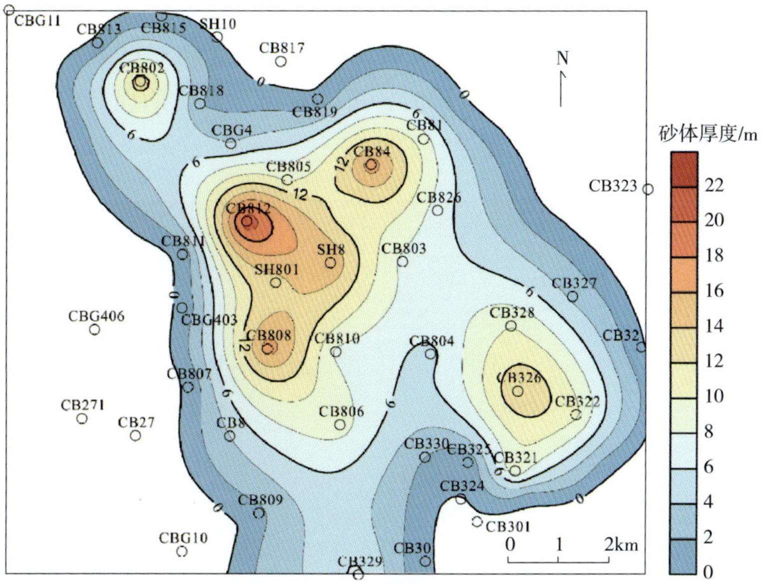

图 4－27　TST2 的砂体等厚图

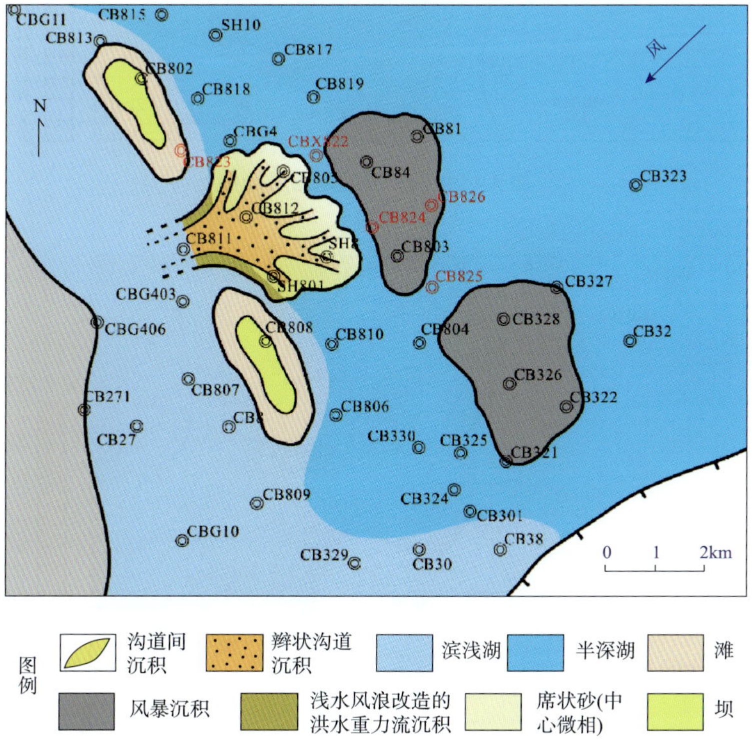

图 4－28　TST2 的沉积相平面图

三、SQ1－HST 的砂体及沉积体系展布规律

SQ1 的高位体系域被识别为一个准层序组。地层等厚图（图 4－29）反映该准层序组的

沉积边界总体处于第二坡折带，地层厚度呈现出“坡折带薄，洼陷带厚”和“沟谷发育处厚”的特点。从砂体等厚图(图4－30)可以看出，砂体的总体厚度不大，厚度的高值主要位于CB84井区和CB323井区域附近。同时，可以看出，该时期埕岛东斜坡地区的物源供给主要受中部、南部两条沟谷的控制。

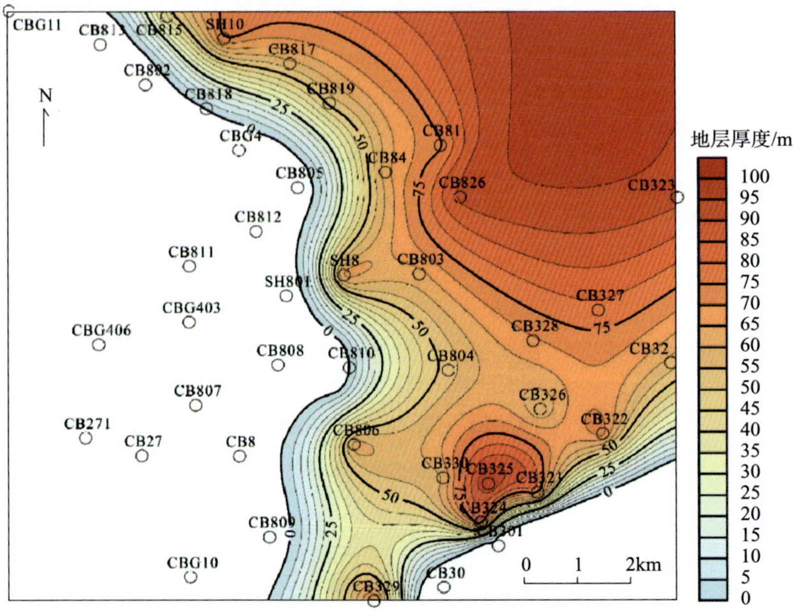

图4－29 HST的地层等厚图

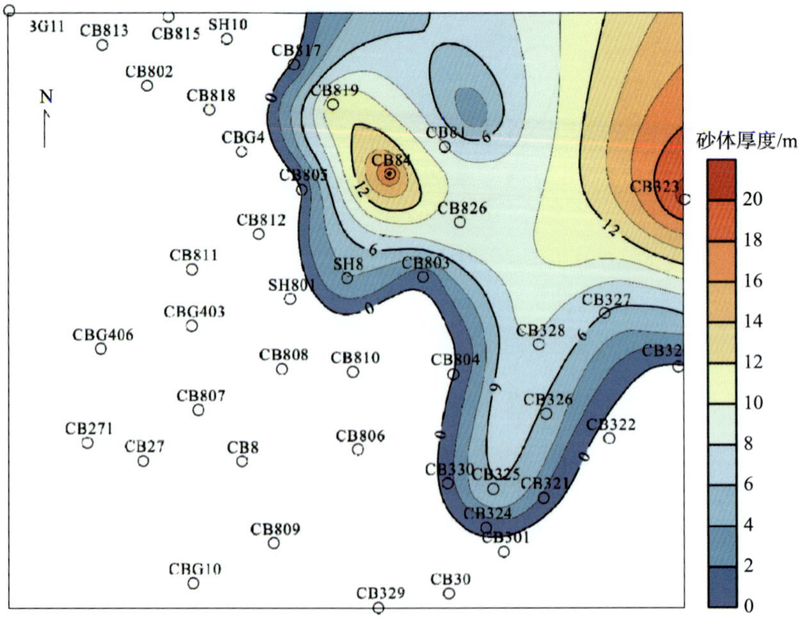

图4－30 HST的砂体等厚图

依据沉积相连井对比图、HST 的地层等厚图和砂体等厚图，在分析沉积相纵向和平面上的发育特征的基础上，绘制了 HST 的沉积相平面图(图 4－31)。从图中可以看出，HST 时期沉积边界总体上处于第二坡折带，水体并不开阔，导致埕岛东斜坡地区的扇体发育规模不大。浅水区域相对狭窄的条件导致浅水风浪改造的洪水重力流沉积发育局限，半深水区的洪水重力流沉积为主要的沉积相类型。南部沟谷控制的扇体向洼陷带推进较远。

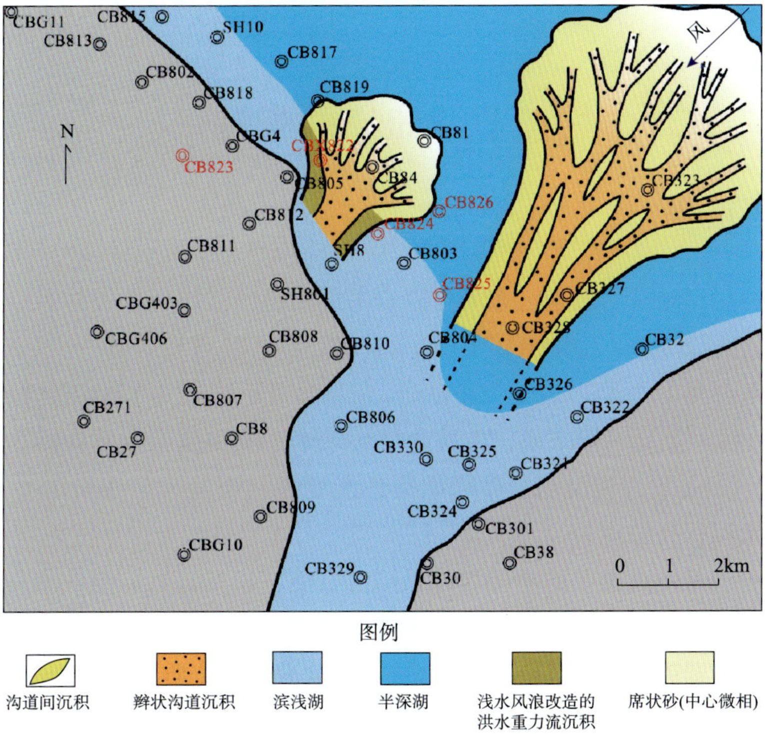

图 4－31　HST 的沉积相平面图

第五章 储集性评价技术

第一节 储层微观特征

一、砂岩类型

本次研究中对埕岛东斜坡地区东下段砂岩采用四组分三端元分类体系，四组分是指杂基、石英(Q)、长石(F)和岩屑(R)，三端元是指石英、长石和岩屑。

首先按杂基含量15%将砂岩分为净砂岩(杂基含量小于15%)和杂砂岩(wack，杂基含量15% ~50%)两大类。一般来说，杂基含量是流体性质和储层性质的标志，当杂基含量大于15%时，一般是重力流沉积，砂岩储集性能变差；当其含量小于15%时，一般是牵引流沉积，原始沉积孔隙度较高。

对于净砂岩，每一大类中的类型划分采用由石英、长石、岩屑组成的三角图。为了使用方便，且更能指示砂岩的成因，这里的石英是单晶石英颗粒，不包括燧石和多晶石英；长石是长石颗粒，即钾长石和斜长石；岩屑是各种岩浆岩、变质岩和沉积岩的岩屑。需要强调的是，具体岩石类型的命名不能按照"三级命名法"，而是将长石或岩屑含量降至25%即可定本名，这是因为这两种组分在砂岩中各自的含量一般不超过颗粒组分的30%(图5-1)。

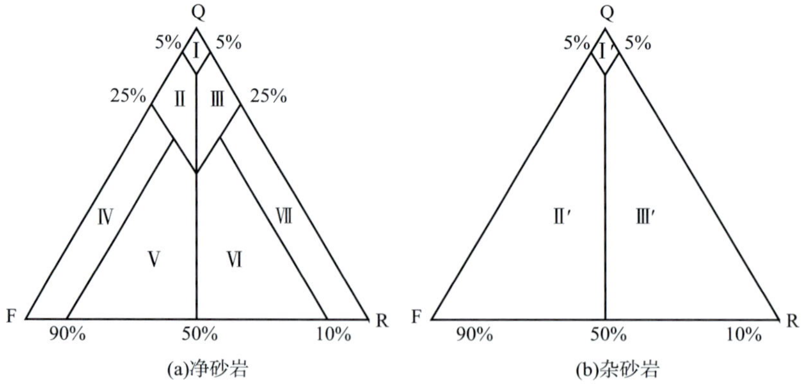

图5-1 净砂岩和杂砂岩的分类

Ⅰ—石英净砂岩；Ⅱ—亚长石净砂岩；Ⅲ—亚岩屑净砂岩；Ⅳ—长石净砂岩；Ⅴ—岩屑质长石净砂岩；Ⅵ—长石质岩屑净砂岩；Ⅶ—岩屑净砂岩；Ⅰ′—石英杂砂岩；Ⅱ′—长石杂砂岩；Ⅲ′—岩屑杂砂岩

根据上述四组分三端元砂岩分类方案，对埕岛东斜坡东下段砂岩进行分类，发现该区砂岩的杂基含量较少，平均为3.5%，不超过15%，再根据石英、长石和岩屑组分的含量，分析得出埕岛东斜坡东下段砂岩类型以长石质岩屑净砂岩为主，具有少量的岩屑质长石净砂岩和岩屑净砂岩(图5－2)。

根据埕岛东斜坡东下段砂岩的砂岩类型，依据来自不同物源区砂岩的物质组成图解(图5－3)，可以推测出该区东下段砂岩的物源区为岛弧过渡带。

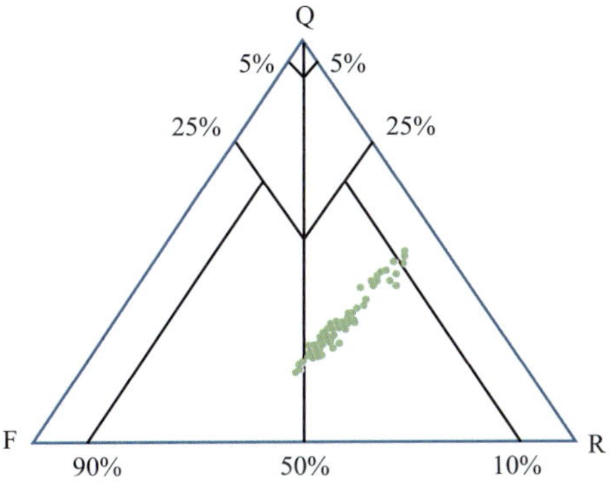

图5－2 埕岛东斜坡地区东下段砂岩分类情况

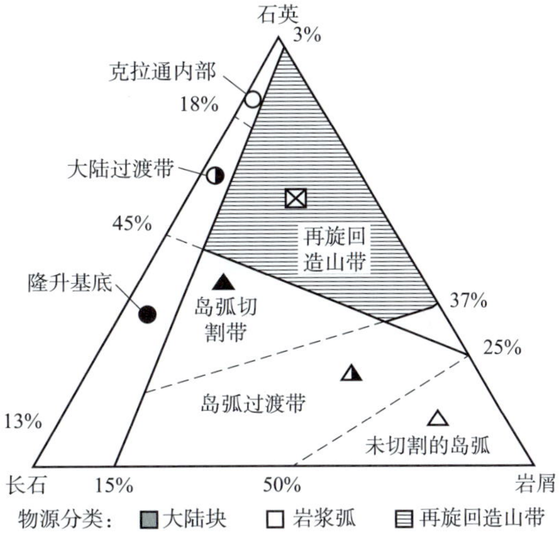

图5－3 来自不同物源区砂岩的物质组成

二、砂岩组成特征

通过岩心观察以及普通薄片、铸体薄片鉴定表明，埕岛东斜坡东下段主要为陆源碎屑岩(长石质岩屑砂岩、岩屑质长石砂岩和岩屑砂岩)，其岩石学成分由碎屑颗粒、胶结物和杂基组成。

(一)碎屑颗粒

埕北低凸起东斜坡的东下段砂岩碎屑颗粒主要包括矿物颗粒(石英、长石、云母、绿泥石、绿帘石等)和岩屑(变质岩岩屑、火成岩岩屑和极少量沉积岩岩屑)，陆源碎屑颗粒是母岩的继承组分，其特征可反映埕岛东斜坡地区目标砂岩的母岩类型和性质。

1. *矿物颗粒*

1)石英

石英抗风化能力很强，既抗磨又难分解，同时在大部分岩浆岩和变质岩中石英含量高，因此，石英是碎屑岩中分布最广的一种碎屑物质。石英在显微镜单偏光下呈无色粒状，负低突起；正交偏光下呈Ⅰ级灰白、灰干涉色。

埕北低凸起东斜坡的东下段砂岩中的石英含量中等，为43%～64%，平均为55.7%。石英颗粒以单晶石英为主，表面干净，磨圆以次棱角状—次圆状为主，磨圆程度中等，可见石英的次生加大现象，部分石英颗粒边缘被自生胶结物交代(图5－4)。

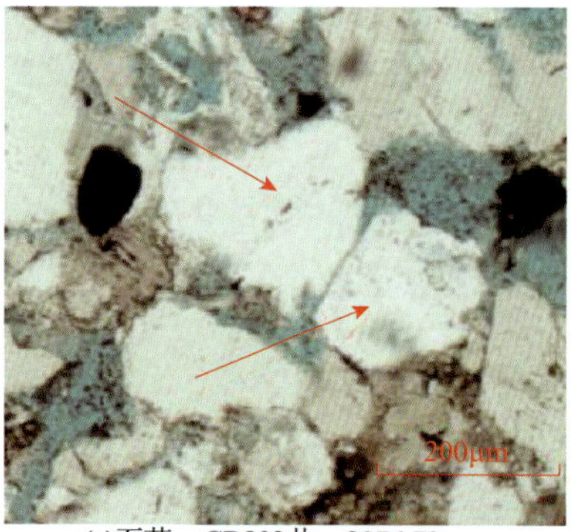

(a)石英，CB802井，3076.73m，单偏光，×50

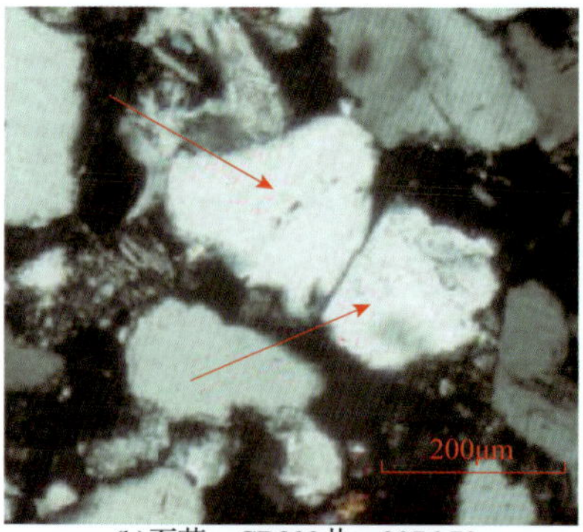

(b)石英，CB802井，3076.73m，正交光，×50

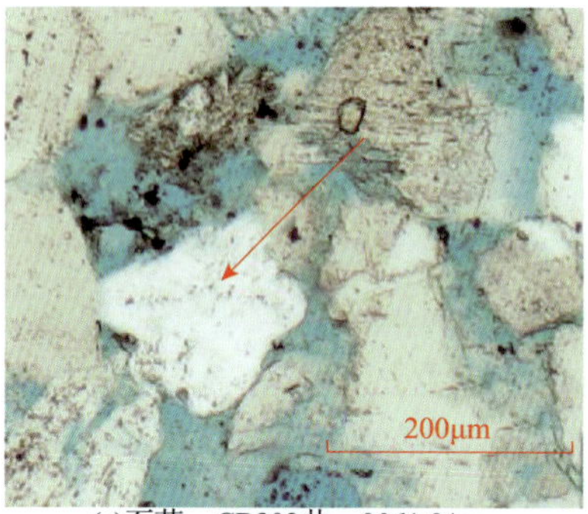

(c)石英，CB803井，3061.91m，单偏光，×50

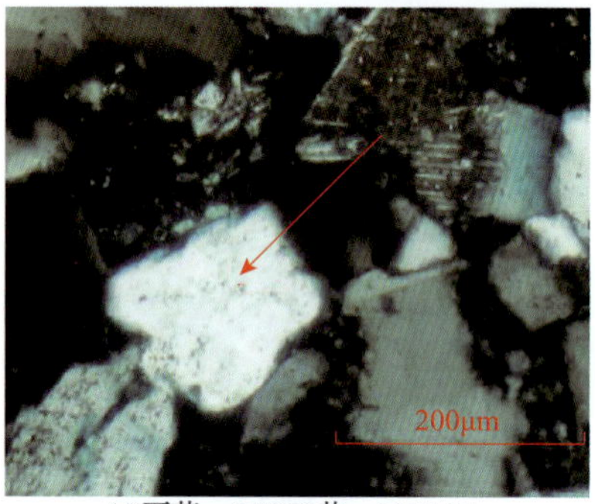

(d)石英，CB803井，3061.91m，正交光，×50

(e)石英，CB817井，3315.05m，扫描电镜，×500

图5-4 石英颗粒照片

2)长石

长石的风化稳定性远小于石英。从化学性质来看，长石易水解；从物理性质上看，其解理和双晶都很发育，易于破碎。因此，在风化和搬运的过程中，长石逐渐被淘汰。长石在显微镜单偏光下多呈无色的柱状、板状和粒状，正低突起或负低突起；正交偏光下呈I级灰白、灰干涉色。长石在镜下可分为斜长石和钾长石两大类，钾长石的显著识别特征是具卡式双晶和格子双晶，斜长石的显著特征是具聚片双晶、卡钠复合双晶和肖钠双晶(图5－5)。

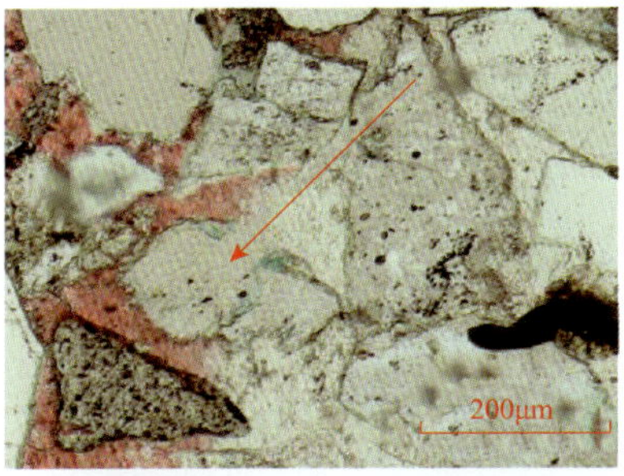

(a)斜长石，CBG4井，2958.20m，
单偏光，×50

(b)斜长石，CBG4井，2958.20m，
正交光，×50

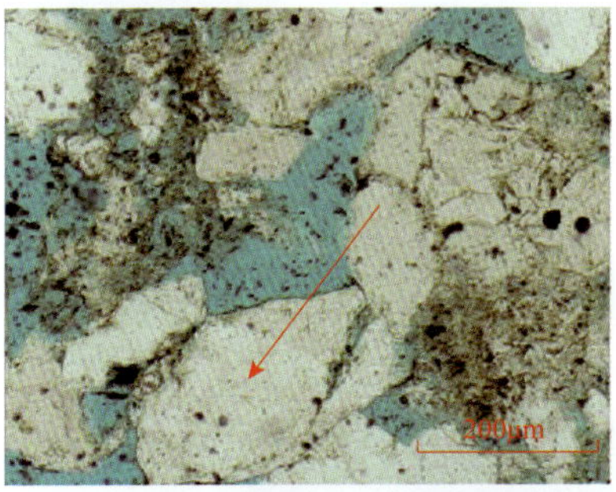

(c)钾长石，CBG4井，2959.13m，
单偏光，×50

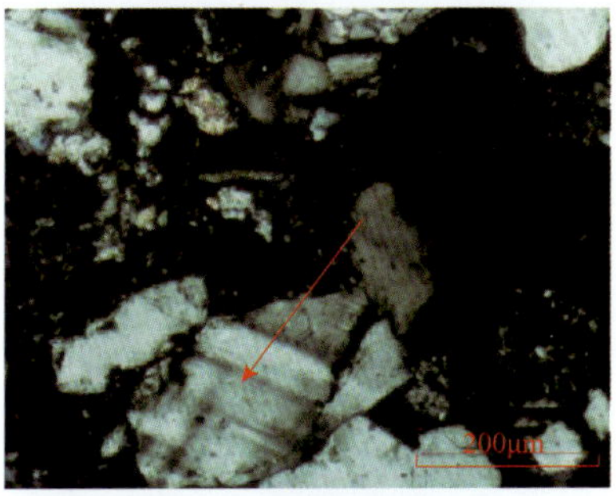

(d)钾长石，CBG4井，2959.13m，
正交光，×50

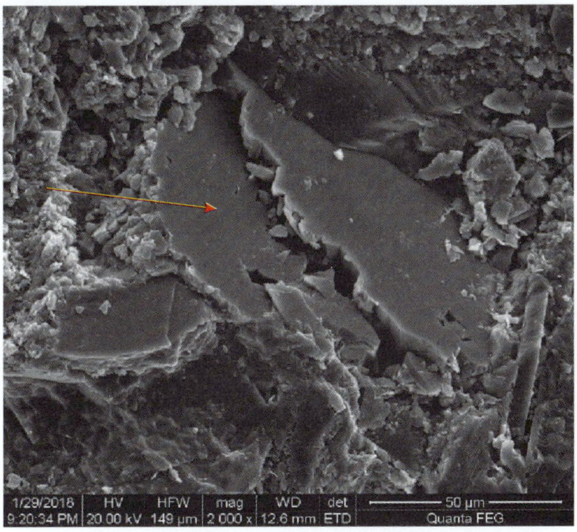

(e)长石，CB817井，3333.68m，扫描电镜，×2000

图5－5　长石颗粒照片

埕北低凸起东斜坡的东下段砂岩中的长石颗粒含量总体较高，为5%～23%，平均为16.3%，表明该区离母岩区较近，其中钾长石和斜长石含量相近。

3)云母

黑云母和白云母也是砂岩中常见的重矿物组分。云母是片状矿物，因此，在搬运过程中表现出较低的沉降速度，常与细砂级甚至是粉砂级的石英、长石共生。黑云母的风化稳定性差，主要见于距母岩较近的砾岩或杂砂岩中，经风化及成岩作用常分解为绿泥石和磁铁矿，经海底风化还可分解为海绿石。白云母的抗风化能力比黑云母强得多，相对密度也略小，常见其呈鳞片状平行分布于细砂岩、粉砂岩的层面上，有时会富集成层。黑云母在显微镜单偏光下呈褐色的片状，正中突起；正交偏光下呈Ⅱ级－Ⅳ级干涉色；白云母在显微镜单偏光下呈无色片状，正中突起；正交偏光下呈Ⅱ级顶－Ⅲ级干涉色，呈斑点状、鸟眼状(图5－6)。

(a)白云母，CBG4井，2980.46m，单偏光，×50

(b)白云母，CBG4井，2980.46m，正交光，×50

(c)黑云母，CBG4井，2960.40m，单偏光，×50

(d)黑云母，CBG4井，2960.40m，正交光，×50

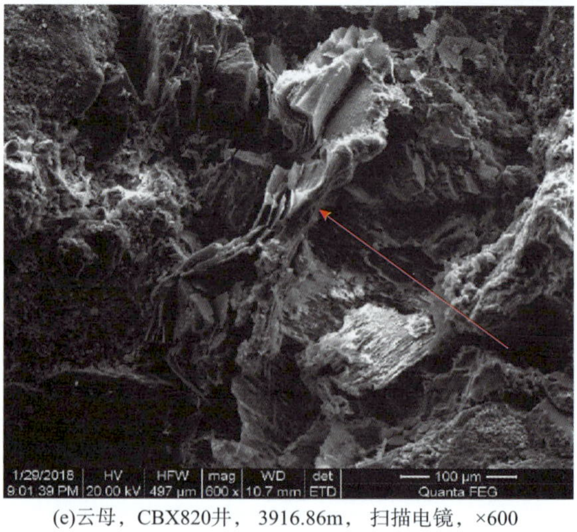

(e)云母，CBX820井，3916.86m，扫描电镜，×600

图5－6　云母照片

埕北低凸起东斜坡的东下段砂岩中的云母包括黑云母和白云母，其中黑云母的含量较高，为1.5%～3.5%，白云母含量很少，含量小于1%。云母顺层分布，定向排列，受压实作用的影响发生弯曲变形，反映了压实作用的程度，部分云母显示出了被溶蚀的现象，亦提供了部分孔隙空间。

4)重矿物

相对密度大于2.86(分离重矿物用的重液的密度)的矿物称为重矿物。在岩石中含量很少，一般不超过1%。其在0.05～0.25mm的粒级范围内含量最高。重矿物种类很多，根据重矿物的风化稳定性可将其划分为稳定重矿物和不稳定重矿物两类。前者抗风化能力强，分布广泛，离母岩愈远，其相对含量愈高。

除了黑云母和白云母之外，埕岛东斜坡东下段砂岩中的重矿物还有绿帘石和绿泥石(图5-7)，其总含量不超过1%。黑云母、白云母、绿帘石和绿泥石属于不稳定的重矿物，在东下段砂岩中出现，同样表明该区离母岩区较近。此外，不同类型的母岩其矿物组分不同，经历风化破坏后会产生不同的重矿物组合，因此，可以利用重矿物来判断母岩的性质。酸性岩浆岩经风化后可以产生锆石、黑云母等重矿物，中性及基性岩浆岩经风化后可以产生磁铁矿、钛铁矿等重矿物，伟晶岩经风化后可以产生白云母等重矿物，变质岩经风化后可以产生硬绿泥石、绿帘石、黑云母、白云母等重矿物(表5-1)。由此可见，该区东下段砂岩的母岩主要为火成岩和变质岩。

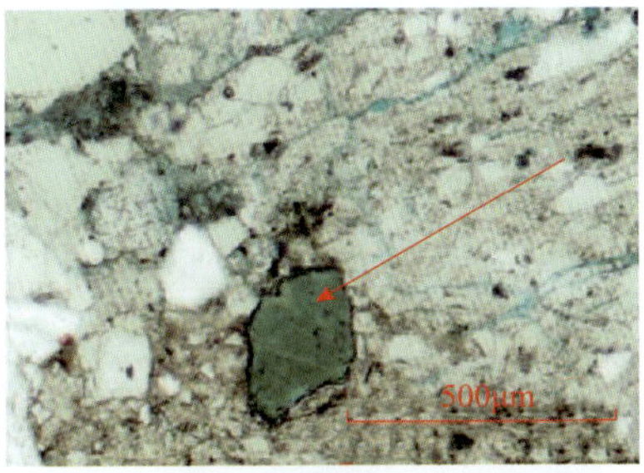

(a)绿帘石，CBG4井，2958.89m，单偏光，×25

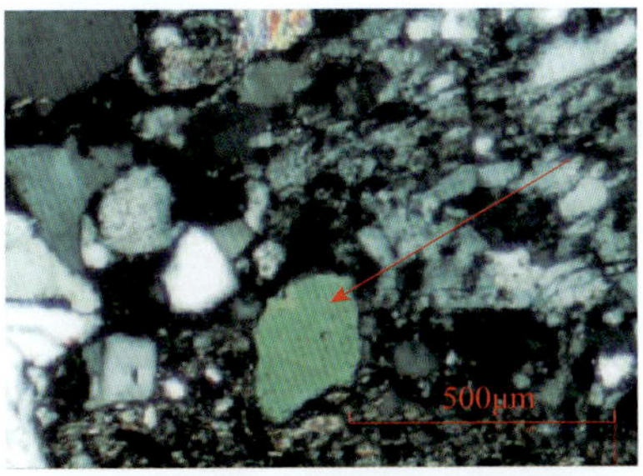

(b)绿帘石，CBG4井，2958.89m，正交光，×25

(c)绿泥石，CBX820井，3915.36m，单偏光，×100

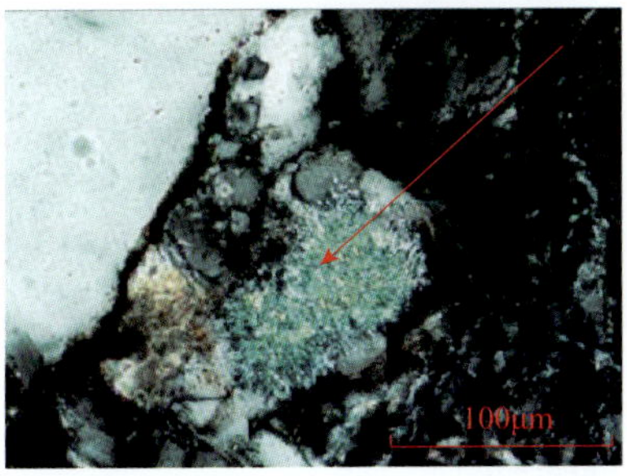

(d)CBX820井，3915.36m，正交光，×100

图5-7　绿帘石和绿泥石照片

表5－1　不同母岩的重矿物组合

母岩	重矿物组合
酸性岩浆岩	磷灰石、普通角闪石、独居石、金红石、榍石、锆石、电气石(粉红色变种)、锡石、黑云母
伟晶岩	锡石、萤石、白云母、黄玉、电气石(蓝色变种)、黑钨矿
中性及基性岩浆岩	普通辉石、紫苏辉石、普通角闪石、透辉石、磁铁矿、钛铁矿
变质岩	红柱石、石榴子石、硬绿泥石、蓝闪石、蓝晶石、硅线石、十字石、绿帘石、黝帘石、镁电气石(黄、褐色变种)、黑云母、白云母、硅灰石、堇青石

2. 岩屑

岩屑是母岩的碎块，又叫岩块，是保持母岩结构的矿物集合体。因此，岩屑提供沉积物来源区的岩石类型的直接标志。

埕北低凸起东斜坡的东下段砂岩中的岩屑含量总体偏高，为17%～47%，平均为28.13%。以变质岩岩屑和火成岩岩屑为主，沉积岩岩屑较少见(图5－8)。

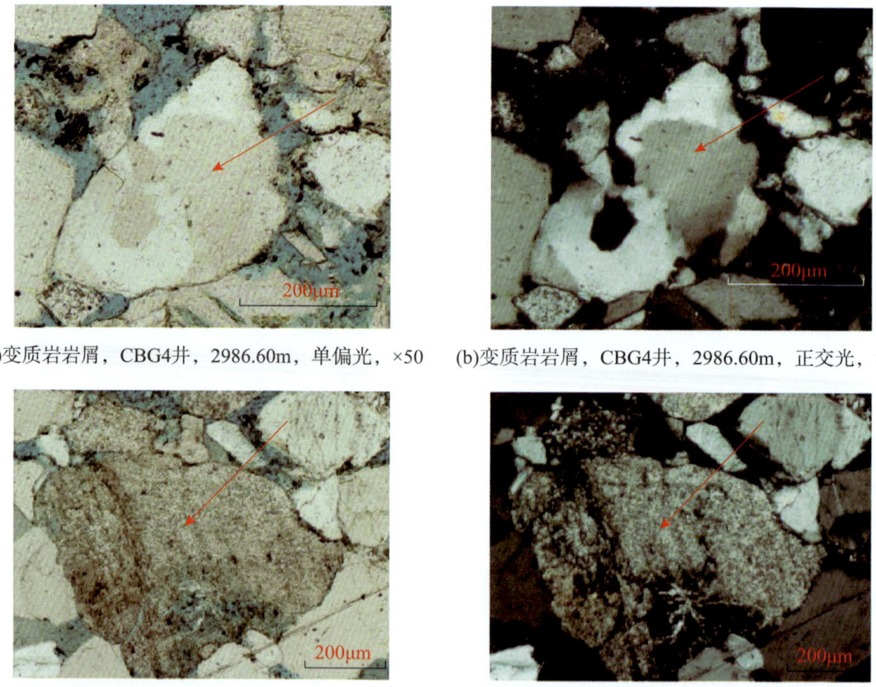

(a)变质岩岩屑，CBG4井，2986.60m，单偏光，×50　(b)变质岩岩屑，CBG4井，2986.60m，正交光，×50

(c)岩浆岩岩屑，CBG4井，2959.69m，单偏光，×50　(d)岩浆岩岩屑，CBG4井，2959.69m，正交光，×50

图5－8　岩屑照片

(二)填隙物

在碎屑岩中，杂基和胶结物都可以作为碎屑颗粒间的填隙物。

1. 胶结物

胶结物是碎屑岩中以化学沉淀方式形成于粒间孔隙中的自生矿物，有的形成于沉积－

同生期，但多数是成岩－后生期的沉淀产物。碎屑岩中主要胶结物是硅质（石英、玉髓和蛋白石）、碳酸盐（方解石、白云石）和一部分铁质（赤铁矿、褐铁矿）。此外，硬石膏、石膏、黄铁矿以及高岭石、水云母、蒙脱石、海绿石、绿泥石等黏土矿物都可以作为碎屑岩的胶结物。

埕岛东斜坡地区东下段砂岩中胶结物的含量为3%～24%。胶结物的类型主要有方解石、白云石、高岭石、石英次生加大边、绿泥石等（图5－9）。它们或附着于碎屑颗粒表面产出，或呈镶嵌状充填孔隙产出。胶结物的产出严重堵塞了砂岩孔隙，使砂岩的物性变差。

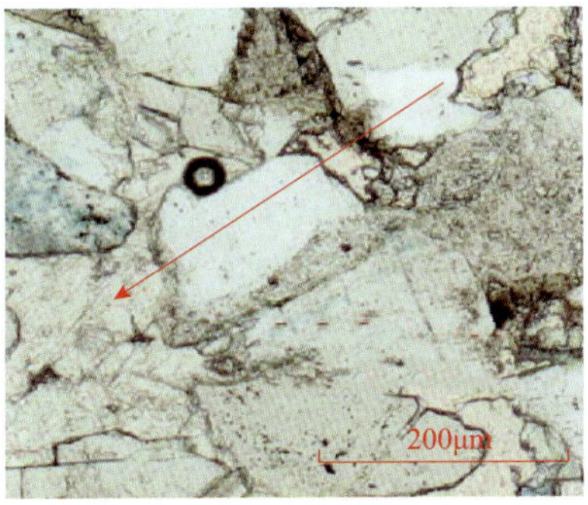

(a)方解石胶结物，CB817井，3342.6m，单偏光，×50

(b)方解石胶结物，CB817井，3342.6m，正交光，×50

(c)白云石胶结物，CBX820井，3924m，单偏光，×50

(d)白云石胶结物，CBX820井，3924m，正交光，×50

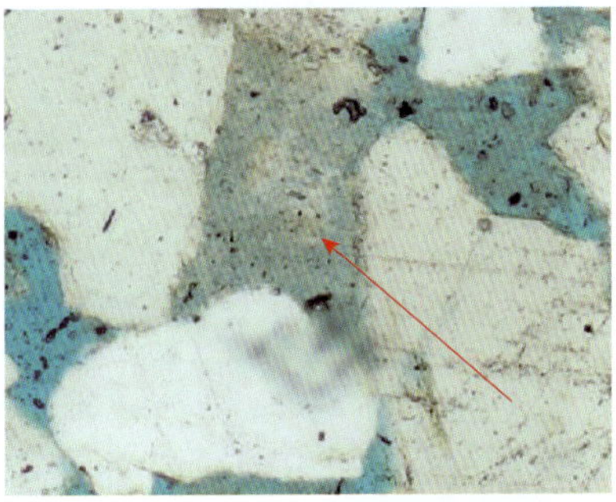

(e)高岭石胶结物，CB804井，2719.93m，单偏光，×50

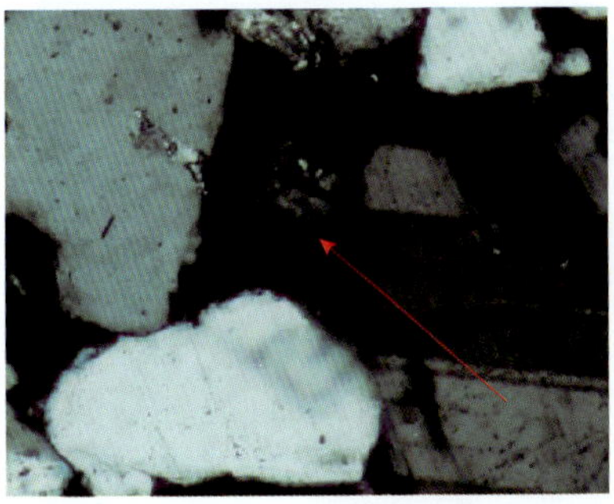

(f)高岭石胶结物，CB804井，2719.93m，正交光，×50

图5－9 胶结物照片

2. 杂基

杂基是碎屑岩中细小的机械成因组分，其粒级以泥岩为主，可包括一些细粉砂。杂基的成分最常见的是高岭石、水云母、蒙脱石等黏土矿物，有时见有灰泥和云泥。各种细粉砂级碎屑，如绢云母，绿泥石、石英、长石及隐晶结构的岩石碎屑等，也属于杂基范围。它们是悬浮载荷经卸载后形成的产物。

埕岛东斜坡地区东下段砂岩中杂基的含量整体较少。在单偏光下，杂基颜色为棕褐色，比较均一，很难看到黏土矿物的晶体颗粒，区别于孔隙中充填的高岭石胶结物，主要为泥质杂基，泥质杂基含量为0.5%～10.5%，平均为3.5%(图5－10)。

(a)CBG4井，2964.06m，单偏光，×50

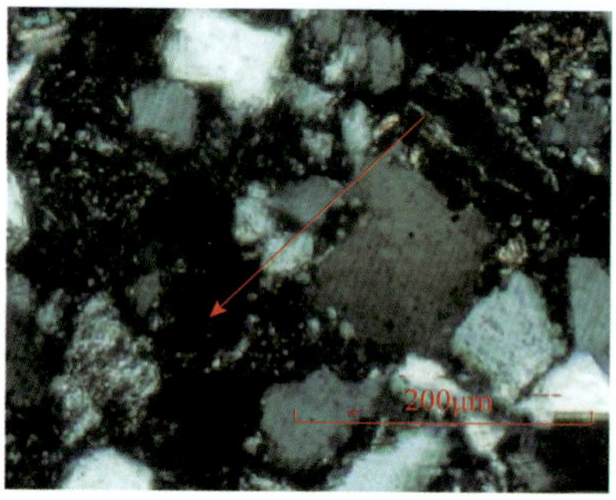

(b)CBG4井，2964.06m，正交光，×50

图5－10　杂基照片

三、砂岩结构特征

碎屑颗粒的结构特征一般包括颗粒的粒度、形状、圆度等，填隙物的结构特征以胶结物的结构特征为主。埕岛东斜坡地区东下段砂岩的结构包括碎屑颗粒、填隙物的结构等，以及它们之间的关系等方面的特征。东下段砂岩的碎屑颗粒大小不一，粒级从粉砂到砾不等，以细砂、中砂为主，少部分为粉砂及砾。形状以扁圆状为主，磨圆为次棱角状—次圆状(图5－11)，分选程度不一，颗粒接触类型为点接触—线接触(图5－12)。胶结物主要

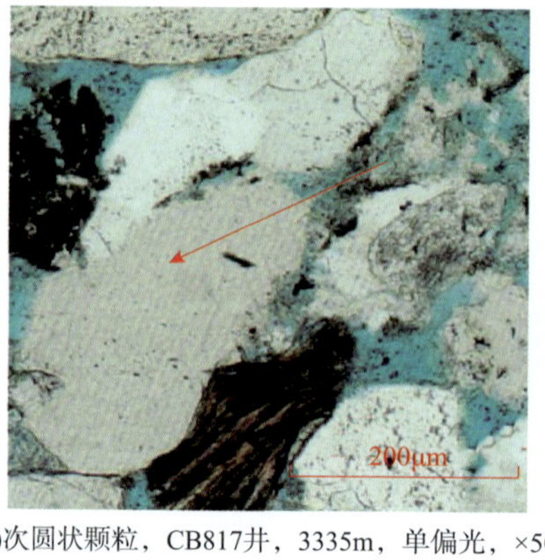

(a)次圆状颗粒，CB817井，3335m，单偏光，×50

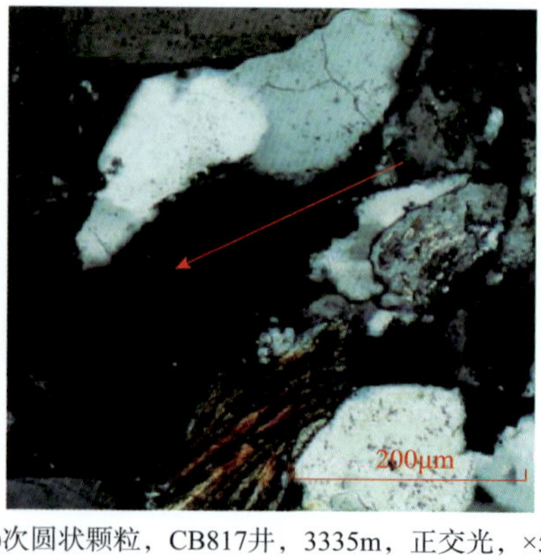

(b)次圆状颗粒，CB817井，3335m，正交光，×50

图5－11　磨圆程度照片

(c)次棱角状颗粒，CB817井，3335m，单偏光，×50

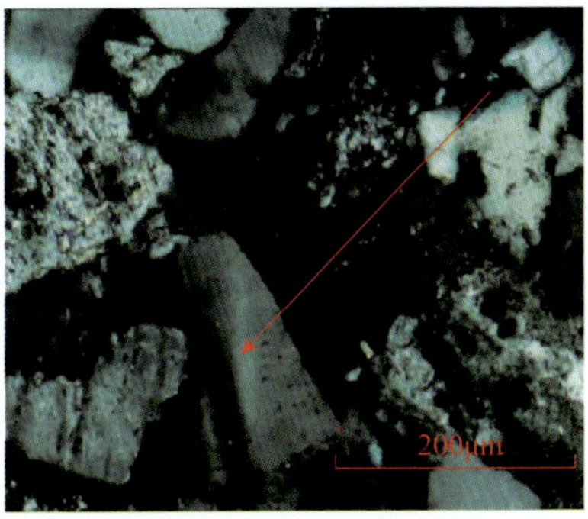

(d)次棱角状颗粒，CB817井，3335m，正交光，×50

图5－11 磨圆程度照片(续)

包括方解石、白云石、高岭石、石英次生加大边和自生黏土矿物等，其中方解石以显晶质结构产出，可见极规则的方解石双晶，白云石也表现为显晶质结构。胶结类型以孔隙式胶结为主(图5－13)，砂岩的孔隙度为1.2%～25.4%，平均为19.42%。孔隙类型除少部分晶间孔之外，以粒间溶孔、残余原生孔隙为主。次生溶蚀孔隙主要是由于地质流体对长石、岩屑和方解石胶结物的溶蚀作用而形成，对于改善砂岩储层的物性具有重要意义。

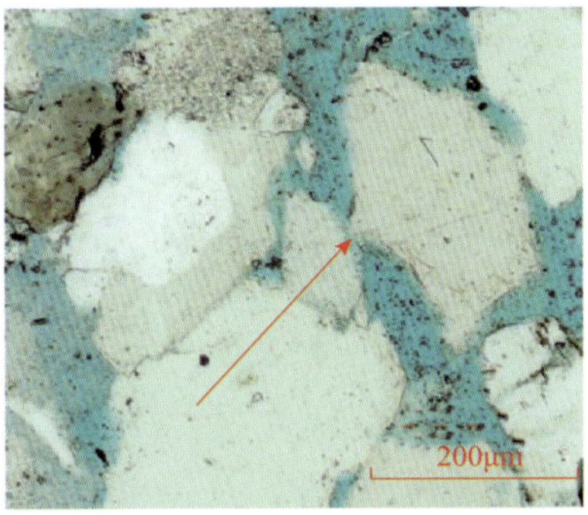

(a)点接触，CB804井，2774.91m，单偏光，×50

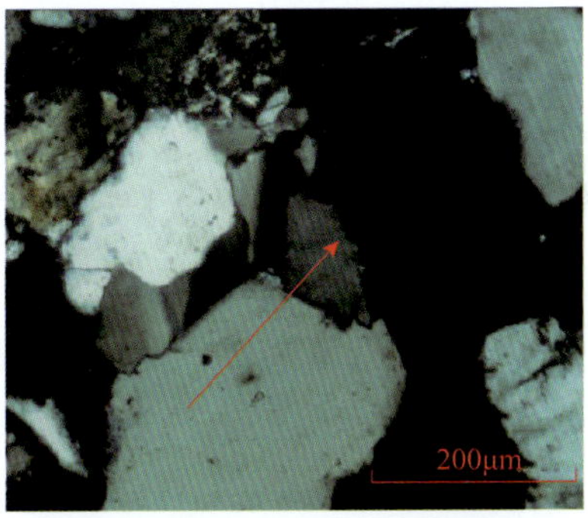

(b)点接触，CB804井，2774.91m，正交光，×50

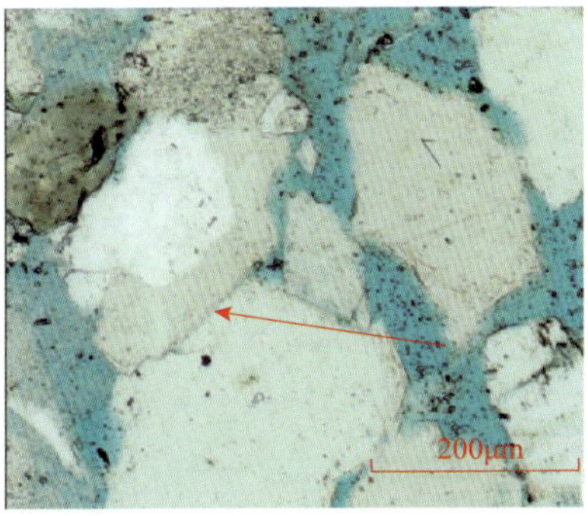

(c)线接触，CB804井，2774.91m，单偏光，×50

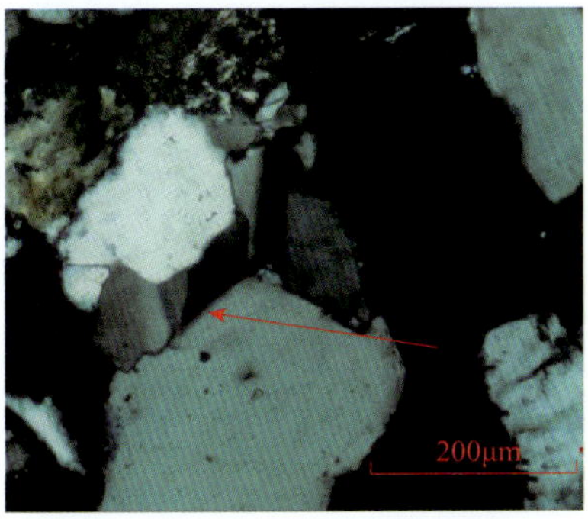

(d)线接触，CB804井，2774.91m，正交光，×50

图5－12 接触类型照片

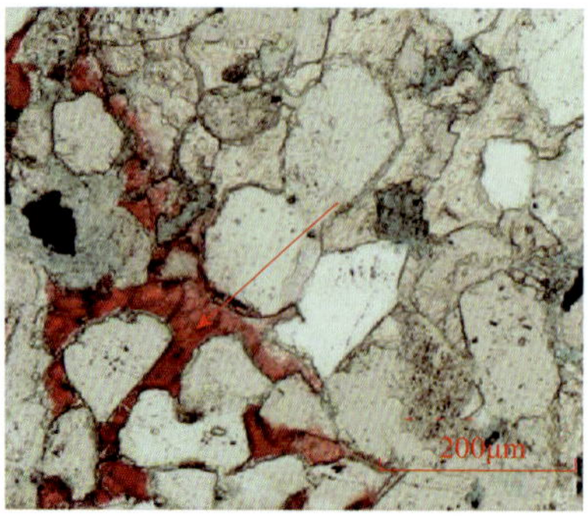

(a)孔隙式胶结，CB817井，3333.68m，
单偏光，×50

(b)孔隙式胶结，CB817井，3333.68m，
正交光，×50

图5－13 胶结类型照片

四、砂岩储集空间特征

薄片分析表明埕岛东斜坡地区东下段砂岩的主要储集空间为孔隙，虽然砂岩中存在一些裂缝，但其对储集空间的贡献有限，在此不再详述。

岩石的孔隙，广义上指的是指岩石中未被固体物质所充填的空间部分，也称储集空间或孔隙，包括粒间孔、粒内孔、裂缝、溶洞等。而狭义的孔隙则是指岩石中颗粒间、颗粒内和填隙物内的孔隙。

岩石中常见的孔隙主要是原生粒间孔、杂基内微孔、溶蚀孔、晶间孔及裂缝孔隙等。按照孔隙的成因可将孔隙分为两大类：①原生孔隙指沉积物沉积后，成岩作用之前或同时形成的孔隙。②次生孔隙指在成岩作用之后，由于溶解、重结晶和白云化作用等产生的孔隙。严格来讲，地壳内的各类岩石或多或少都存在孔隙，但孔隙大小、结构和多少不同。

薄片分析表明埕岛东斜坡地区东下段砂岩的主要储集空间为原生粒间孔、溶蚀孔隙和晶间孔，而其他类型的孔隙很少。

(一)原生粒间孔

原生粒间孔指沉积物沉积下来的时候就已经形成并保存至今的孔隙(图5－14)。该类孔隙是砂岩中最常见、最普遍的孔隙。颗粒的粒度、分选、球度、接触方向、填充方式和压实程度决定粒间孔隙的大小和形态。这类孔隙的分布与沉积环境有直接关系，又经成岩后生作用而发生变化，以粒间孔隙为主的砂岩储层，孔隙大、喉道粗、连通性好，具有较好的储渗性能。

原生粒间孔隙在成岩过程中不断地充填一些成岩矿物并且经过一定机械压实作用，导致孔隙体积缩小，连通性变差。主要有两种存在形式：①绿泥石、伊利石和伊蒙混层等黏土薄膜胶结碎屑颗粒后的残余粒间孔，此类孔隙一般较大，在东下段砂岩中含量较多，形态规则。②石英次生加大边、自生石英雏晶胶结后的残余原生粒间孔，此类孔隙含量较少。

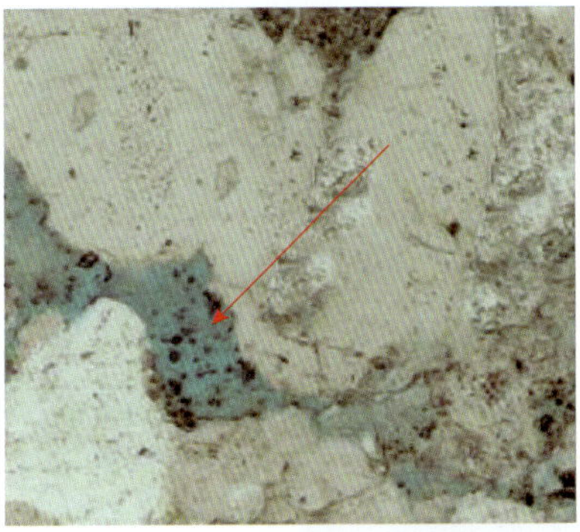

(a)CBX820井，3915.36m，单偏光，×50

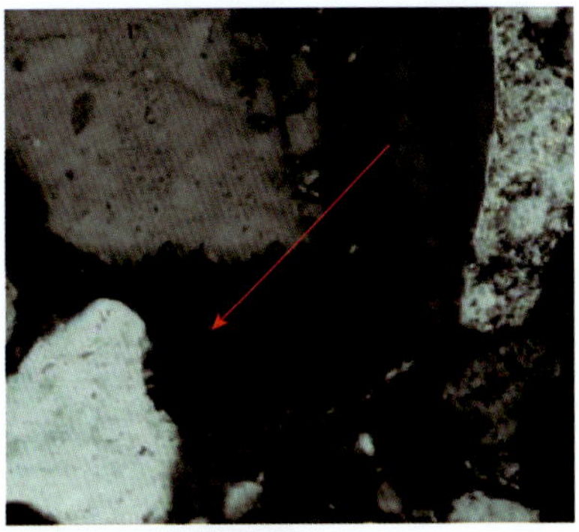

(b)CBX820井，3915.36m，正交光，×50

(c)CB817井，3315.05m，扫描电镜，×500

图 5－14 原生粒间孔照片

东下段砂岩中原生粒间孔保存较好，在部分未被胶结的层段显示出良好的孔隙度。

(二)溶蚀孔隙

溶蚀孔隙是东下段砂岩发育的重要储集空间(图 5－15)，约占总孔隙面积的 35%，一般是在残余原生孔隙的基础上沿颗粒边缘溶解扩大而成。溶蚀孔隙不受颗粒边界限制，边缘呈港湾状，形状不规则，有时很大，甚至比邻近的颗粒大很多，是在残余原生粒间孔的基础上进一步溶蚀扩大而成，溶解组分主要为长石、方解石、白云石、岩屑等。此类孔隙是东下段砂岩中烃类富集的主要孔隙类型之一。

(三)晶间孔

晶间孔多为分布于碎屑颗粒间、自生矿物晶体间孔径较小的孔隙(图 5－16)。另外，晶间微孔也有相对大小之分。绿泥石、伊利石晶间孔等高岭石晶间孔小，结晶良好的高岭石晶间孔孔径可达 5～20μm。CB817 井砂岩粒间孔隙中自生高岭石含量较高，结晶良好的高岭石晶间孔较发育。

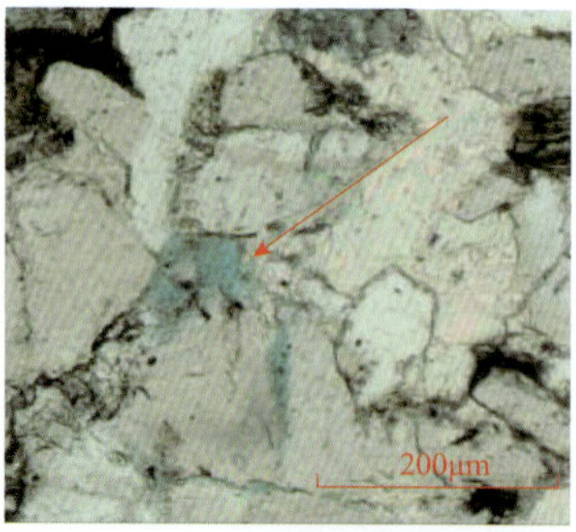

(a)CB817井，3341.37m，单偏光，×50

(b)CB817井，3341.37m，正交光，×50

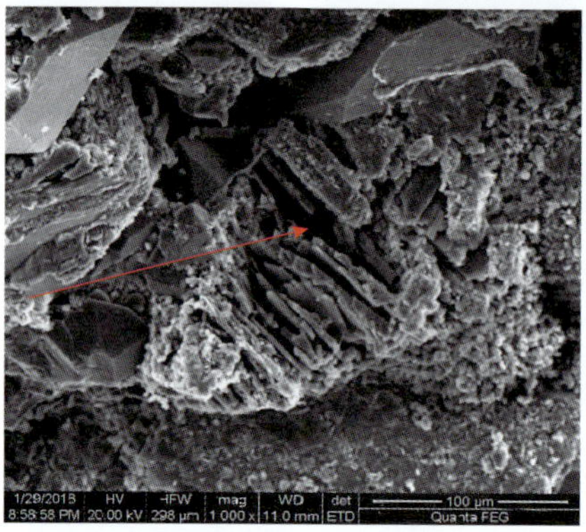

(c)CB817井，3315.05m，扫描电镜，×1000

图 5-15　溶蚀孔隙照片

(a)CB817井，3333.68m，单偏光，×50

(b)CB817井，3333.68m，正交光，×50

(c)CB81井，3767.18m，扫描电镜，×8000

图 5-16　晶间孔照片

第二节　储层成岩作用

储层的成岩演化过程不仅受其原始沉积物特征和沉积相类型控制，还受其经历的埋藏深度和成岩介质条件等控制。一般说来，沉积物在埋藏过程中经历的成岩变化可以出现表现为正反两方面：一方面，随埋藏深度的增大，压实作用增强，使易变形的矿物或杂基发生变形，从而使原生孔隙不断减少。这种成岩作用即为破坏性成岩作用；另一方面，随着成岩作用过程中一些物理化学条件(如温度、压力、酸碱度等)的变化，原来一些矿物由稳定变为不稳定并发生溶解作用，从而产生了次生孔隙，这会使储集空间相应加大，这种成岩作用即为建设性成岩作用。埕岛东斜坡东下段砂岩储层在埋藏过程中经历了压实作用、胶结作用、溶蚀作用以及重结晶作用等。压实作用以机械压实为主，化学压实(即压溶)较少；胶结作用主要有石英次生加大胶结、碳酸盐胶结(包括方解石、白云石等)、黏土矿物胶结如高岭石、伊利石、绿泥石等胶结；溶蚀作用主要包括长石颗粒和少部分岩屑溶蚀、碳酸盐胶结物溶蚀。对埕岛东斜坡地区储层物性有重要影响的主要包括压实作用、胶结作用和溶蚀作用三种成岩作用。

一、压实作用

压实作用是一种以物理变化为主的埋藏成岩作用，指沉积物沉积以后，在上覆重力及静水压力作用下，发生水分排出，碎屑颗粒紧密排列，塑性组分被挤入孔隙，导致沉积物总体积减小，孔隙度降低，渗透率变差的成岩过程。压实作用使得岩石矿物结构发生相应的变化：①使颗粒发生压实定向，常见于杂基支撑的粉砂岩、粉细砂岩中。②使软颗粒压实变形，主要是云母、泥质岩屑等受压弯曲、伸长或被硬碎屑嵌入。③使刚性颗粒被压裂，如石英、长石等刚性矿物，当上覆压力超过颗粒抗压强度时，颗粒沿其薄弱面破裂，长石一般沿解理面破裂，石英发生楔形裂隙等。④碎屑颗粒接触关系发生变化。

二、胶结作用

胶结作用是碎屑岩中主要的成岩作用之一，指矿物质(胶结物)从孔隙溶液中沉淀出，将松散的沉积物固结起来的作用。胶结作用是沉积物转变成沉积岩的重要作用，可发生在成岩作用的各个时期，也是使沉积层中孔隙度和渗透率降低的主要原因之一，属于破坏性的成岩作用。根据胶结物不同，埕岛东斜坡地区胶结作用主要有硅质胶结、碳酸盐胶结、黏土矿物胶结。它们大多以充填孔隙的形式赋存，常发育呈连晶式、孔隙式和薄膜式，在储层中胶结物起堵塞孔隙、使孔隙性变差的破坏作用。

(一)碳酸盐胶结作用

埕岛东斜坡地区东下段砂岩的碳酸盐胶结物主要包含方解石胶结物和白云石胶结物，方解石胶结物呈镶嵌状充填于该区东下段砂岩孔隙中，白云石胶结物呈颗粒状充填于砂岩孔隙中(图 5－17)。

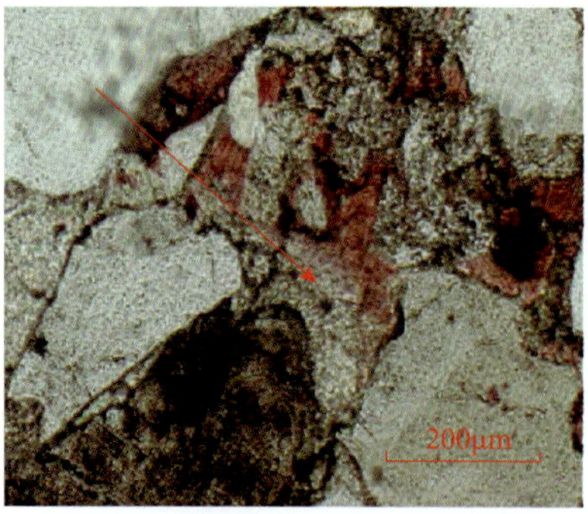

(a)方解石胶结物，CBG4井，2996.53m，单偏光，×50

(b)方解石胶结物，CBG4井，2996.53m，正交光，×50

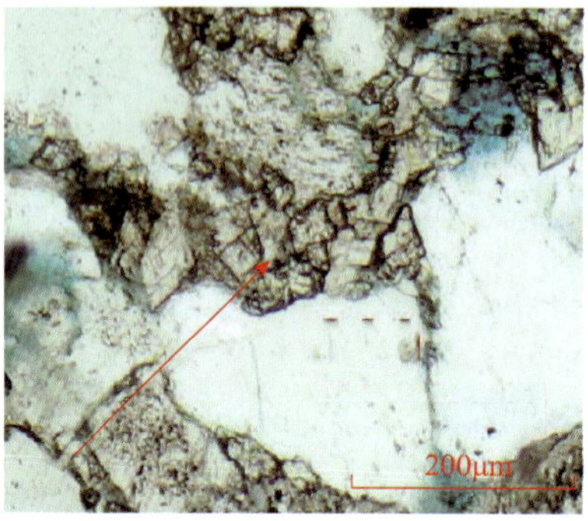

(c)白云石胶结物，CB803井，3108.56m，单偏光，×50

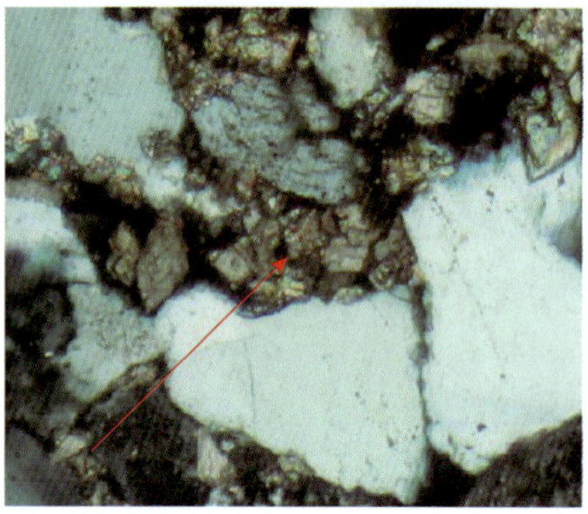

(d)白云石胶结物，CB803井，3108.56m，正交光，×50

图5－17 碳酸盐胶结物照片

碳酸盐胶结物的含量占孔隙填隙物总量的3%～24%，严重堵塞孔隙，这是导致东下段砂岩孔隙度偏低的一个重要因素。但碳酸盐胶结物的发育在空间上具有不均匀性，局部欠发育或不发育，这种发育特点没有完全封闭成岩环境，为其后期的溶蚀提供了重要条件。此外，该胶结物对石英、岩屑、长石普遍发生交代作用。

(二)硅质胶结作用

埕岛东斜坡地区硅质胶结作用主要表现为石英次生加大边(图5－18)和自生石英

(a)石英加大边，CBX820井，3916.35m，单偏光，×50

(b)石英加大边，CBX820井，3916.35m，正交光，×50

图5－18 硅质胶结物照片

(图5－19)，其形成是在碎屑石英颗粒上以雏晶的形式开始，然后逐渐发育成具有较大晶面的小晶体，最后使碎屑石英恢复其规则的几何多面体形态，石英的次生加大过程随埋深和成岩作用程度的增加而增加，自生石英晶体由颗粒表面向孔隙中生长，形成于石英次生加大和孔隙衬里式绿泥石之后。

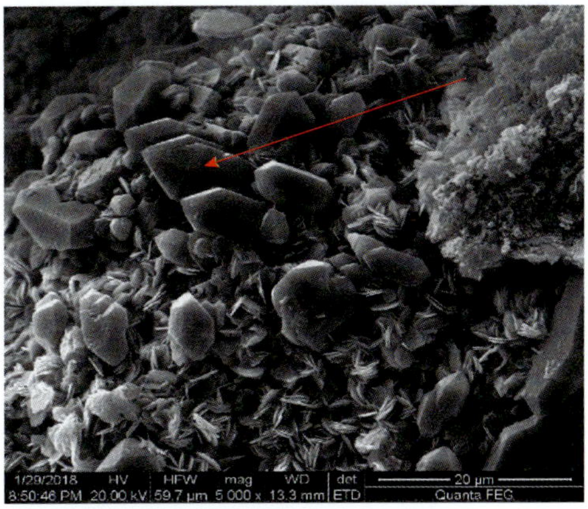

自生石英，CB817井，3315.05m，扫描电镜，×5000

图5－19　自生石英

(三)自生黏土矿物胶结作用

伊利石和绿泥石一般呈片状充填于粒间或者在粒表以膜状分布，伊利石和绿泥石胶结物一般随着深度的增加含量逐渐增加。绿泥石单体针叶状，集合体呈鳞片状、玫瑰花朵状、绒球状充填孔隙，可呈薄膜状、沉淀式、充填式或搭桥式充填空隙。伊利石常呈丝缕状、碎片状、薄膜状充填空隙。

1)绿泥石

埕岛东斜坡地区东下段砂岩中自生绿泥石的平均含量为1.7%，多数呈孔隙衬里式生长，在孔隙周围形成10 μm厚的绿泥石被膜，少部分呈孔隙充填式生长。孔隙衬里式绿泥石呈叶片状，晶体结晶好，相互之间呈互锁状。孔隙充填式绿泥石呈玫瑰花状，在粒间其他自生矿物表面结晶，一般相对孤立生长(图5－20)。绿泥石的发育，尤其是孔隙衬里式绿泥石的发育，在一定程度上抑制了其他胶结物的生长，使原生孔隙在一定程度上得以保存，对于改善储层物性具有一定的意义，如在颗粒流块状砂岩相中，孔隙衬里式绿泥石非常发育，使得该砂岩相中部分原生孔隙得以保存。

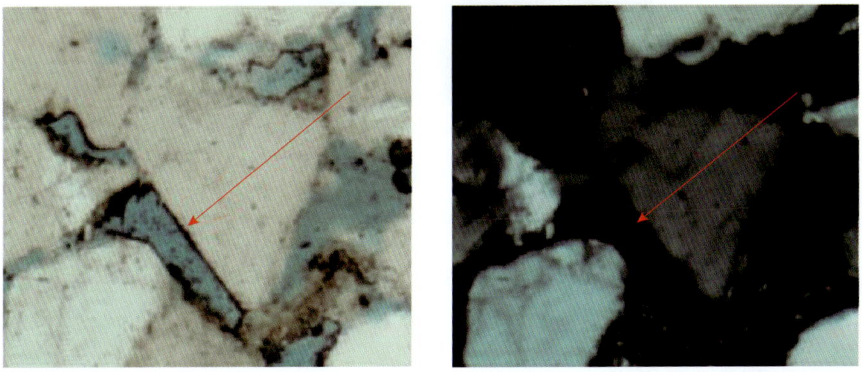

(a)CBX820井，3920.4m，单偏光，×50　　(b)CBX820井，3920.4m，正交光，×50

图5－20　绿泥石胶结物照片

埕岛东斜坡地区东下段砂岩中的绿泥石是直接从孔隙流体中结晶形成，从早成岩阶段A期便开始发育。砂岩中含有大量的火成岩岩屑，这为绿泥石的形成提供了重要的物质条件。砂岩进入早成岩阶段后，随着火山物质发生水化作用，逐渐形成了富 Fe、Mg 的碱性孔隙流体环境，在这种环境中，绿泥石逐渐从孔隙流体中沉底析出。

2)高岭石

埕岛东斜坡地区东下段砂岩中自生高岭石的平均含量为4.8%，以充填粒间孔隙的方式产出。在单偏光下可以看到很好的晶型，晶体呈蠕虫状和书页状集合体的形式，区别于粒间泥质杂基，从它与绿泥石的生长关系来看，高岭石形成于绿泥石之后，其形成与砂岩中长石的溶蚀有关(图5－21)。

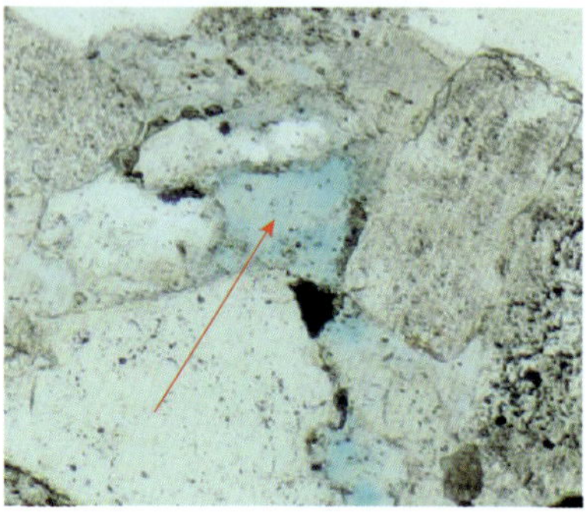

(a)CB817井，3333.68m，单偏光，×50

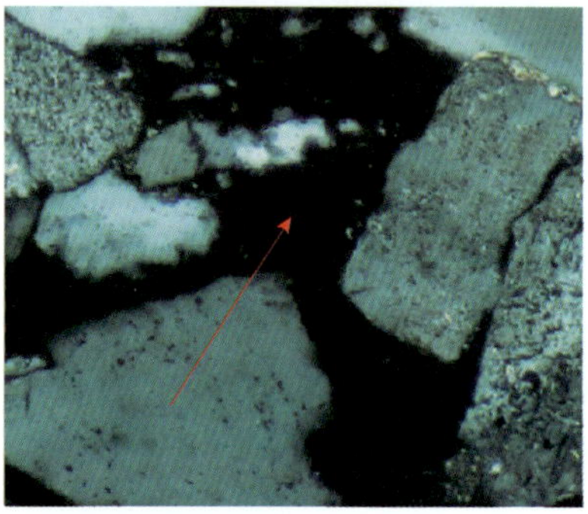

(b)CB817井，3333.68m，正交光，×50

(c)CB81井，3767.18m，扫描电镜，×8000

图5－21　高岭石胶结物照片

3)伊蒙混层和伊利石

埕岛东斜坡地区东下段砂岩中自生伊蒙混层和伊利石的平均含量分别为2.3%、1.2%。伊蒙混层呈蜂窝状和片丝状覆盖在碎屑颗粒表面，是蒙脱石伊利石化的产物。随着埋藏深度的增加，温度在70℃左右时，蒙脱石开始向伊蒙混层转化。蒙脱石的伊利石化是一个耗钾的过程，受砂岩中钾长石等含钾不稳定矿物的控制，钾长石为反应物参与此过程。蒙脱石的伊利石化同时是一个低耗能的自发过程，砂岩中有蒙脱石和钾离子的存在，该过程就会普遍发生。东下段砂岩中蒙脱石的伊利石化发生较普遍，伊蒙混层从早成岩阶段B期开始形成，随着埋藏深度进一步增加，温度超过100℃，伊利石逐渐形成，呈片状、丝状充填于砂岩孔隙中(图5－22)。一些研究者认为丝状和片状伊利石分别为自生成因和碎屑成因，但无论其氧同位素组成，还是其化学组成都非常相近，可以认为两者都为自生成因。该区东下段砂岩中丝状和片状伊利石由早期的黏土矿物转化而来，两者都为自生成因。伊利石是由伊蒙混层逐渐转化而来，其形成晚于伊蒙混层，且两者形成都晚于绿泥石。

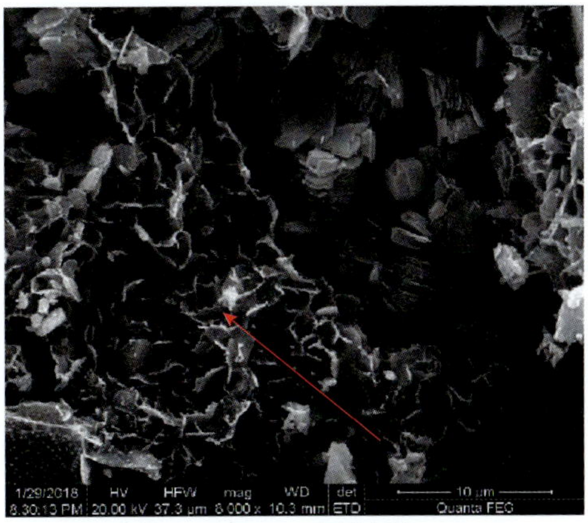

CB81井，3767.18m，扫描电镜，×8000

图5－22　伊利石胶结物照片

以CBG4井和SH8井为例，从黏土矿物XRD数据统计分析的结果表明：高岭石的相对含量为64%～87%，平均为77.76%；绿泥石的相对含量为3%～14%，平均为5.59%；伊蒙混层的相对含量为4%～19%，平均为11.10%；伊利石的相对含量为2%～9%，平均为5.55%。此外，伊蒙混层中蒙脱石的含量为15%～20%，平均为19.66%，这表明蒙脱石的伊利石化程度较高。从各黏土矿物纵向分布特征来看，伊蒙混层和伊利石相对含量的变化趋势相似，而高岭石和绿泥石相对含量的变化趋势相反(图5－23、图5－24)。

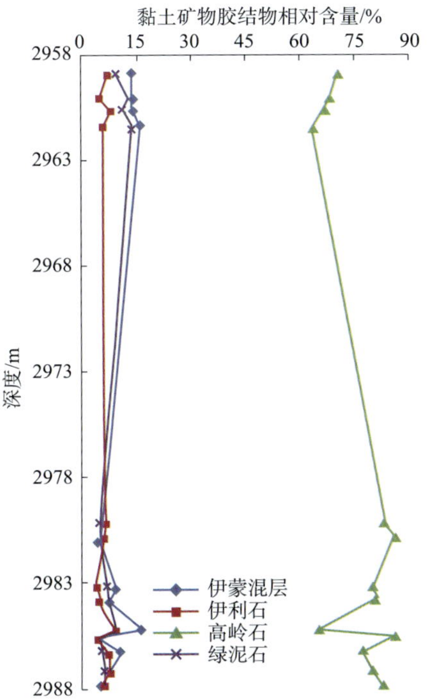

图5－23　CBG4井黏土矿物含量分布图

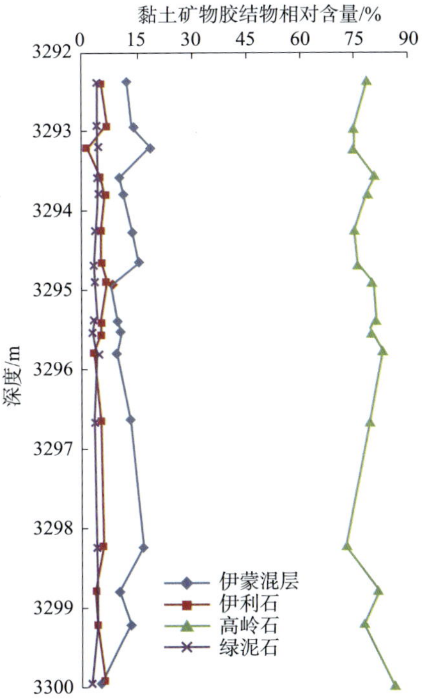

图5－24　SH8井黏土矿物含量分布图

三、溶蚀作用

砂岩中的任何碎屑颗粒、杂基、胶结物和交代矿物(后两者统称为自生矿物)，包括最稳定的石英和硅质胶结物，在一定的成岩环境中都可以不同程度地发生溶解作用。砂岩中组分的溶解包括两种方式，即一致溶解和不一致溶解。前者指的是对组分的直接溶解，如纯的 NaCl、SiO_2、$CaCO_3$ 等的溶解，未溶解的固相的新鲜面成分上没有变化；岩石组分的不一致溶解也成为溶蚀作用，指的是溶解过程有选择性，矿物中残留下来的未溶组分成分有所改变，并形成和被溶矿物化学组成相近的新矿物，如长石在溶解过程中发生高岭石化。

第三节　储层主控因素

关于碎屑岩储集层质量(指孔隙度和渗透率)的影响因素，前人做了很多研究。这些因素主要是两大类，即沉积作用和成岩作用。有些情况下，构造方面的因素(裂缝)也有一定影响。砂岩埋藏后经历的构造演化过程将影响砂岩孔渗的变化。例如，盆地沉降或抬升将显著影响砂岩的压实与胶结过程，断层分隔则影响砂岩的成岩演化途径，导致具有相同原始沉积环境与颗粒成分的砂岩形成具有不同质量的砂岩储层。沉积作用的影响因素包括粒度、分选系数、填隙物类型和含量等；成岩作用的影响因素包括压实作用、胶结作用和溶蚀作用。

一、沉积作用控制储层

沉积相通过控制：砂岩原始孔隙度和渗透率，砂体几何形态、砂泥比和构型，砂层中孔隙水化学性质(如盐度、氧化还原性质等)和早期成岩作用，进而控制晚期成岩作用，并影响砂岩储层质量。其中，砂岩原始孔隙度和渗透率以及砂体几何形态、砂泥比和构型对成岩期流体流动速率和途径具有决定性影响，而后者将依次影响砂岩早期成岩产物类型和分布范围，并因此间接控制了砂岩晚期成岩作用与储层质量。例如，河控三角洲平原砂岩中的大量泥质内碎屑在压实过程中形成假杂基，造成砂岩原始孔隙度和渗透率不同程度的破坏，浪控三角洲环境强烈波浪再改造作用利于碳酸盐生物碎屑进入硅酸盐碎屑砂颗粒中，这些生物碎屑起到了成核点和物源作用，促进大量方解石在早成岩阶段胶结，破坏原始孔隙度和渗透率。

对埕岛东斜坡地区东下段砂岩样品的研究，发现储层的物性受沉积作用的控制。沉积作用控制储层表现在沉积相上，沉积相的粒度、分选系数控制储层质量。东下段砂岩储层的孔隙度和渗透率随着砂岩粒度的增加而增加(图 5－25)，随着分选系数的增加而降低(图5－26、图5－27)。

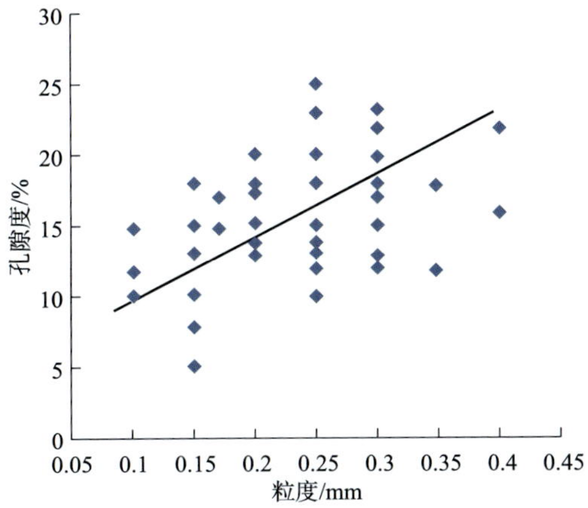

图5-25 砂岩孔隙度与粒度关系图

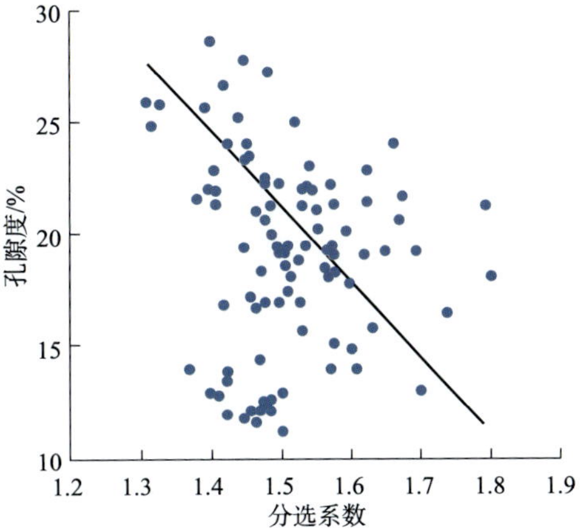

图5-26 砂岩孔隙度与分选系数关系图

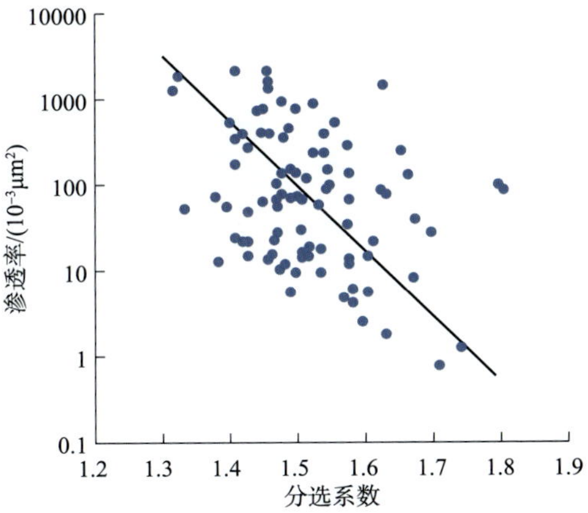

图5-27 砂岩渗透率与分选系数关系图

埕岛东斜坡地区可以分为七类沉积相(包含沉积微相)，但席状砂微相未钻遇，对其余六类沉积相的储层特征进行详细研究。

(一)浅水风浪改造的洪水重力流沉积

浅水风浪改造的洪水重力流沉积主要为细砂岩与含砾中粗砂岩，颗粒直径为0.05～0.55mm。石英含量最高，约为55%，长石含量约为15%，岩屑含量约为30%，杂基含量约为5%，高岭石胶结物含量约为7%，白云石胶结物含量约为6%。颗粒接触类型主要为点接触与线接触，分选系数平均为1.709。孔隙类型主要为原生孔隙，可见溶蚀现象，溶蚀孔隙占总孔隙的32%。储层物性好，孔隙度高，平均为21.35%；渗透率平均为144.35 $\times 10^{-3}\mu m^2$(图5-28)。

(二)深水洪水重力流辫状沟道沉积

深水洪水重力流辫状沟道沉积主要为含砾中砂岩，颗粒直径为0.25～0.35mm。石英含量最高，约为54%，长石含量约为18%，岩屑含量约为28%，杂基含量约为5%。高岭石胶结物含量约为5%，白云石胶结物含量约为5%，颗粒接触类型主要为点接触，分选系数平均为1.618。孔隙类型主要为溶蚀孔隙，储层物性较好，孔隙度高，平均为17.5%；渗透率平均为25.7×10^{-3}μm^2(图5-29)。

(a)CBG4井，2958.89m，单偏光，×50　(b)CBG4井，2958.89m，正交光，×50

(c)CBG4井，2991.50m，单偏光，×50　(d)CBG4井，2991.50m，正交光，×50

图5-28　浅水风浪改造的洪水重力流沉积照片

(a)CB323井，3819.67m，单偏光，×50　(b)CB323井，3819.67m，正交光，×50

图5-29　深水洪水重力流辫状沟道沉积照片

(三)风暴沉积

风暴沉积主要为粉砂岩与细砂岩，颗粒直径为0.05～0.15mm。石英含量最高，约为55%，长石含量约为19%，岩屑含量约为26%，杂基含量约为5%。颗粒接触类型主要为点接触，分选系数平均为1.377。孔隙类型主要为原生孔隙，可见溶蚀现象，溶蚀孔隙占总孔隙的32%。储层物性较好，孔隙度较高，平均为15.1%；渗透率平均为32.8×10^{-3}μm^2(图5-30)。

(a)CB817井，3337.70m，单偏光，×50

(b)CB817井，3337.70m，正交光，×50

图5－30　风暴沉积照片

(四)深水洪水重力流沟道间沉积

深水洪水重力流沟道间沉积主要为粉砂岩与细砂岩，颗粒直径为0.20～0.30mm。石英含量最高，约为51%，长石含量约为18%，岩屑含量约为31%，杂基含量约为5%，高岭石胶结物含量约为5%，白云石胶结物含量约为8%。颗粒接触类型主要为点接触，分选系数平均为1.476。孔隙类型主要为溶蚀孔隙，储层物性较好，孔隙度高，平均为14.8%；渗透率平均为 $14.6\times10^{-3}\mu m^2$(图5－31)。

(a)CB804井，3235.03m，单偏光，×50

(b)CB804井，3235.03m，正交光，×50

图5－31　深水洪水重力流沟道间沉积照片

(五)碎屑流沉积

碎屑流沉积主要为砂砾混杂岩，砂粒直径为0.35～0.50mm，砾石直径为3～5cm。石英含量最高，约为47%，长石含量约为17%，岩屑含量约为36%，杂基含量约为10%，高岭石胶结物含量约为12%。颗粒接触类型主要为点接触。孔隙类型主要为原生孔隙，可见溶蚀现象，溶蚀孔隙占总孔隙的27%。储层物性中等，孔隙度平均为12%(图5－32)。

(六)滩坝沉积

滩坝沉积主要为粉砂岩与泥质粉砂岩，颗粒直径为0.01～0.1mm。石英含量最高，约为58%，长石含量约为17%，岩屑含量约为25%，杂基含量约为7%。颗粒接触类型主要为点接触与线接触。孔隙类型主要为原生孔隙，可见溶蚀现象，溶蚀孔隙占总孔隙的

35%。储层物性较差，孔隙度平均为8%（图5-33）。

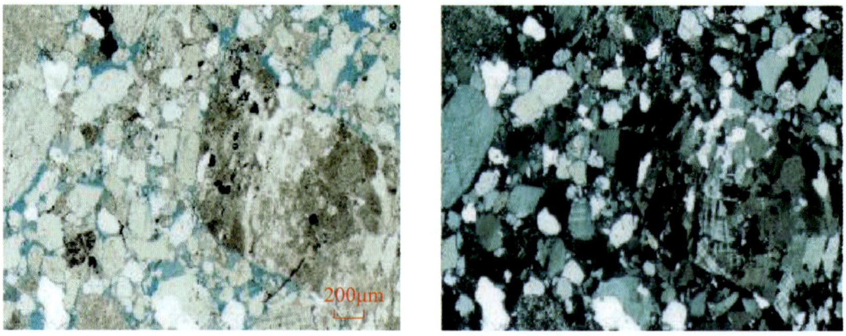

(a)CB8井，2922.79m，单偏光，×25　　(b)CB8井，2922.79m，正交光，×25

图5-32　碎屑流沉积照片

(a)CBG4井，2963.43m，单偏光，×50　　(b)CBG4井，2963.43m，正交光，×50

图5-33　滩坝沉积照片

埕岛东斜坡地区东下段砂岩中，浅水风浪改造的洪水重力流沉积的储层物性最好，风浪改造的洪水重力流沉积的粒度较高，杂基含量少，埋藏深度较浅，所以形成的储层物性最好；深水洪水重力流辫状沟道沉积和风暴沉积的粒度有所下降，埋藏深度有所增加，但是分选较好，所以储层物性较好，仅次于浅水风浪改造的洪水重力流沉积的储层物性；深水洪水重力流沟道间沉积的粒度较小，埋藏深度大，储层物性较差；碎屑流沉积的粒度分布不均匀，分选很差，杂基含量大，所以储层物性差；滩沉积粒度很小，储层物性在该区东下段最差。

二、成岩作用控制储层

(一)压实作用

埕岛东斜坡地区东下段砂岩因其成分成熟度较低、结构成熟度中等，并有较高含量的云母及不稳定可塑性岩屑组分，填隙物含量变化大，加之在沉积之后有一个快速埋深过程，故其机械压实作用明显。机械压实作用是导致东下段砂岩储层物性变差的最重要的因素，压实作用在薄片上反映在云母变形、长石破裂和岩屑破裂等。

埕岛东斜坡地区东下段砂岩的机械压实作用主要表现在三个方面：①脆性矿物的破

裂，如石英、长石的破裂错动。②塑性颗粒的弯曲变形，如云母、岩屑的挤压形变。③碎屑颗粒间大多呈线状接触，且颗粒长轴多呈定向排列。

将全区孔渗数据投图得到孔渗数据与深度的关系图（图5－34、图5－35），可以得到储层物性明显受到压实作用的影响，埋深为2250～3500m时，储层孔渗随深度增加而减少，而在3500m以下，储层受到埋深增加的影响变小，表明储层受到除压实作用以外其他因素影响较多。

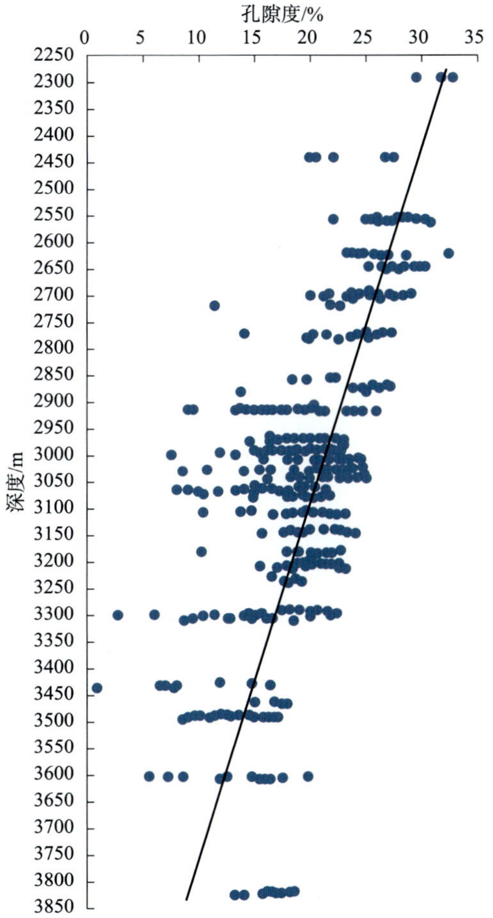

图5－34　孔隙度与深度关系图

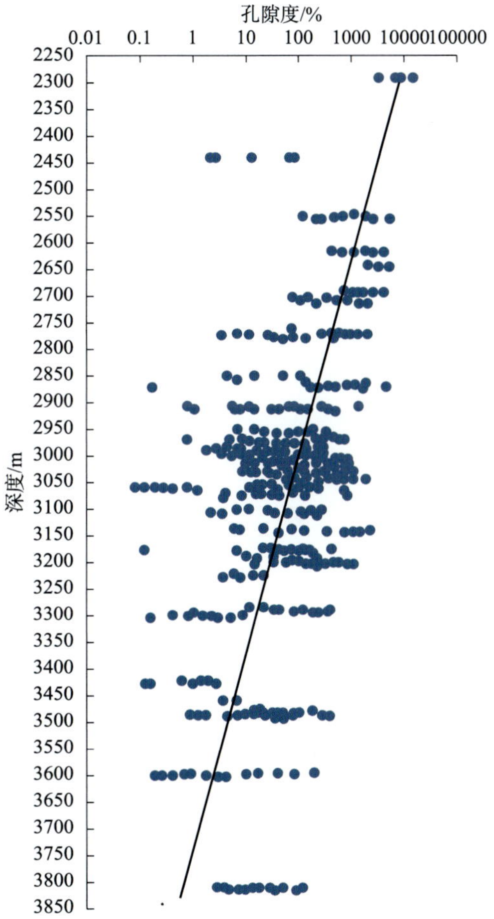

图5－35　渗透率与深度关系图

（二）胶结作用

将埕岛东斜坡地区东下段砂岩的胶结物含量数据与粒间体积数据投图，发现大部分数据点落在了左半区，可以得到压实作用减少的原始孔隙度大于胶结作用减少的原始孔隙度（图5－36）。

胶结作用对于东下段砂岩的破坏作用主要体现在碳酸盐胶结物与黏土矿物胶结物阻塞孔隙，其中碳酸盐胶结物包括方解石胶结物和白云石胶结物，而黏土矿物胶结物以高岭石胶结物为主。

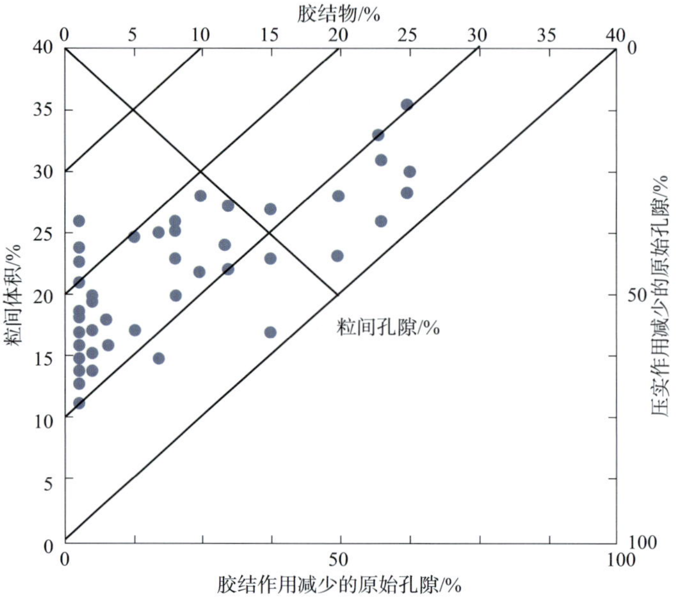

图 5-36 粒间体积与胶结物关系图

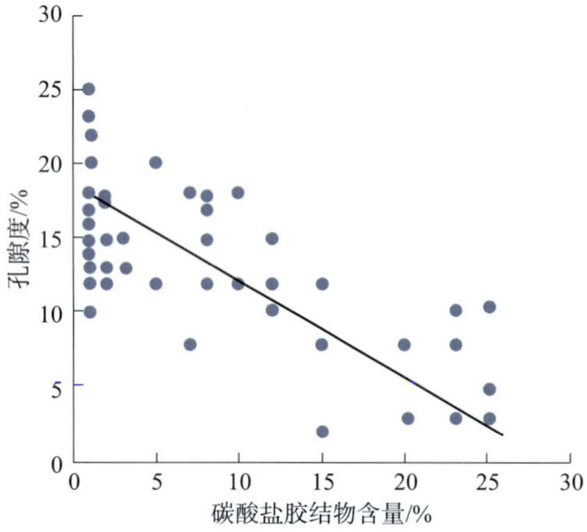

图 5-37 孔隙度与碳酸盐胶结物含量关系图

1. 碳酸盐胶结物控制储层

碳酸盐胶结物的含量占孔隙填隙物总量的3%~24%，严重堵塞孔隙，这成为导致东下段砂岩孔隙度偏低的一个重要因素(图5-37)。但碳酸盐胶结物的发育在空间上具有不均匀性，局部欠发育或不发育，这种发育特点没有完全封闭成岩环境，为其后期的溶蚀提供了重要条件。此外，碳酸盐胶结物对石英、岩屑、长石普遍发生交代作用(图5-38)。

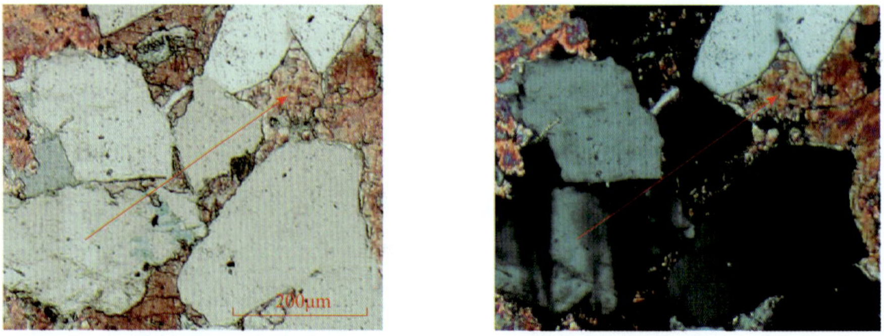

(a)方解石胶结物，CBG4井，3008.98m，单偏光，×50　(b)白云石胶结物，CBG4井，3008.98m，正交光，×50

图 5-38 碳酸盐胶结物照片

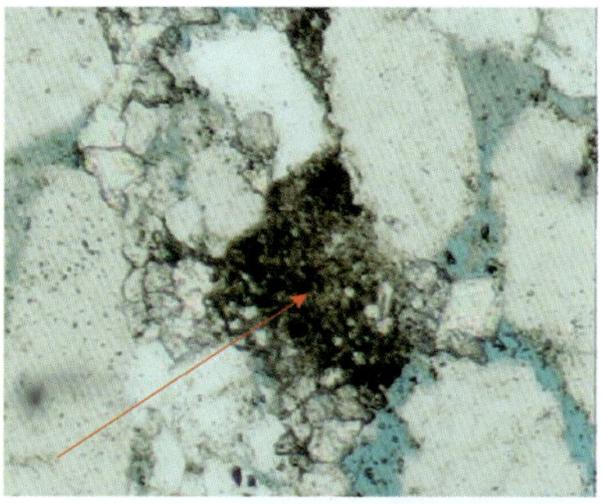

(c)白云石胶结物，CB803井，3109.41m，单偏光，×50

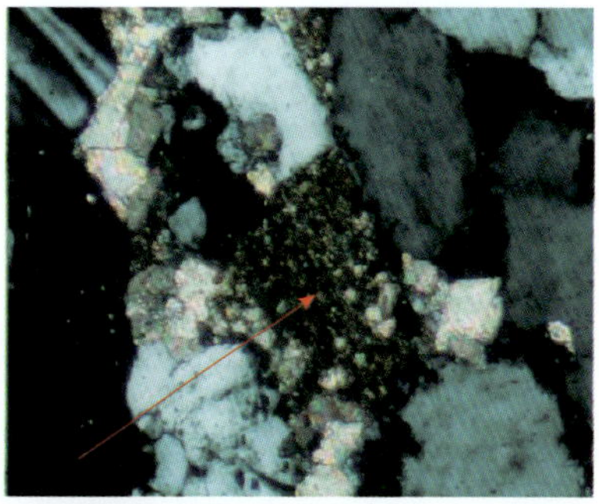

(d)白云石胶结物，CB803井，3109.41m，单偏光，×50

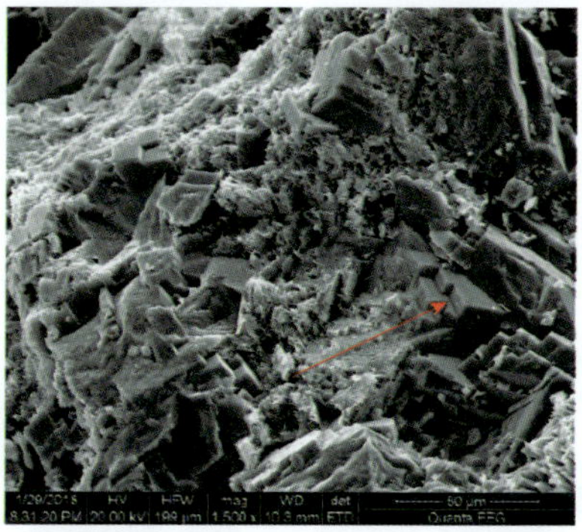

(e)白云石胶结物，CB81井，3767.18m，扫描电镜，×1500

图 5－38 碳酸盐胶结物照片(续)

埕岛东斜坡地区东下段碳酸盐胶结物在横向上和纵向上分布广泛，部分砂体中的 0.3～0.5m 为碳酸盐胶结物发育带，表现为碳酸盐胶结物充填在颗粒之间，大幅降低孔隙度，但因为胶结物以及颗粒存在被溶蚀的现象，孔隙度并未下降到零，而只是表现为孔隙度下降 15%～20%。

将全区的碳酸盐胶结物数据投图，得到碳酸盐胶结物与深度的关系图(图 5－39)，可以得到碳酸盐胶结物主要发育于 2900～3015m、3300～3415m、3715～3815m 共 3 个胶结带(图 5－40)。

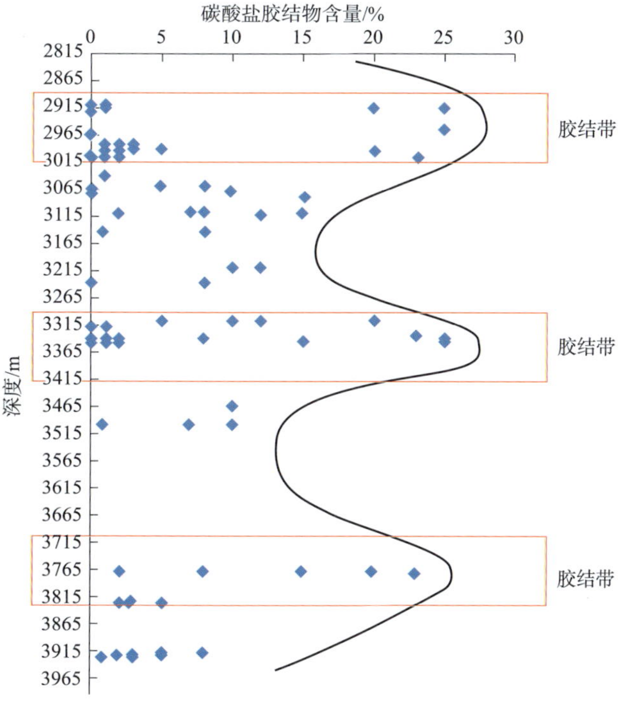

图 5－39 埕岛东斜坡地区东下段碳酸盐胶结物含量与深度关系图

将岩心薄片上观察到的胶结带情况与测井曲线对比(图 5－41～图 5－43)，发现在测井曲线中，CR 值不变或者升高、AC 值明显降低的位置存在胶结带。对全区 230 口井东下段砂岩的测井曲线进行研究，得到各井的胶结带发育深度，并将深度与频数投图，得到了胶结带在各深度的分布情况(图 5 - 44)，由图可以得到碳酸盐胶结物主要发育于 2910 ~ 2990m、3090 ~ 3170m、3275 ~ 3375m、3665 ~ 3710m 共 4 个胶结带。

(a)CB8井，2913.36m，单偏光，×50　(b)CB8井，2913.36m，正交光，×50

(c)CB817井，3341.37m，单偏光，×50　(d)CB817井，3341.37m，正交光，×50

(e)CB81井，3768m，单偏光，×25　(f)CB81井，3768m，正交光，×25

图 5 - 40　胶结带微观图

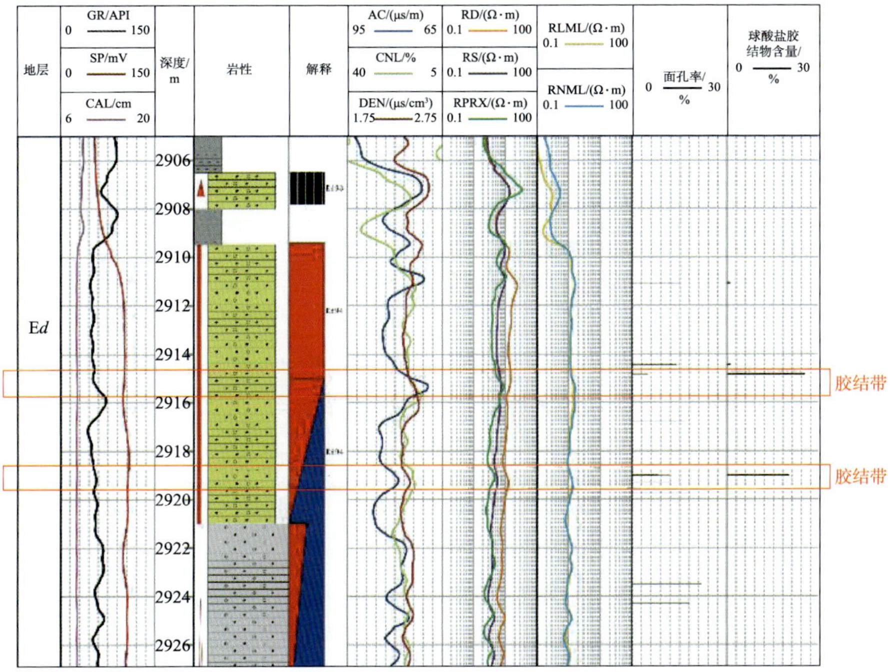

图 5－41 CB8 井测录井图

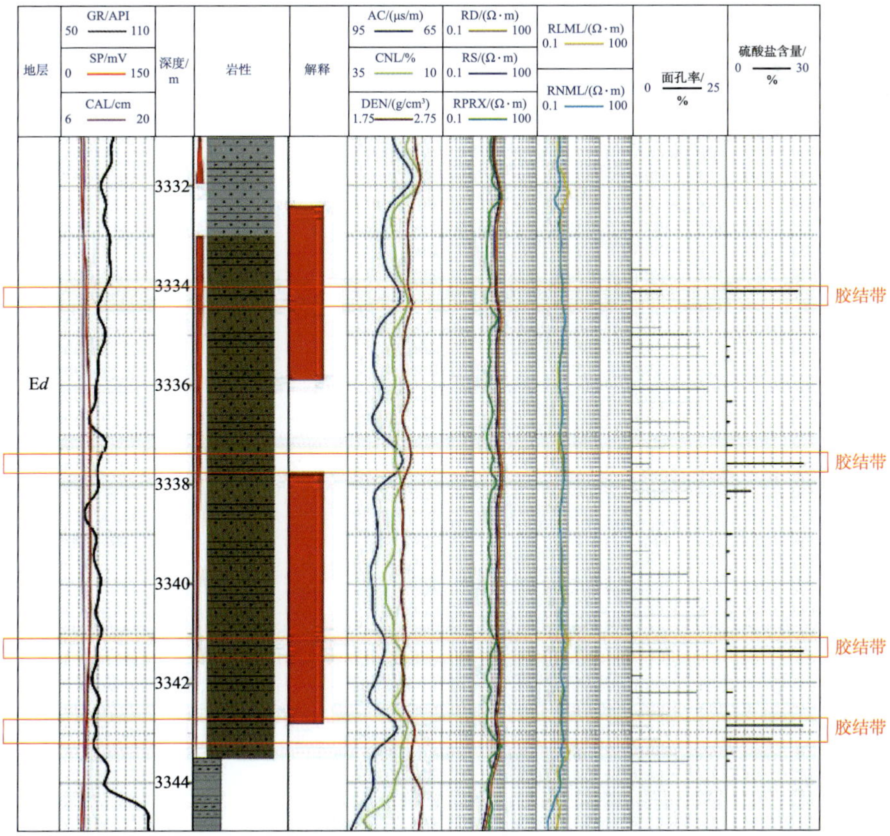

图 5－42 CB817 井测录井图

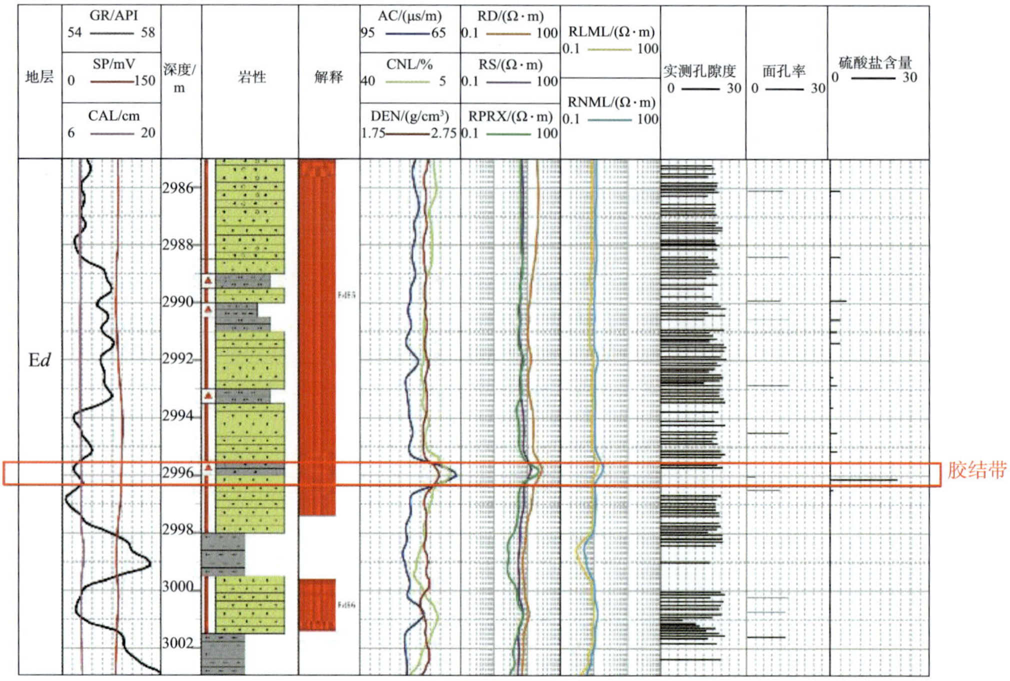

图 5－43　CBG4 井测录井图

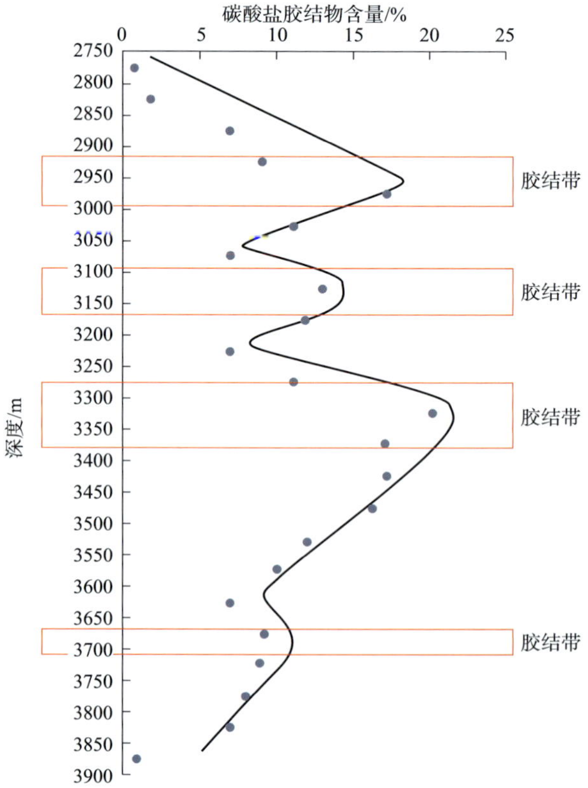

图 5－44　埕岛东斜坡地区东下段碳酸盐胶结物含量与深度关系图

2. 黏土矿物胶结物控制储层

碎屑岩中的黏土胶结物能对碎屑岩颗粒起胶结作用，据其成因可分为陆源碎屑黏土矿物和自生黏土矿物两种类型。陆源碎屑黏土矿物是指与陆源碎屑颗粒一起沉积下来的受控于古气候、物源及沉积环境的矿物，常具有沉积定向排列；而自生黏土矿物是在成岩过程中形成的，受成岩流体酸碱度控制，以分散的孔洞充填物的形式出现，通常构成不规则的凝块。埕岛东斜坡地区东下段中常见的黏土矿物有高岭石、伊利石、绿泥石和伊/蒙混层矿物等。其中结晶高岭石是该区东下段砂岩中最常见的自生沉淀黏土矿物胶结物(图5－45)，多充填于粒间或附着于颗粒表面，单体假六片状充填粒间孔，集合体呈书页状、蠕虫状、手风琴状充填粒间孔，其形成与长石和岩屑的分解溶蚀有关。

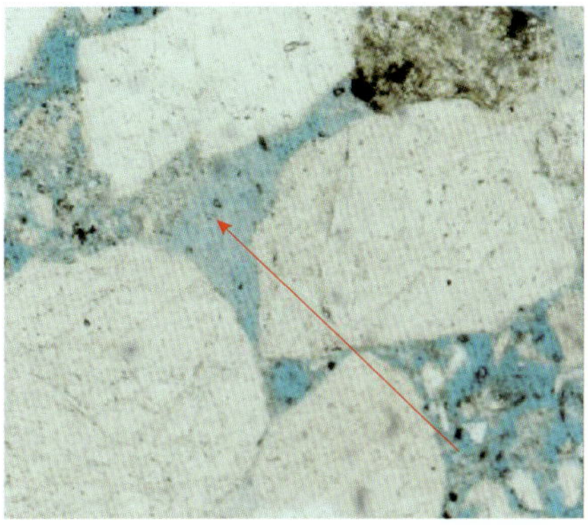

(a)CB804井，2721.73m，单偏光，×50

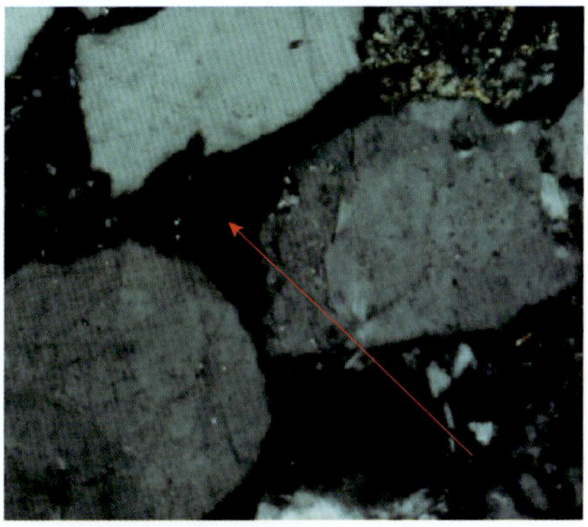

(b)CB804井，2721.73m，正交光，×50

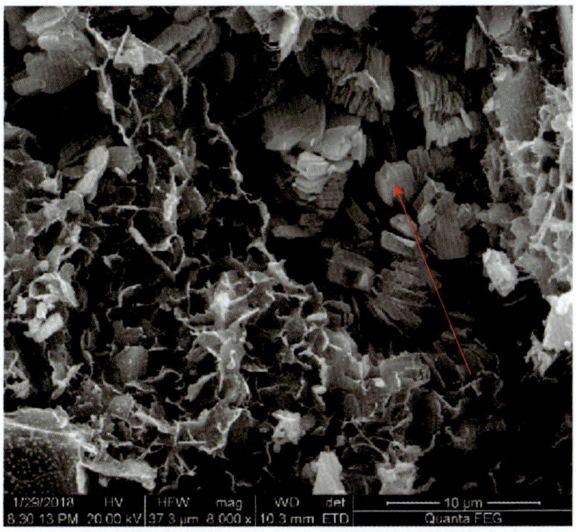

(c)CB81井，3767.18m，扫描电镜，×8000

图5－45　高岭石胶结物照片

将全区的黏土矿物胶结物数据投图得到黏土矿物胶结物含量与孔隙度和渗透率的关系图(图5－46)，可以看出黏土矿物胶结物的存在降低了储层的孔渗性。

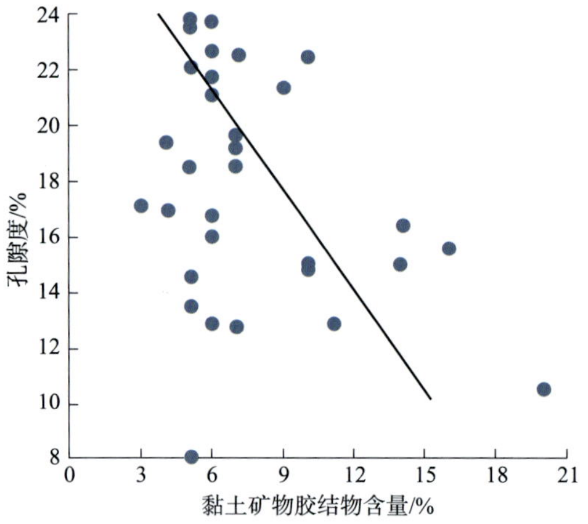

图 5－46　黏土矿物胶结物含量与孔渗关系图

将全区的高岭石胶结物数据投图得到高岭石胶结物含量与孔隙度和渗透率的关系图（图5－47），可以看出高岭石胶结物虽然没有大幅降低孔隙度，但是对渗透率有很大的影响，所以高岭石胶结物的存在也破坏了储层。

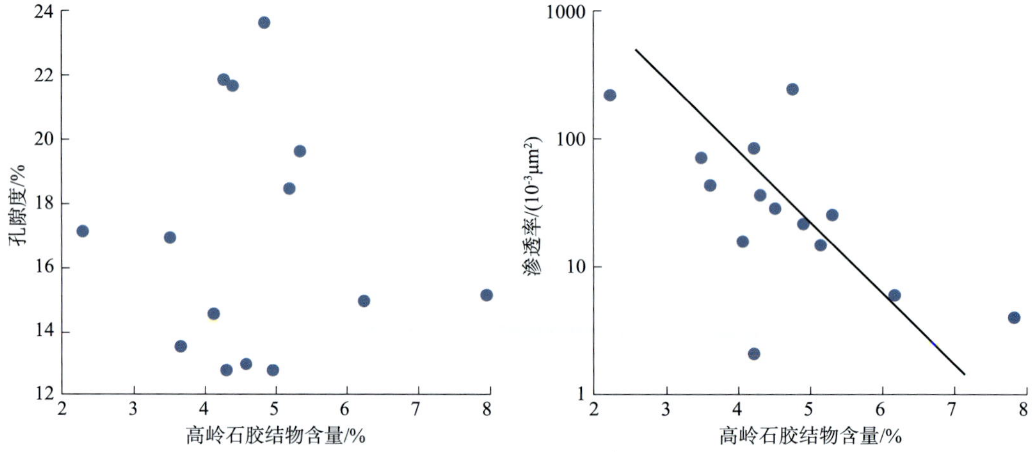

图 5－47　高岭石胶结物含量与孔渗关系图

三、溶蚀作用控制储层

溶蚀作用导致砂岩中次生孔隙的形成。次生孔隙是岩石中的矿物组分被溶解以及岩石组分破裂和收缩所形成的孔隙。由于砂岩物质组成以及孔隙水性质等方面存在差异，在溶解作用过程中既可以是胶结物溶解、碎屑颗粒被溶解，也可以是碎屑颗粒和胶结物都被溶解，而且各种组分溶解的程度是不同的。如果溶解作用仅仅是砂岩中的原生胶结物被全部溶解掉，那么所形成的次生孔隙的结构特征与原生孔隙完全一致；如果碎屑颗粒与自生矿物被溶解或部分溶解，则所形成的次生孔隙结构与原生孔隙有很大的差别。溶蚀孔隙形成后也不是一成不变的，早期形成的次生孔隙可被后来的胶结物充填，后期形成的交代矿物也可对碎屑和先形成的胶结物进行再交代；而无论是碎屑颗粒，还是胶结物，随着孔隙水性质的演化，还可再度发生溶解。这样，砂岩的孔隙结构可以发生极大的变化。

埕岛东斜坡地区东下段砂岩中的溶蚀作用主要表现为地质流体对长石、岩屑、云母和方解石胶结物的溶蚀(图5-48、图5-49)，溶蚀的过程中往往同时伴随着一些次生矿物的产生，像自生石英晶体、绿泥石等。该溶蚀作用一般为局部溶蚀，在一定程度上改善了储层物性。

(a)被溶蚀的云母，CBX820井，3919.82m，单偏光，×50

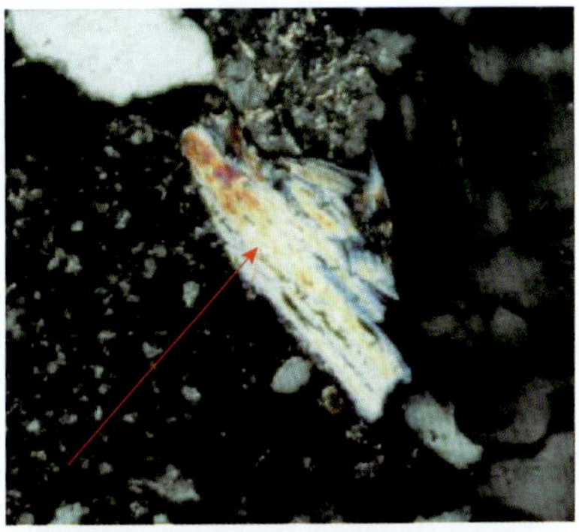

(b)被溶蚀的云母，CBX820井，3919.82m，正交光，×50

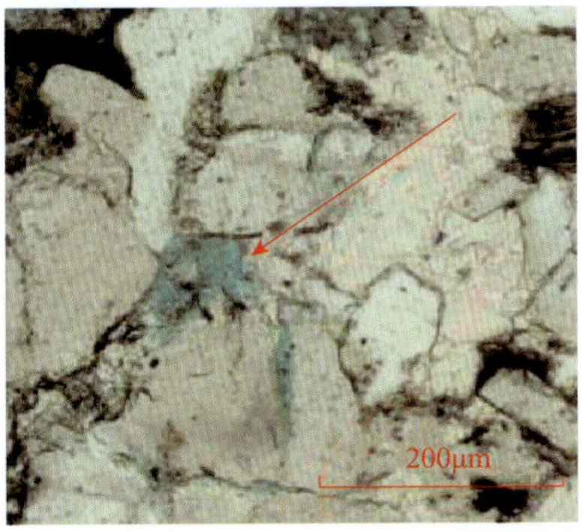

(c)被溶蚀的方解石，CB817井，3341.37m，单偏光，×50

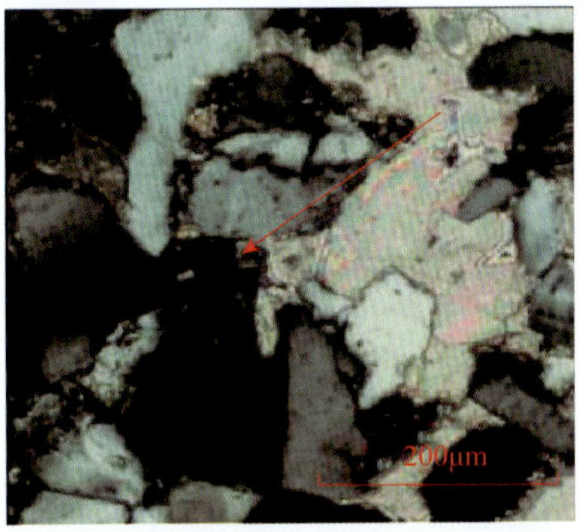

(d)被溶蚀的方解石，CB817井，3341.37m，正交光，×50

图5-48　被溶蚀的方解石和云母照片

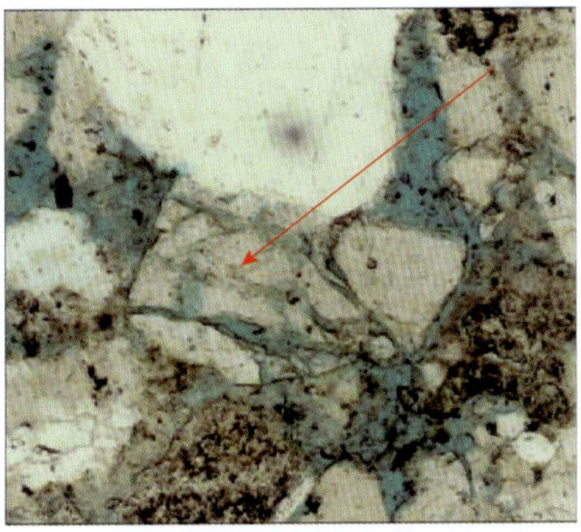

(a)被溶蚀的长石，CBX820，3915.73m，单偏光，×50

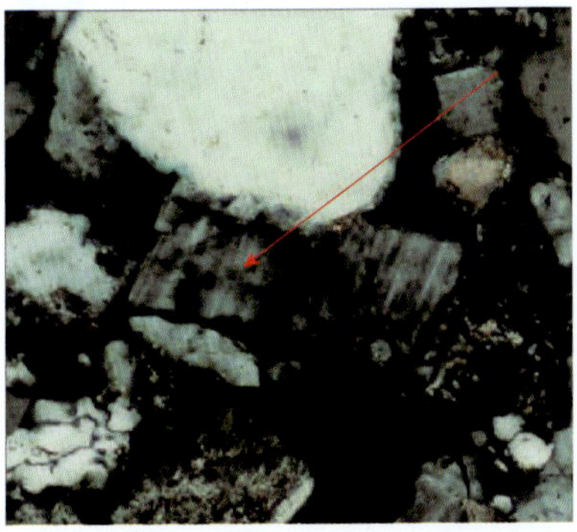

(b)被溶蚀的长石，CBX820，3915.73m，正交光，×50

图5-49　被溶蚀的长石照片

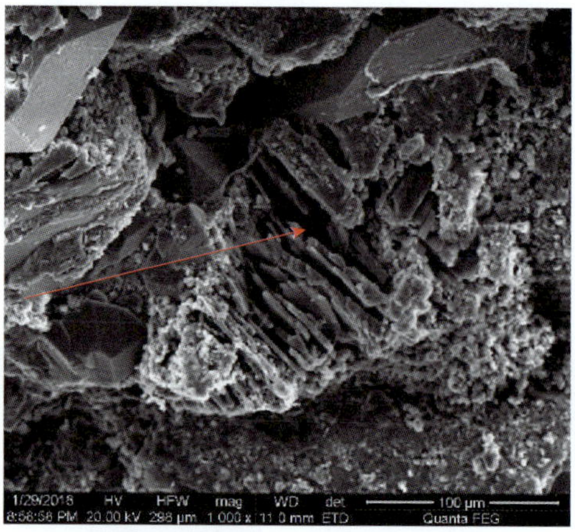

(c)被溶蚀的长石，CB817，3315.05m，
扫描电镜，×1000

图 5-49　被溶蚀的长石照片(续)

将全区的砂岩被溶蚀百分比数据投图得到溶蚀百分比与深度的关系图(图 5-50)，可以看出该区东下段的溶蚀发育带，溶蚀发育带分别为 2700 ~ 2750m、2950 ~ 3050m、3275 ~ 3375m、3775 ~ 3875m(图 5-51)。

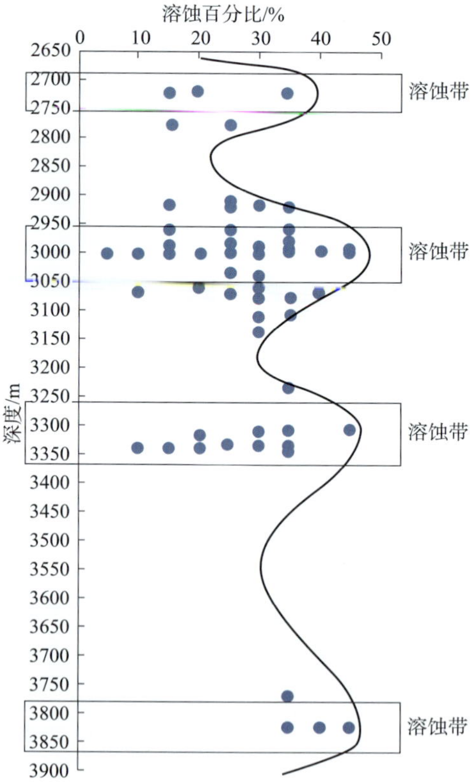

图 5-50　溶蚀百分比与深度关系图

(a)CB804井，2721.73m，单偏光，×50

(b)CB804井，2721.73m，正交光，×50

(c)CBG4井，3000.72m，单偏光，×50

(d)CBG4井，3000.72m，正交光，×50

(e)CB817井，3337.7m，单偏光，×50

(f)CB817井，3337.7m，正交光，×50

(g)CB323井，3822.97m，单偏光，×25

(h)CB323井，3822.97m，正交光，×25

图5－51　溶蚀带微观图

第四节　储层物性特征及评价

埕岛东斜坡地区东下段砂岩储层物性较好，多数样品的孔隙度在15%以上，渗透率在$20\times10^{-3}\mu m^2$以上。孔隙度最大值为25.4%，最小值为1.2%，平均值为19.42%；渗透率最大值为$2020\times10^{-3}\mu m^2$，最小值为$0.145\times10^{-3}\mu m^2$，平均值为$107\times10^{-3}\mu m^2$。由此可见，该区东下段砂岩属中孔中渗砂岩储层(图5－52)。

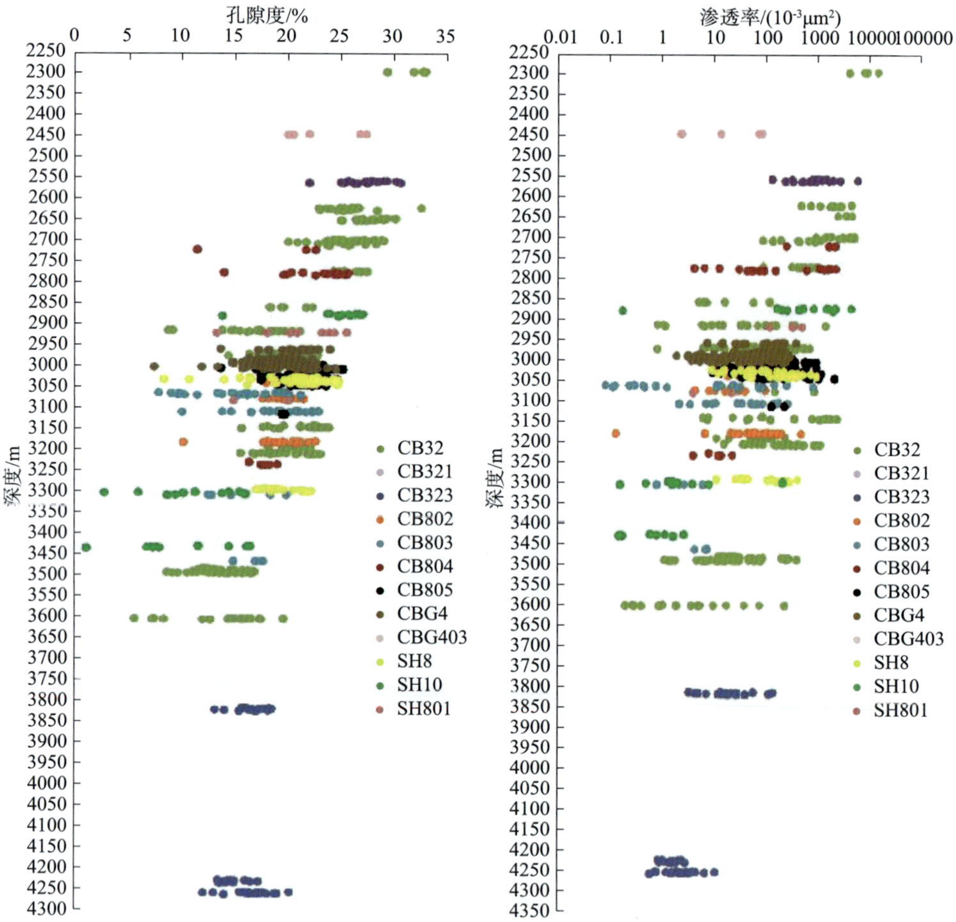

图5－52　孔渗与深度关系图

埕岛东斜坡地区东下段砂岩储层孔隙度和渗透率的相关性较好，为正相关(图5－53)。说明影响该区志留系储层物性的因素相对简单，储层的孔隙度高同时也在一定程度上预示了渗透率较高。

一、储层分类与评价

上述沉积作用以及各类成岩作用对于储层的控制最终体现在各类储层的物性特征上。

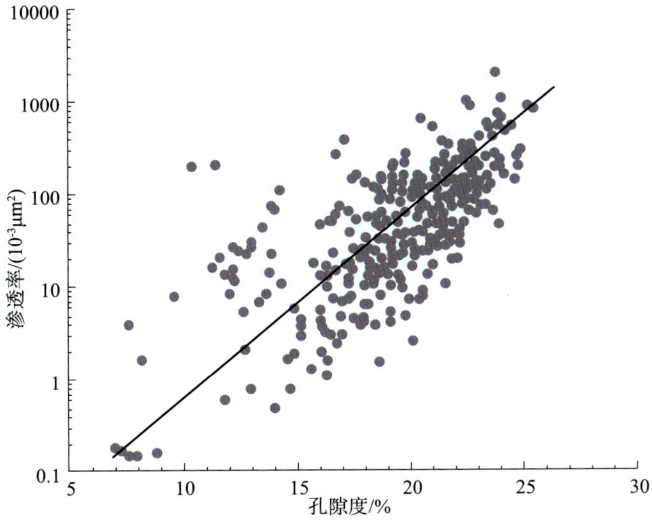

图 5－53 东下段砂岩渗透率与孔隙度关系图

在埕岛东斜坡地区，沉积作用对储层起到了绝对的控制作用，其他各类成岩作用对于储层的控制作用及影响程度较弱。对各类储层的物性特征进行了总结归纳（表 5－2），并将该区的储层最终分为三类（表 5－3），其中一类储层包括浅水风浪改造的洪水重力流沉积，二类储层包括深水洪水重力流辫状沟道沉积和风暴沉积，三类储层包括深水洪水重力流沟道间沉积、席状砂沉积、碎屑流沉积和滩坝沉积。席状砂沉积由于目前钻井基本没有钻遇，在表 5－2 中并没有对其物性特征进行总结，但该类沉积相发育于辫状沟道前端，一般为粉砂岩与泥岩的薄互层，其砂体厚度一般较薄，且由于与泥岩频繁的薄互层，一般胶结作用相对较严重，故此处将席状砂沉积归入到三类储层。

表 5－2 各类储层的物性特征

沉积类型	孔隙类型	粒度	分选系数	物性	
				孔隙度/%	渗透率/($10^{-3}\mu m^2$)
浅水风浪改造的洪水重力流沉积	原生孔隙为主，溶蚀孔隙占总孔隙 32%	细砂岩与含砾中粗砂岩	1.709	21.35	144.35
深湖洪水重力流辫状沟道沉积	溶蚀孔隙	含砾中砂岩	1.618	17.50	25.7
风暴沉积	原生孔隙为主，溶蚀孔隙占总孔隙 32%	粉砂岩与细砂岩	1.377	15.10	32.8
深湖洪水重力流沟道间沉积	溶蚀孔隙	粉砂岩与细砂岩	1.476	14.80	14.6
碎屑流沉积	原生孔隙为主，溶蚀孔隙占总孔隙 27%	砂砾混杂岩	—	12.00	—
滩坝沉积	原生孔隙为主，溶蚀孔隙占总孔隙 35%	粉砂岩与泥质粉砂岩	—	8.00	—

表 5－3 储层等级划分

储层级别	孔隙度/%	渗透率/($10^{-3}\mu m^2$)	沉积类型
Ⅰ	>20	>75	浅水风浪改造的洪水重力流沉积
Ⅱ	15～20	25～75	风暴沉积、深水洪水重力流辫状沟道沉积
Ⅲ	10～15	10～25	深水洪水重力流沟道间沉积、碎屑流沉积、滩坝沉积

二、物性下限研究

对埕岛东斜坡地区油层深度、储层物性、探井试油进行统计分析(表 5－4、图 5－54)，Ⅰ类和Ⅱ类储层均获工业油流，物性孔隙度大于 15%，渗透率大于 $20\times10^{-3}\mu m^2$，深度下限为 3650m。

表 5－4 埕岛东斜坡探井试油－物性统计表

井号	层位	顶深/m	厚度/m	孔隙度/%	渗透率/($10^{-3}\mu m^2$)	测井解释	日产油量/t	日产气量/m^3	日产水量/m^3	结论	分类
CBG4	Ed6	2978.4	11.6	16.77	58.005	油干层	230	34415	42	油层	Ⅱ类
CB326	Ed	3489	13.00	14.69	21.459	上油下含	227	3658	0	油层	Ⅰ类
SH8	Ed6	3021.3	26.7	17.84	71.66	油干层	224	22453		油层	Ⅱ类
CB32	Ed6	3202.3	4.30	15.96	16.920	油层	99.8	10028	0	油层	Ⅱ类
CB32	Ed	3482	7.00	10.62	48.880	油干层	65.1	6363	0	油层	Ⅱ类
CB326	Ed	3348	6.00	18.63	59.628	上油下同	62.1		0	油层	Ⅱ类
CB322	Ed	3294.9	3.50	17.39	119.639	油干层	54	1236	5.54	油层	Ⅰ类
SH801	Ed7	2914	5.1	20.92	460.950	油干层	53.7	6030	0.03	油层	Ⅰ类
CB802	Ed	3062.9	7.6	24.31	108.180	油层	48.8		0	油层	Ⅰ类
CB812	Ed	3068	7.30	18.76	62.954	油层	48.6	3269	0	油层	Ⅱ类
CB817	Ed	3511.8	8.80	14.88	15.352	油干层	47.1	5064	0	油层	Ⅲ类
CB325	Ed	3277.6	22.10	15.69	34.234	油层	44.4	1165	0	油层	Ⅱ类
CB32	Ed	2875.6	4.50	19.21	88.780	油层	33.3	910	0	油层	Ⅰ类
CB321	Ed	3069.4	12.60	15.06	14.95	油干层	32.9		17.9	油水同层	Ⅲ类
CB81	Ed	3768	16.8	12.45	11.837	油干层	18.2		1.68	低产油层	Ⅲ类
CB802	Ed	3072	5.1	18.47	195.220	油干层	18.1	4417	0	油层	Ⅰ类
CB327	Ed	3412.6	5.90	12.25	24.927	油干层	17.5		0	油层	Ⅲ类
CB324	Ed7	3148.7	8.30	13.75	51.455	油水同层	12.3		0	低产油层	Ⅱ类
CB808	Ed	2975.5	6.30	13.27	15.863	油干层	5.47		1.32	低产油层	Ⅲ类
CB325	Ed	3277.6	10.80	15.2	26.63	油层	5.09		*1.32	油层	Ⅱ类
CB817	Ed	3410	9.00	18.14	30.701	上同下含油水	4.12		2.32	油水同层	Ⅱ类

续表

井号	层位	顶深/m	厚度/m	孔隙度/%	渗透率/($10^{-3}\mu m^2$)	测井解释	日产油量/t	日产气量/m^3	日产水量/m^3	结论	分类
SH10	E*d*	3425.4	5.5	18.87	174.160	油干层	1.54	0	0	低产油层	Ⅰ类
CB327	E*d*	3751	3.00	16.08	70.968	上同下水	0.4		4.62	油水同层	Ⅱ类
CB804	E*d*	3353.3	6.7	15.73	37.350	油水同层	0.14		0		Ⅱ类
CB323	E*d*	3251.4	6.50	17.38	14.463	油干层	0		0.11	干层	Ⅲ类

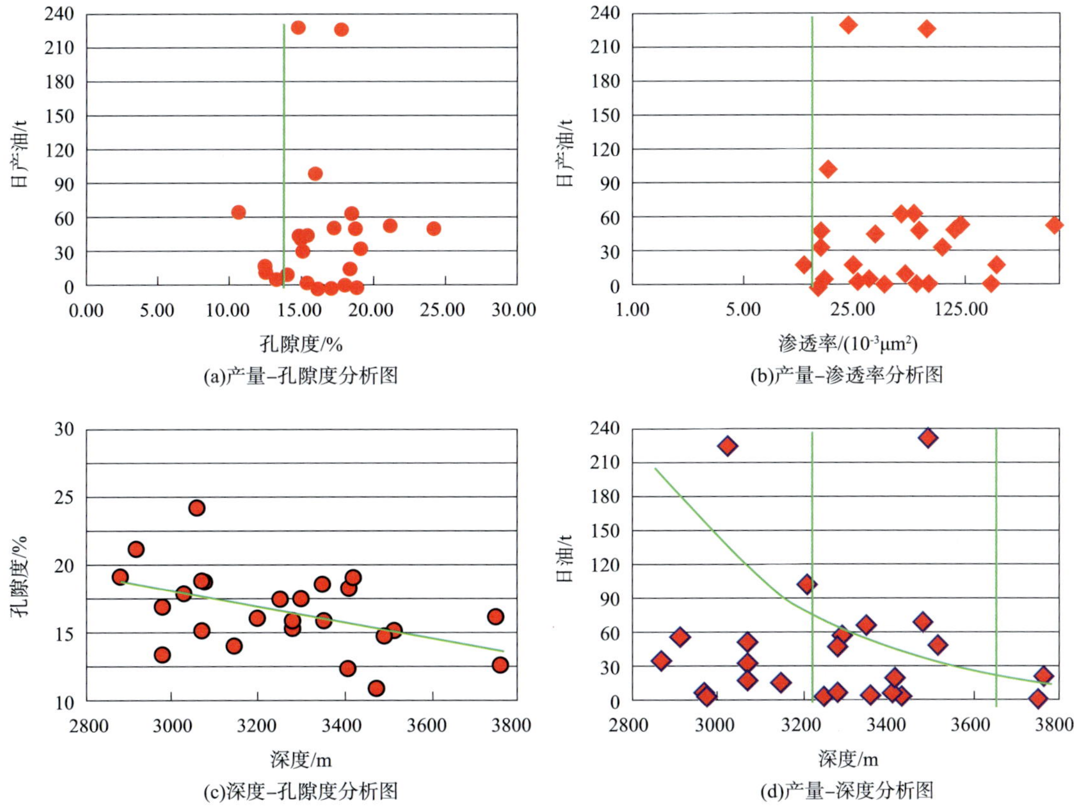

图5-54 物性下限分析图

三、各级储层纵向及平面分布

依据建立的埕岛东斜坡地区储层评价标准，结合沉积相的纵向和横向分布规律，分析各级储层的纵向和横向分布规律(图5-55~图5-58)。从图中可以看出，LST体系域中，设计井CBX822为Ⅰ类储层，CB824井、CB826井附近为Ⅱ类储层，CB825井附近为Ⅲ类储层；TST体系域中，CBX822井、CB826井、CB825井附近均为Ⅱ类储层，CB824储层欠发育。而在两个体系域中，CB323井储层欠发育。

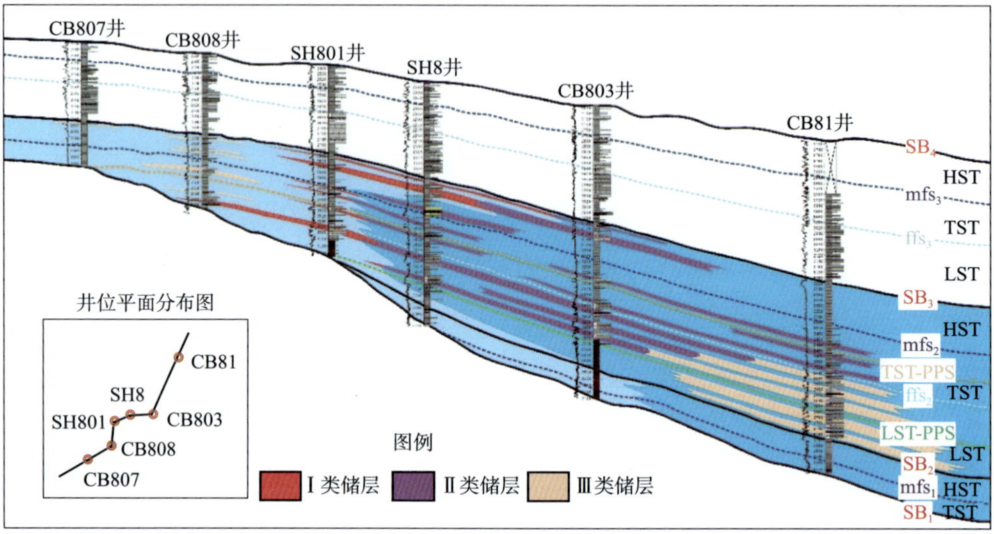

图 5－55　CB807 井—CB81 井各级储层连井分布图

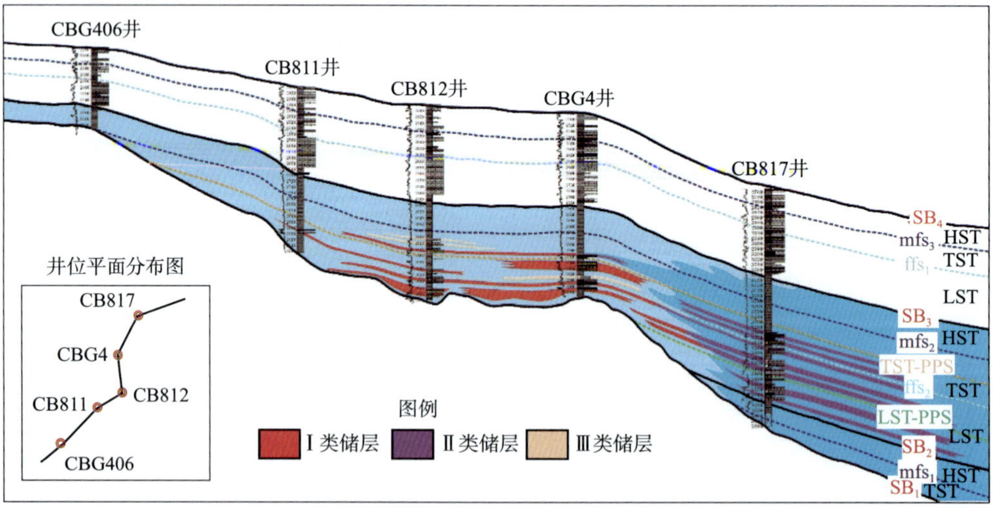

图 5－56　CBG406 井—CB817 井各级储层连井分布图

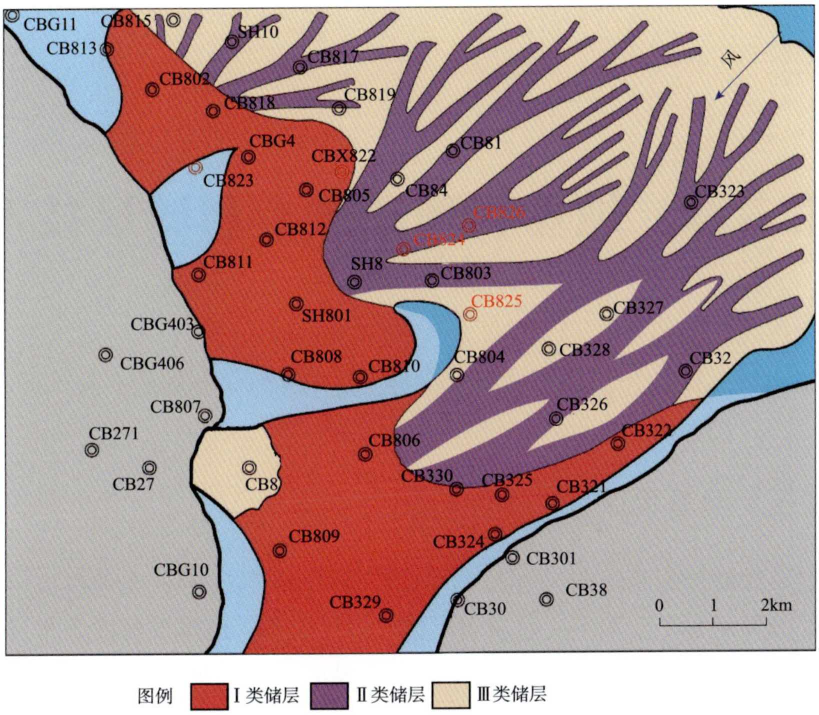

图 5－57 SQ2 的 LST 各级储层平面分布图

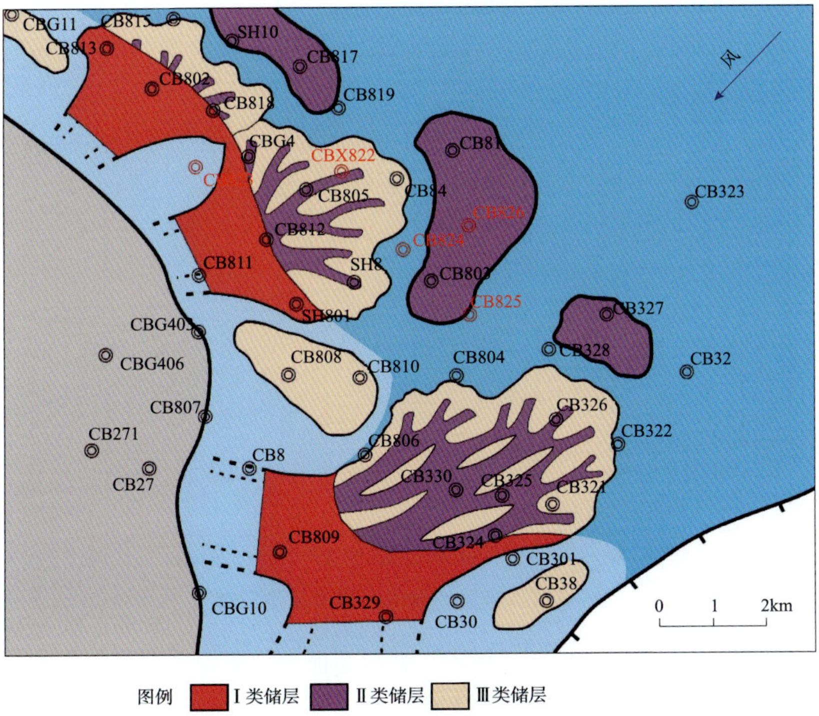

图 5－58 SQ2 的 TST 各级储层平面分布图

第六章　地球物理预测有利储层技术

第一节　储层地震反演方法介绍

一、储层反演基本原理

地震反射波法勘探的基础在于地下不同地层存在波阻抗差异，当地震波传播到有波阻抗差异的地层分界面时，会发生反射从而形成地震反射波。地震反射波等于反射系数与地震子波的褶积，而某界面的垂直反射系数等于该界面上下介质的波阻抗差与波阻抗和之比，即如果已知地下地层的波阻抗分布，可以得到地震反射波的分布，即地震反射剖面。将由地质的地层波阻抗剖面得到地震反射波剖面的过程称为地震波阻抗正演，反过来，由地震反射剖面也可以想办法换算出地质的地层波阻抗，与地震波阻抗正演相对应，将由地震反射剖面得到地层波阻抗剖面的过程称为地震波阻抗反演。

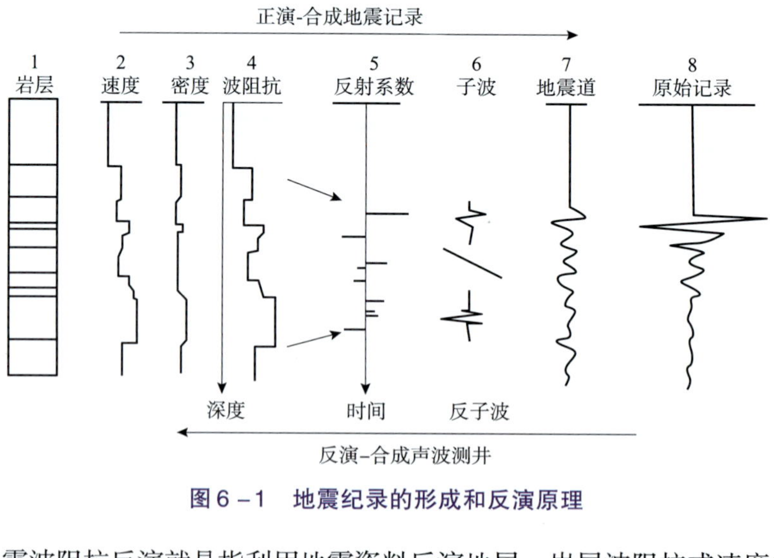

图 6－1　地震纪录的形成和反演原理

常规的地震波阻抗反演就是指利用地震资料反演地层、岩层波阻抗或速度的地震特殊处理技术。与地震多参数模式识别预测储层参数及储层的含油气性、振幅拟合预测储层厚度等统计性方法相比，波阻抗反演具有明确的物理意义，是储层岩性预测、油藏特征描述的确定性方法，在实际应用中取得了显著的地质效果，因此，地震反演通常是指波阻抗反演。

地震反演技术的基本原理可用图 6－1 说明。不同的岩层具有不同的速度和密度，速度和密度的乘积称为波阻抗。只要不同岩层之间波阻抗有差异，就能产生反射波。假定地震剖面上的地震道是法线入射道，即地震入射射线与岩层分界面垂直，则法线入射反射系数由下式计算，即：

$$R_i = \frac{\rho_{i+1}v_{i+1} - \rho_i v_i}{\rho_{i+1}v_{i+1} + \rho_i v_i} \tag{6-1}$$

式中，R_i 为第 i 层界面的反射系数；ρ_i 为第 i 层的密度，g/cm^3；v_i 为第 i 层的速度，m/s；ρ_{i+1}为第 $i+1$ 层的密度，g/cm^3；v_{i+1}为第 $i+1$ 层的速度，m/s；

地震波从激发、传播到接收，相当于经历了一个滤波系统。一个很尖锐的脉冲通过这个滤波系统后，就变成了一个延续有一定长度的脉冲波形，通常称之为子波。

反演就是估算一个子波的逆——反子波，用反子波与地震道进行褶积运算，通常称为反褶积，从而得到反射系数。然后，把反射系数代入公式导出的递推公式：

$$\rho_{i+1}v_{i+1} = \rho_i v_i \frac{1 + R_i}{1 - R_i} \tag{6-2}$$

由式(6－2)可逐层递推计算出每一层的波阻抗，即实现了界面型反射剖面向岩层型剖面的转换。

以上是地震反演的基本原理，也是传统意义上所指的地震反演。即利用地表地震观测资料，以已知地质规律和钻井、测井资料为约束，对地下岩层空间结构和物理性质进行成像求解的过程。

二、波阻抗反演方法分析

波阻抗反演是地震反演的一个重要组成部分，由于波阻抗信息是联系地质和地球物理的一座桥梁。因此，波阻抗反演在地震反演中具有特殊的地位。波阻抗是岩石的物性参数，即波速与密度的乘积，可直接与钻井、测井对比进行储层岩性解释和物性分析，而多解性不像振幅等反映地层界面性质的参数那么强。在油田勘探开发中，测井资料的特点是纵向精细，横向稀疏。地震资料的特点是纵向粗略，横向密集。地震波阻抗反演技术综合应用了测井资料在垂向上的分辨力和地震资料在横向上的连续性以及所包含的丰富的岩性和物性信息，把界面性的地震资料转换成岩层性的测井资料，使其能与钻井、测井直接对比，以层岩为单元进行地质解释，研究储层特征的空间变化，描述储层的分布特征，为勘探开发提供重要依据。

目前，国内外常用的波阻抗反演图所采用的方法基本上都是基于褶积模型的基础上建立的，因此，要求资料都要满足褶积模型的假设前提，基本可概括为以下的四个方面(图 6－2)。

(1)地震模型。假设地层是水平层状介质、地震波为平面波法向入射，其地震剖面为正入射剖面，并且假设地震道为地震子波与地层反射系数的褶积。

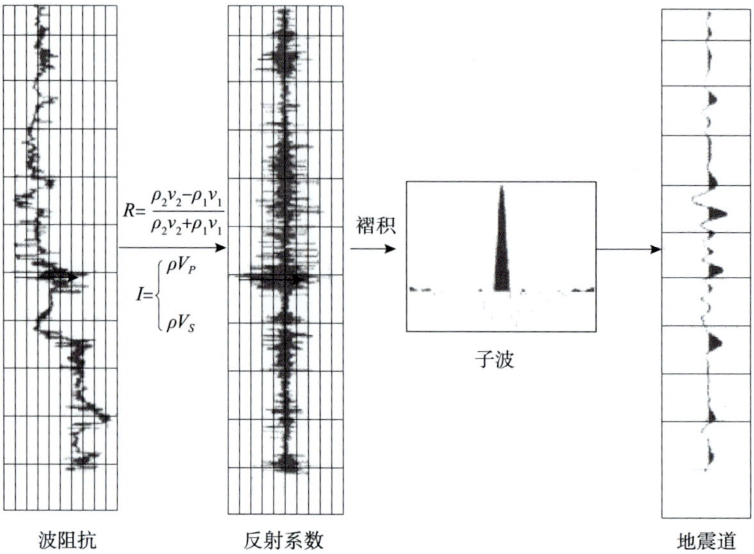

图6-2 波阻抗反演基本原理

(2)反射系数序列。在普通递归反演中，假设反射系数为完全随机的序列，而在稀疏脉冲反演中，假设某一反射系数由一系列大的反射系数叠加在高斯分布的小反射系数的背景上构成。

(3)地震子波。假设反射系数剖面中的每一道都可以看作地下反射率与一个零相位子波的褶积。实际情况下往往需要对地震剖面进行相位校正处理。

(4)噪声分量。通常假设波阻抗反演输入的地震数据，其振幅信息反映了地下波阻抗变化情况，地震剖面没有多次波和绕射波的噪声分量，因此，在资料处理时可以考虑的处理流程是反褶积、噪声切除，尤其是多次波，处理的最终目标是得到真振幅剖面。类似于二维滤波和多道混波，能改变地震振幅和特征的处理模块应当避免使用。

虽然地球物理学家们从各个可能的角度对波阻抗反演进行研究，并力求完善，但是由于种种原因，在实际应用上仍存在一些问题，主要归结为两大方面。

第一方面是反演前的问题，主要体现在地震子波假设和低频模型选取上。

(1)在反演前借助合成记录将测井与地震数据进行相关，这需要对地震子波进行某种假设，不同的假设直接影响反演的结果。

(2)反演的趋势信息来自低频模型，一般通过内插几口井的数据得到，由于在地震振幅反演和低频模型中采用了相同的测井数据，因此，在反演的值域岩石物性参数之间通常出现较强的视相关，而且测井数据越平滑，这种视相关会越大。

第二方面是反演后的问题，主要体现在数据尺度差异、变换和判别过程不唯一性。

(1)测井数据和地震数据的尺度差异很大，其标准方差值不在同一个数量级上，要校正这种分散误差，就要对测井数据做很大的平滑，其信息丢失很多，在判别阶段会导致很大的误差。

(2)波阻抗与有效孔隙度之间经常满足经验公式，但从泥质含量较少的非纯砂岩储层到纯砂岩的分布范围内具有相同的波阻抗值，也就是说，不管做什么变换，都有可能把泥岩转换成砂岩。

三、基于属性的地震反演

地震属性是指有叠前或叠后地震数据，经过数学变换，导出有关地震波的几何形态、运动学特征、动力学特征和统计学特征的特殊度量值，是地震资料中可描述的可定量化的特征，是刻画、描述地层结构、岩性以及物性等信息的地震特征量。

目前，大部分学者按照数学、物理学方法对地震属性进行分类。例如，刘企英将地震属性分为振幅、频率、速度、吸收衰减、波形与时间六大类，Quincy Chen 和 Steve Sidney 将地震属性分为几何学、运动学、动力学及统计学四大类。从地震属性应用的角度出发，这些分类并不能反映地震属性在地球物理学或更广泛的地学中所起的作用。按地震属性在油气勘探开发的应用领域进行分类，较容易为属性的应用者所理解，也更具有地球物理学的特征。根据这一思路将地震属性分为下列两大类。

(1)多尺度结构属性。包括相干、倾角、方位角、平行度、连续性、发散度、波度、随机度、曲率和间距等。其中大尺度结构属性用于构造分析，小尺度结构属性用于裂隙缝、孔洞分析和地震沉积相分析。这类属性的解释大都使用定性分析方法，根据专业知识将属性直接与地层结构特征相联系。

(2)岩性、物性指示属性。这类属性最多，按动力学、统计学和反演等方法提取的属性以及部分按运动学提取的属性都可归入此类，主要有振幅、波阻抗、AVO、频率等及其他衍生参数。这类属性多使用定量、半定量分析方法，例如，通过井孔等资料对属性进行标定，建立定量半定量模式，再以此模式识别岩性或推算物性参数。

当地下岩层物理性质或流体性质发生变化时，会引起地震运动学和动力学特征的相应变化，反映这些特征的地球物理参数有频率、振幅、时间等百余种，称之为地震属性。根据这些属性与已知信息的统计关系推断地下物性参数和油气分布范围的技术称为地震属性反演。属性反演是一个将地震特征转化为储层特征的过程。通常借助于岩石物理、正演模拟和井资料约束等手段。其中，岩石物理研究可提供储层物性与地震属性之间的关系，正演模拟包括物理模拟和数值模拟可揭示地震对不同构造、不同岩性的响应特征，测井数据及油藏工程数据则可用来约束反演过程和佐证反演结果。在对一个具体储层进行描述时，首先根据先验信息建立地质模型，然后通过多种属性反演不断修改该模型，直到逼近储层的实际情况为止。在属性变换中是将地震反演的波阻抗和地震数据中提取的各种属性数据结合起来，进行某种数学变换，进而建立与储层参数之间的某种关系。

四、约束稀疏脉冲反演(CSSI)基本假设及原理

约束稀疏脉冲反演(CSSI)是一种递推地震波阻抗反演方法，基于范数反褶积和最大似然反褶积。其基石是假设地层的反射系数序列由一系列稀疏且不连续的大反射系数和呈高

斯分布的小反射系数叠合而成。从地质角度解释，大反射系数代表地下不连续界面、岩性分界面。

首先由约束稀疏脉冲的基本假设，得到目标函数：

$$J = \frac{1}{R^2}\sum_{K=1}^{L} r^2(K) + \frac{1}{N^2}\sum_{K=1}^{L} n^2(K) - 2M\ln(\lambda) - 2(L-M)\ln(1-\lambda) \tag{6-3}$$

式中，R^2 为反射系数均方值；N^2 为和噪音均方值；$r(K)$ 为第 K 个采样点的反射系数；$n(K)$ 为噪音；M 为反射层数；L 为总采样数；λ 为既定反射系数似然值。可经迭代计算出反射系数。

其次用最大似然反褶积反演得到的反射系数，采用递推算法，结合初始波阻抗趋势，到波阻抗模型：

$$Z(i) = Z(i-1)\frac{1+R(i)}{R(i)} \tag{6-4}$$

式中，$Z(i)$ 为第 i 层的波阻抗值；$R(i)$ 为第 i 层的反射系数。

最后约束稀疏脉冲反演依据目标函数逐一对地震道计算出的初始波阻抗进行调整，同时调整反射系数，得到最终的目标函数：

$$F = L_p(r) + \lambda L_q(s-d) + a^{-1}L_1\Delta Z \tag{6-5}$$

式中，r 为反射系数；ΔZ 为阻抗趋势差；d 为地震道；s 为合成地震道；λ 为残差权重因子；a 为趋势权重因子；p、q 为 L 模因子。式中右边分别是反射系数的绝对值之和、合成声波记录与原始地震数据的差值及趋势约束项。

约束稀疏脉冲反演基于地震数据，用波阻抗趋势进行约束，以期用最少的反射系数脉冲、合成记录与地震道进行最佳匹配。

第二节　利用 Jason 软件进行储层约束稀疏脉冲反演过程

地震数据及前期资料收集都是为了满足数据体反演的需求，在本次研究中，利用了基于 Jason 平台的井 - 震联合反演技术。该技术的核心思想就是在地震资料统观全局的基础上，使用测井资料进行微观调控，通过实测资料尽可能降低反演结果的多解性，使得反演数据能够在大范围勘探的情况下达到精细描述的效果，从而克服地震数据分辨率极差、储层与围岩波阻抗差异小的影响。井 - 震联合反演可以得到多种参数(如孔隙度，密度等)的数据体，通过多种数据体的对比和分析，最终优选合适的表征岩性、物性、含油性的参数及其相对应的地质模型等，从而进一步明确地下介质的分布情况及展布规律。

本次研究选择埕岛东斜坡地区进行高分辨率地震资料处理，该区范围如图 6 - 3 所示。对重点区域 300km^2 的三维地震数据体及对区内 10 口测井资料进行了约束稀疏脉冲反演，得到了岩性数据体反演结果，通过对数据体解释及单砂体的提取，精细刻画了储层的空间及平面展布，反演结果与测井资料和地震剖面均有较好的吻合度，计算结果有效可靠。

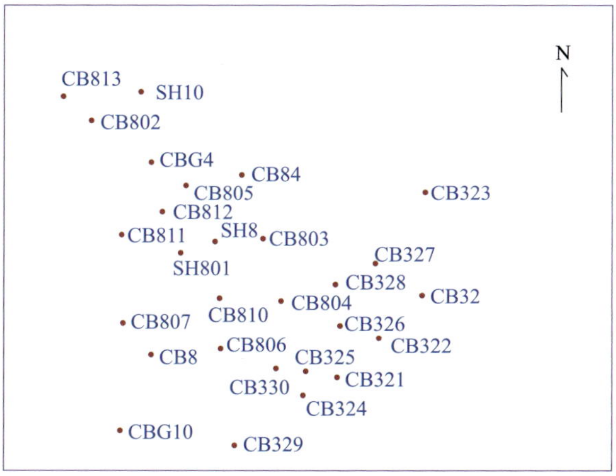

图 6-3　地震高分辨率区域范围图

Jason 中 Invertrace-plus（基于稀疏脉冲反演模块）流程（图 6-4）：首先对地震数据细致处理并提取子波；对地震层位精细解释，建立合理地质地层模型；关键是对测井资料做标准化分析，结合地震子波做合成记录，保证时间-深度域准确对应；结合地层框架模型和合成记录，以三维叠后地震数据为基础，利用地震子波以及初始趋势模型，进行波阻抗反演，终得到精细反演结果。

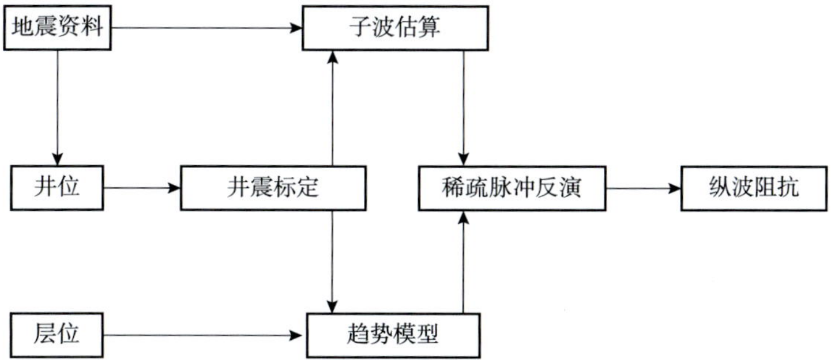

图 6-4　Invertrace-plus 流程图

一、地震资料预处理

Jason 软件约束稀疏脉冲反演是建立在高精度的地震资料基础上，首先对地震资料进行了处理，d8 小波与准层序组和准层序单元有较好的对应性，以 8 砂组顶界对应层序 SQ2 的初次湖泛面（图 6-5 中蓝色线），并在地震资料中根据同相轴特征划分出层序 SQ2 的最大湖泛面（mfs2）（图 6-5 中红色线），以此划分出地震资料中东营组下段 SQ2 层序的低位域、湖侵域和高位域（图 6-5）。对原始地震资料进行频谱分析，地震的有效频率范围为 8～60Hz（图 6-6）。

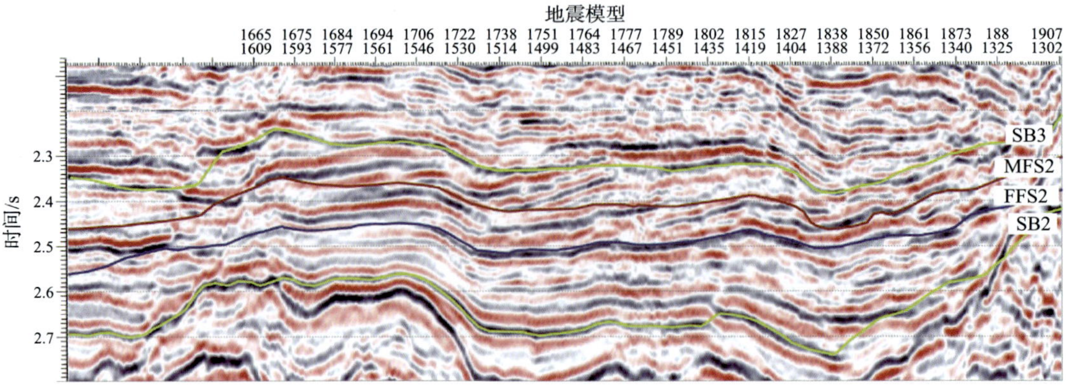

图 6－5　连井原始地震剖面

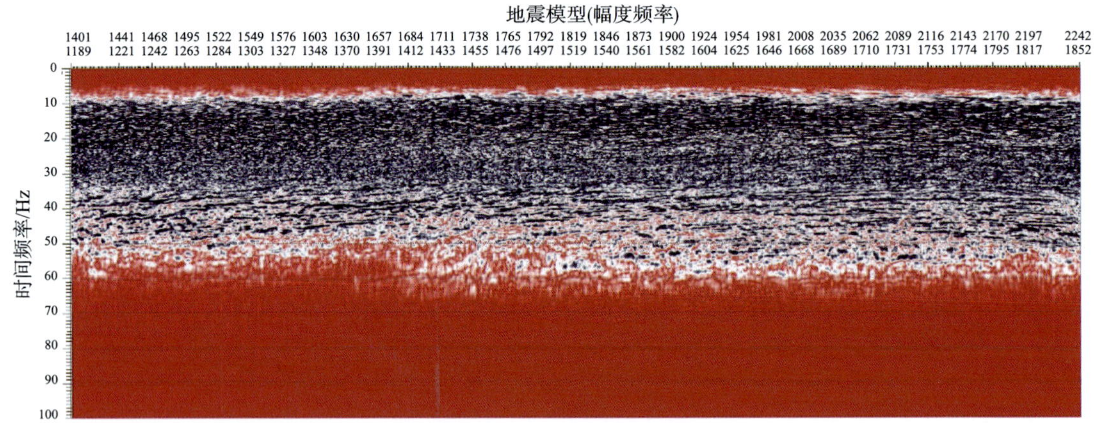

图 6－6　地震资料频带图

二、测井资料预处理

测井曲线深度与幅度的准确性是保证测井解释结果可靠的前提。在测井数据处理的逐点计算中，计算机是极严格地按照深度连续逐点取出各个采样点的测井数据定量计算，因此，对测井曲线深度和幅度的准确性有十分严格的要求。然而，由于野外测井作业和测井环境的许多随机因素的影响，即使采用先进的仪器及严格的技术措施，同一井各测井曲线之间深度的一致性也往往难以实现，各测井曲线幅度也不可避免地受到许多非地层的测量因素的影响。因此，测井资料预处理是测井解释与数据处理的一项重要的基础工作，是保证测井解释与数据处理结果精度的极重要前提。

埕岛东斜坡地区的研究涉及的测井资料来源广、种类多、资料品质参差不齐、区块多、层位较全。而测井、地质、物探、油藏等方面需求不同，需要整理的工作量大，花费的时间多和精力大。测井资料预处理直接影响整个储层预测研究工作的顺利开展，因此，开展测井曲线标准化的工作十分重要。

地震解释的合成记录和地震反演储层参数需要连续且全井段的测井数据，而测井数据一般分两到三次测量，所用测井仪器不同，包括 JD581、521、3700、CSU、MAX500、EX-

CELL2000 等测井系列提供的数据，各种仪器之间的系统误差需要校正，这样测井数据编辑校正工作量相当大。经过统计分析和整理，埕岛东斜坡地区进行测井并拥有井位坐标的直井为 28 口，其均有 AC、DEN、RT、SP、GR 测井，其中仅 2 口井没有 DEN 测井。

测井资料预处理具体包括以下两步。

1. 深度校正

在测井过程中，由于所测内容不是一次下井完成，而需进行多次测井。由于每次测井时仪器的重量、仪器与井壁的接触状态以及测速不同，引起各次测量电缆的受力不均，加上井口置零、井底摩擦力校正不当，都会造成各次测量的曲线之间存在深度错动，这对于手工解释造成的误差可能不大，但对于计算机的数字处理就会导致输出结果失去应有的地质意义。

测井曲线深度校正的主要内容包括：同一井多条测井曲线的深度校正与对齐及斜井的垂直深度校正。校深方法主要采用测井处理解释软件中的校深程序进行校正，即选用自然伽马曲线作为深度控制曲线，在计算机屏幕上手工进行深度校正与编辑。此外，还可以在两条准备进行深度校正的测井曲线上取一个时窗，利用相关函数法确定两曲线同一层位的深度是否相同。对于定向斜井的测井资料，还必须进行垂深校正，一般采用最小曲率半径法进行垂深校正工作。由于本次埕岛东斜坡地区的研究井基本为直井，不需要进行垂深校正，故在此对其不做详细研究。

2. 与地层因素无关的异常数据的编辑

由于测井仪器在测井过程中与井壁的随机碰撞干扰，导致测出的诸如声波等曲线上出现许多毛刺或尖峰干扰。很显然，用这些具有统计起伏或毛刺干扰的测井曲线作数字处理，会给计算的地质参数带来很大的误差。因此，在测井资料预处理中，必须设法把这些与地层性质无关的统计起伏和毛刺干扰过滤掉，只保留曲线上反映地层特性的有用成分。

为此，可采用滑动平均数字滤波法实现。该方法就是在当前采样点前、后分别连续地取 m 个采样点数据，选用适当的滑动平均法，用$(2m+1)$个采样点值(包括当前采样点值在内)，依次计算出全部采样点的滑动平均值，便可消除毛刺干扰，获得一条只反映地层性质的光滑曲线，这种平滑滤波法，实质上是对有干扰的曲线进行低通滤波，根据测井曲线上的毛刺干扰情况，可采用最小二乘滑动平均法和加权滑动平均法。从图 6－7 看出，这些异常值的编辑十分重要。

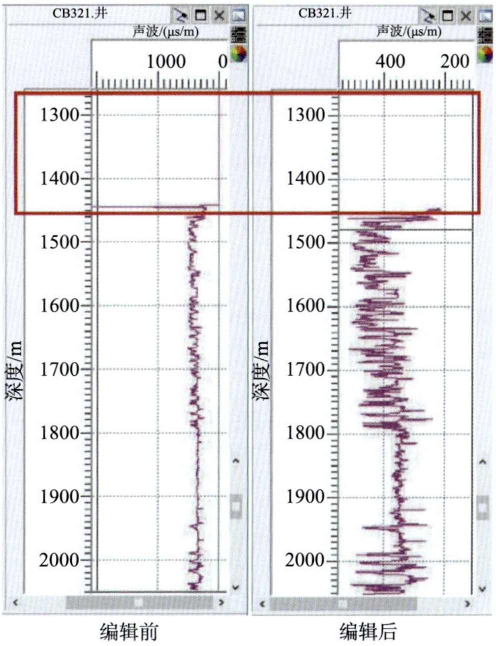

图 6－7　测井曲线异常值编辑前后对比

三、地震子波提取

在地震波阻抗反演中，关键是寻找一个统一的参考标准，将以时间为标准的地震资料与以深度为标准的地质、测井和钻井资料联系起来进行综合分析。而子波提取和层位标定便是联系地震资料与测井资料之间的纽带，这个纽带的重要性在基于模型反演过程中表现得甚为突出，这是因为基于模型反演的结果与地震记录、初始模型以及地震子波息息相关。由于地震记录是已知的，所以在初始模型不可能更精确的情况下，衡量反演结果成功的关键之一就是求取更合适的地震子波。在这种情况下，地震子波的含义远远超出了其在地震资料常规处理中的含义。此时，可以将地震子波称为地震记录与初始模型间的匹配因子。所以，子波提取在地震反演中有举足轻重的作用，只有提取了合适的地震子波和对层位进行了精确标定，才能得到高精度的反演结果。

子波是测井约束地震反演中的关键因素。子波与模型反射系数褶积产生合成地震数据，合成地震数据与实际地震数据的误差最小是终止迭代的约束条件。地震子波提取的基本框架是基于褶积模型的地震道，即地震道等于地震子波与反射系数序列的褶积再加上噪声。

本次反演分别从十口井资料中提取各自的子波，并最终选用了 CB323 井、CB804 井、CB806 井、CB811 井四口井所提取的子波，计算其平均子波。图 6－8 是制作合成地震记录所提取的统计子波及其振幅谱、相位谱与频谱。从图中可以看出所有参与反演的单井的子波形态、能量、相位、振幅及频宽基本一致，相位稳定，说明统计子波可靠合理。所得到的平均子波形态近似 rick 子波，主瓣能量集中、旁瓣较小、相位稳定，是比较理想的平均子波。

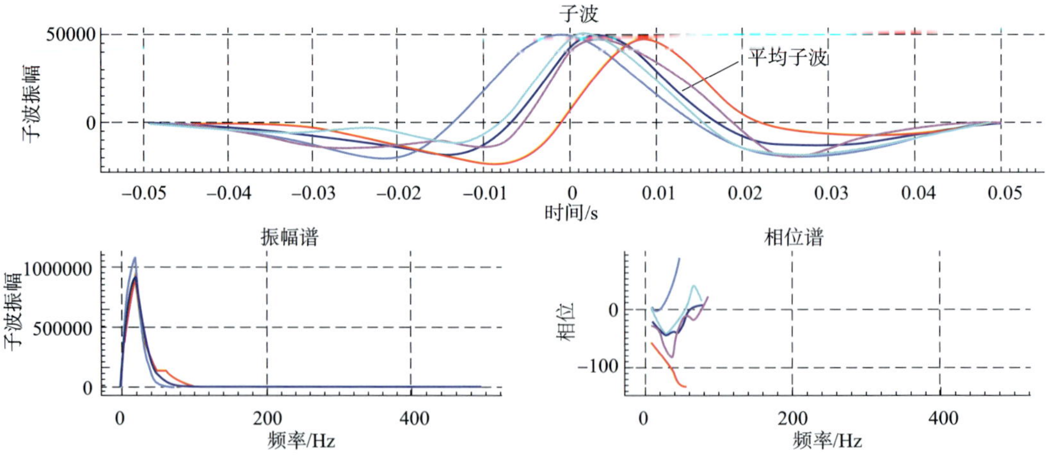

图 6－8　最终子波

四、地震合成记录制作与层位标定

子波提取与地震合成记录标定密切相关，两者之间循环反馈进行。首先利用初始理论子波进行初步标定，得到深时转换关系；然后用测井反射系数和井旁地震道重新估算子波，再做合成记录标定；如此循环直至得到最终的地震地质标定结果，然后重新提取更加准确合理的子波。得到准确的子波和准确的反射系数序列后，对目的层段的合成地震记录进行微调，使合成记录与地震剖面在振幅特征、频率特征、相位特征、波形特征、波组特征等方面有很好的对应关系，从而得到高精度的地震合成记录以及与之对应的高精度反演地震子波。对各个地震子波的振幅、频率和相位特征进行对比分析，确保其一致性，保证子波空间变化的合理性，这样才能保证反演结果的可靠性。

对目标区的基础地震资料进行细致的分析，确定反射特征，做好合成纪录标定，进行精细的地震层位的地质诠释是储层预测的重要基础。结合地震解释层位和测井地质分层，用处理、解释两套系统相互验证，从 28 口井中选出 CB32 井、CB322 井、CB323 井、CB804 井、CB805 井、CB806 井、CB811 井、CB813 井、CB823 井、SH10 井共十口井进行了精细的合成纪录标定。标定工作依据波形、波组和能量最大相关为原则，本次首先用 ricker 子波标定制作合成记录，然后提取井旁道子波精细标定。正确的合成记录在获得与地震记录较好相关性的同时，还必须保证井的时深关系的合理性。从标定情况来看，合成纪录与井旁地震道具有良好相关性，地震解释层位和地质分层有很好的匹配性（图 6－9、图 6－10）。

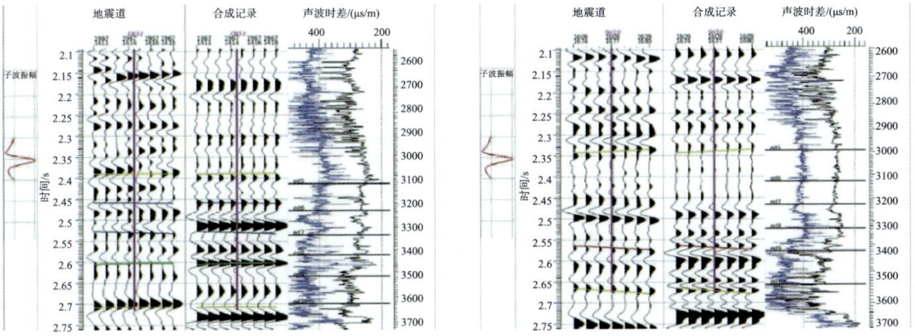

(a)CB32井　　(b)SH10井

图 6－9　井－震合成记录(1)

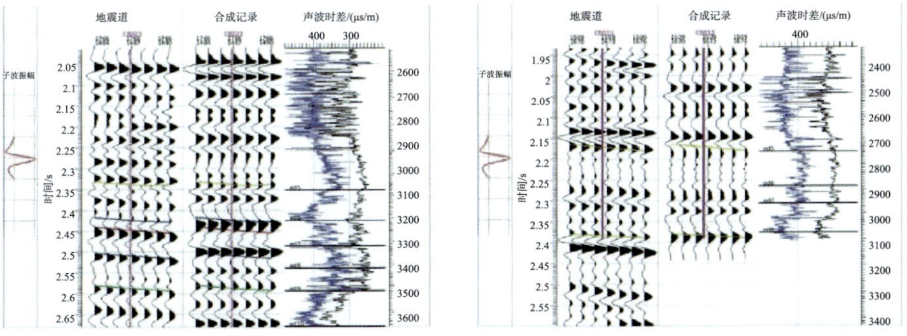

(a)CB823井　　(b)CB813井

图 6－10　井－震合成记录(2)

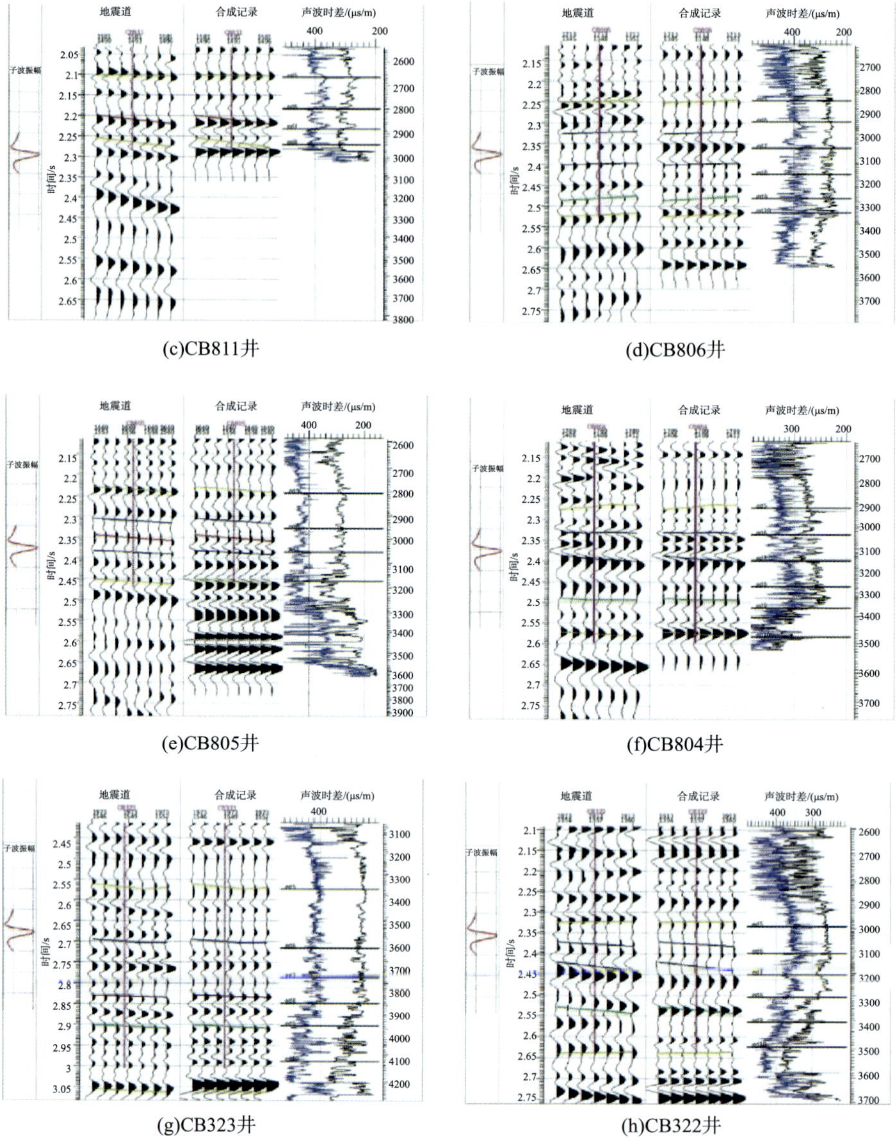

图6－10 井震合成记录(2)(续)

五、建立初始波阻抗模型

基于模型反演技术把地震与测井有机结合，突破了传统意义上地震分辨率的限制，理论上可得到与测井资料相同分辨率的反演数据体，是油气田开发阶段储层精细描述的关键技术。从前面的研究可以知道，地震反演技术综合应用地震、地质、测井等多种资料，实现了对储层的综合处理、解释，能够为储层预测、油藏描述提供识别地层岩性和储层物性的重要参数。然而，反演结果受到多种因素的影响，具有多解性，尤其是初始地质模型的建立，其在反演中有举足轻重的作用，且其对基于模型反演的结果更加重要，初始地质模型的建立在很大程度上决定了基于模型反演的最终结果的好坏，因此，基于模型反演的关键是正确建立合理的初始模型。如何根据复杂的地下地质情况，建立一个合理、精细且准确的三维复杂初始地质模型，就成为波阻抗反演中需要解决的最重要的技术环节。

建立初始波阻抗模型的过程实际上是把地震资料信息(横向连续性)与测井资料信息(纵向分辨能力)有机结合的过程。对地震资料而言，其作用是为正确解释起控制作用的波阻抗界面提供构造信息。对测井资料来说，其作用是为波阻抗界面间的地层赋予合适的波阻抗信息，改善地震反演结果的低频和高频成分。具体来说，三维地震资料提供了三维空间内波阻抗界面的地震反射信息，而声波测井和密度测井资料则在纵向上详细地揭示了岩层的波阻抗变化细节。测井资料在三维地震反射界面内合理内插外推，为精确地反演出波阻抗数据体提供了有效的先验约束知识。另外，在建立模型的时候，要考虑上下地层之间的接触关系(如不整合、削截、顶超等)。

(一)约束模型与反演的关系

地震波阻抗反演所用的资料很多，归纳起来可分为地震数据和先验约束信息两大类，其中地震数据的质量是做好反演的基础。然而，地层资料是具有频率缺陷的带限资料，在低频段(0～10Hz)和高频段(一般在50～60Hz以上)的信息缺乏，分辨储层的能力较低，且受其有限数据观测和噪音影响，地震波阻抗反演的解空间受到限制，仅靠其反演结果多解性很大。而地质构造框架、地层沉积模式和测井资料等先验约束信息的加入和合理使用，是进行频带补偿和提高反演结果分辨率、减少反演多解性的有效保障。地震数据和先验约束信息虽有内在联系，但却是性质不同的两类资料，要通过约束模型作为载体和桥梁加以联系和融合。

(二)测井资料为垂向井孔轨迹基本约束

测井资料在钻井的井孔处为可靠的纵向约束资料。尤其是声波时差测井资料和密度测井资料，既在纵向上对储层有很细的分辨描述能力，也可将它们计算成波阻抗资料，这样就能与以波阻抗为内涵的地震资料建立关系桥梁，得到最为省效的离散井点轨迹约束。声波测井资料和密度测井资料的约束，既很好地补偿了地震资料缺少的低频成分，又在一定程度上拓展了其高频部分，并使反演结果与测井资料相比的唯一性大大增加。测井资料在作为约束信息加入约束模型之前，要进行合理的环境校正、标准化校正，并通过合成记录标定实现符合资料情况和地质情况的深时转换，以便与时间域的地震资料匹配。

(三)地质层位为横向控制约束

反演处理得到的各种结果必须首先能够反映地下的地质构造特征，在此基础上才能反演好储层变化特征。对地震资料进行构造解释得到的地质构造层位是约束模型的横向约束控制资料，这是约束地震反演处理过程中加入地质认识和井点测井约束信息的一个重要框架载体。对地震构造层位的解释工作做到精细准确，要重点考虑对地质单元尽可能细化，确保对复杂岩性储层层位的准确控制。根据反演目的层段和地质目标任务的具体要求，确定需要解释的层位位置和数量，追踪解释的层位尽量靠近反演目的储层，反映出目的储层的空间变化特点加以控制。层位解释做到高度闭合、接触关系清晰准确，以适合约束地层反演处理的特殊要求。

(四)地层沉积模式、接触关系的约束

地层沉积模式和接触关系也是重要的约束因素。地层的整合、不整合、超覆、削蚀、缺失等明显的地质先验信息要加入约束当中。河道、盐丘等特殊地质体也要进行合适的约束。在反演约束模型中实现有针对性的地层沉积模式和接触关系的约束，是反演过程中将地下的丰富地质信息与地震资料相结合的重要技术手段。

(五)断面、断块约束及解释精度要求

在断裂复杂发育区，断面、断块约束至关重要。断面的高精度解释和断块间接触关系解释十分重要，约束反演建模对其有特殊要求。常规构造解释的断层面主要用于构造成图，一般只要求表现出断层的平面构造特征，达到能在平面上组合成图的要求即可。从精度上讲，这样的断层解释成果是无法用于约束地震反演处理的，这是因为反演处理要求精细解释出断层的三维空间展布特征，并通过计算机软件加以建模和计算应用。在断面解释过程中，充分加密解释地震剖面，并做到整个断层面上无奇异点和高度闭合。在断块间接触关系解释方面，注意接触关系清晰、准确，断面两侧附近层位解释的闭合和奇异点消除，并做到层位与断面接触紧密且不交叉，既不上翘又不下垂。一个断层被另一断层截断时，一定要一个断层搭在截断的断层上。

综上所述，建立尽可能接近实际地层情况的波阻抗模型，是减少其最终结果多解性的根本途径。测井资料在纵向上详细揭示了岩层的波阻抗变化细节，地震资料则连续记录了波阻抗界面的深度变化，二者的结合，为精确地建立空间波阻抗模型提供了必要的条件。低频波阻抗模型的建立包括两部分内容：①重点挑选了埕岛东斜坡地区约 300km^2 内十口合成地震记录效果较好的井参与建立地质模型(图6－11)，并建立了储层框架对该地质模型进行横向约束，为反映薄层的变化细节，对地震数据进行加密采样，将地震数据加密采样到0.004s。②基于地质模型对井曲线进行内插，并在层位的控制下生成低频模型(图6－12)。在建模过程中，采用了自然邻点插值法。

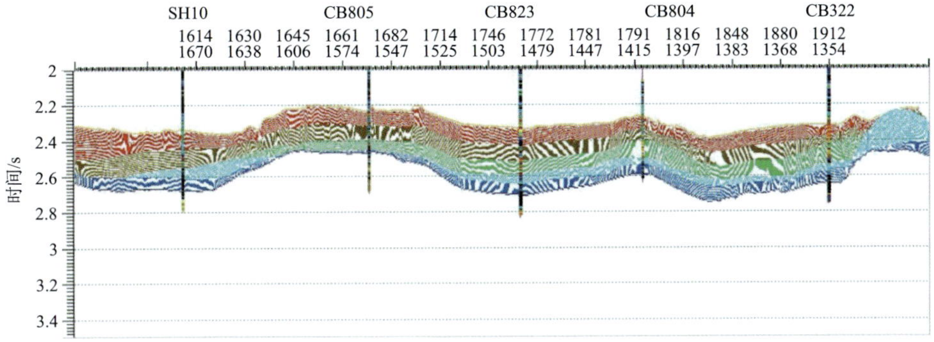

(a)

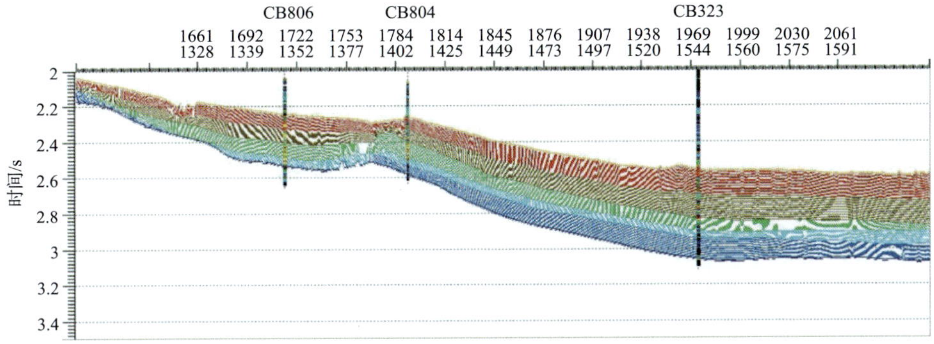

(b)

图 6－11　地质模型

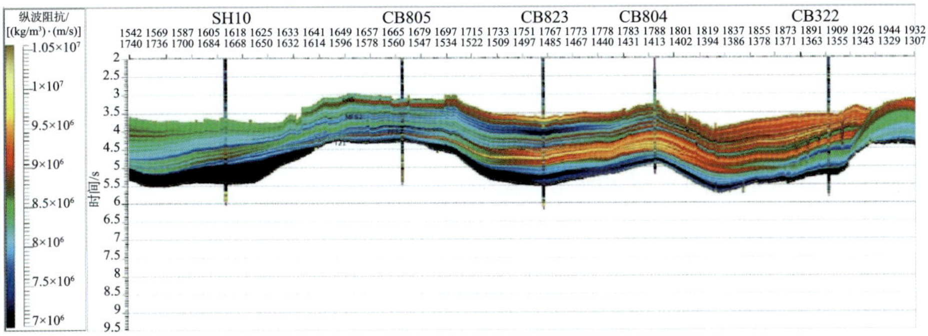

(a)

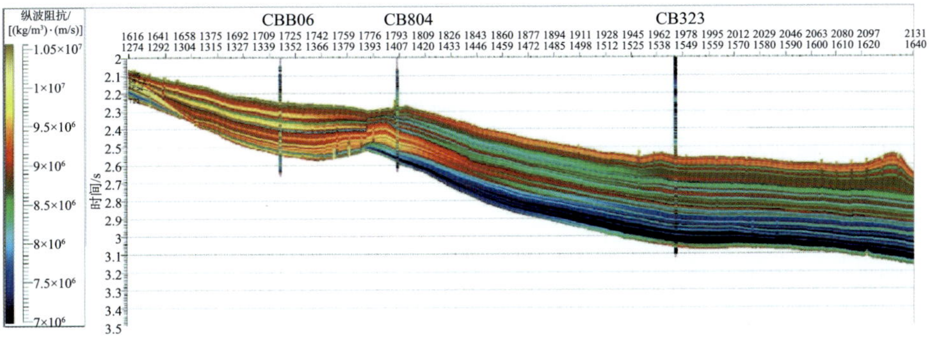

(b)

图 6－12　低频模型

六、反演关键参数及质量控制

（一）反演运算关键参数

1. 迭代次数

控制模型主要是修改迭代运算的次数。迭代次数选取过大，将大大增加计算机的运算周期，一个需要运算几十天甚至几个月才能完成的反演结果，通常没有什么意义，而且反演结果也没有根本改善。迭代次数选取过小，运算速度虽然加快，但模型道合成记录与实际地震记录不匹配，二者误差很大，反演结果不能体现地震信息的横向变化。迭代次数一般取 6 ~ 12 次较合适，通常需要选取多条连井测线反复实验，比较反演结果和实际地质规律的吻合程度、误差剖面，最终确定合适的迭代次数，一方面要保证反演结果的可靠性，另一方面要尽量节省计算机的计算时间，加快储层反演处理的周期。

2. 最大幅值修改率

最大幅值修改率主要控制在迭代运算过程中允许对模型进行修改的最大幅度。该参数选取过小，迭代运算过程中对模型的修改会很小，反演结果更接近模型，而地震信息的变化则体现不出来；该参数选取过大，迭代运算过程中对模型的修改会很大，反演结果虽能较多地体现地震信息的变化，但却与模型道相差甚远，也就是说井点处的反演结果和井点实测结果不匹配。最大幅值修改率的合理范围为 15% ~65%，通常需要选取多条连井实验线进行反演实验，将反演结果与地震信息、测井信息、地质沉积背景进行对比分析，确定最终合理的取值范围，原则上既要保证反演结果和模型的相似性，又能充分体现地震信息的横向变化，符合区域地质背景和沉积规律。

3. 平均块采样大小

平均块采样大小主要是对模型道进行块状平均采样，便于用其合成地震记录道与实际地震记录进行比较。该参数选取过小，将大幅度延长计算机的运算周期，反演结果也不理想；该参数选取过大，虽能加快运算速度，但反演结果的精度将降低。平均块采样大小的合理取值范围一般为 1 ~ 4ms，通常需要选取多条连井地震测线进行实验比较，分析主要钻井所揭示的地层细节变化和主要目的层的刻画程度，确定合理的取值，该参数的确定原则是既要保证运算速度，又保证反演结果的精度。

（二）质量控制

在参数选择过程中，可利用反映反演质量的图像、曲线检验反演参数的合理性和有效性。同时，在反演处理过程中，也必须进行严格的质量控制，确保反演处理流程的顺利和有效实施，并得到能够提高储层描述精度的反演结果。通过对子波强度和合并频率质量监控图形分析，认为子波强度为0.8，合并频率为12Hz是合理的(图6－13、图6－14)。但任何质量监控手段都要结合具体地质情况和资料情况加以分析利用，不能照搬使用，否则起不到应有的作用。

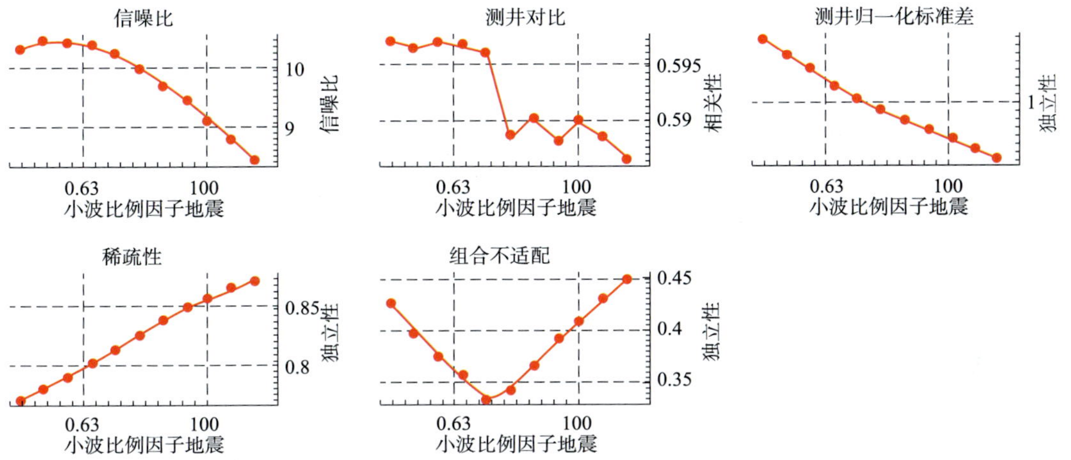

图6－13　子波强度质量监控图形

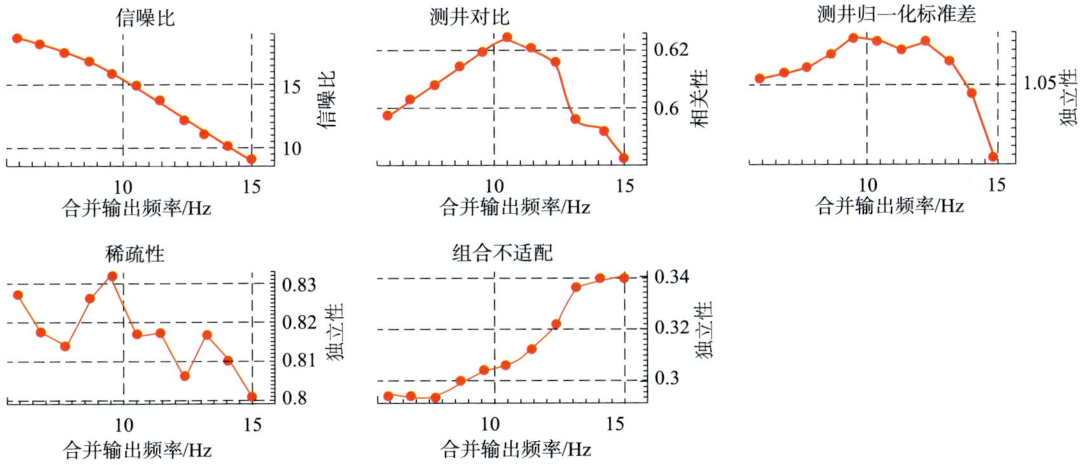

图6－14　合并频率质量监控图形

七、利用Invertrace－plus对储层进行约束稀疏脉冲反演

在初始波阻抗模型的基础上，利用Invertrace－plus对基于地质模型内插得到的低频模型进行约束稀疏脉冲反演，这个过程的关键在于选择合适的反演参数，其对反演结果有很大的影响。反射系数的稀疏和合成记录与原始地震道残差决定了反演结果，两者相互矛盾。迭代次数值越小，反射系数越稀疏，残差越大，剖面缺乏细节，分辨率低；反之强调地震残差小，使合成记录与原始地震道吻合，这会忽略波阻抗变化的低频背景。因此，选取收敛的λ值，既可拓宽反演频谱，又会提高分辨率。针对不同地区地质情况的差异，选

取合适的反演参数，做好质量监控，强化对反演情况的反馈处理，以提高反演结果的可靠性。分析反演结果，认为与井点吻合度较高，目的层砂岩为中－高波阻抗特征，波阻抗最低的为泥岩段，发现层序 SQ2 的 LST 和 TST 两个体系域中的砂体反演平面展布规律与上述分析的沉积相平面展布规律具有较好的一致性(图 6－15、图 6－16)。目的层与实际钻井资料基本吻合，反演结果可靠，横向预测也符合实际(图 6－17、图 6－18)。

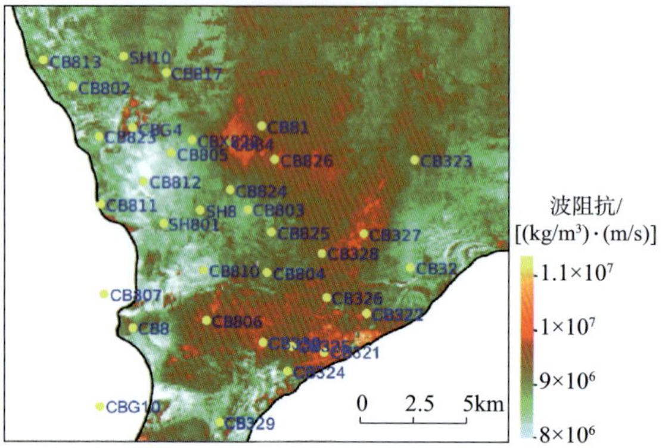

图 6－15 SQ2 的 LST 砂体反演平面图

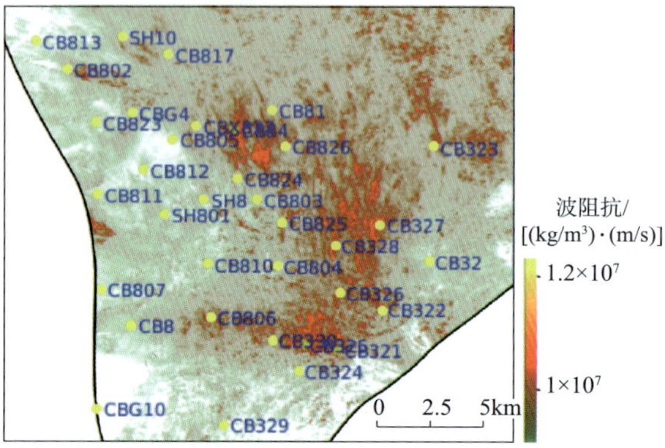

图 6－16 SQ2 的 TST 砂体反演平面图

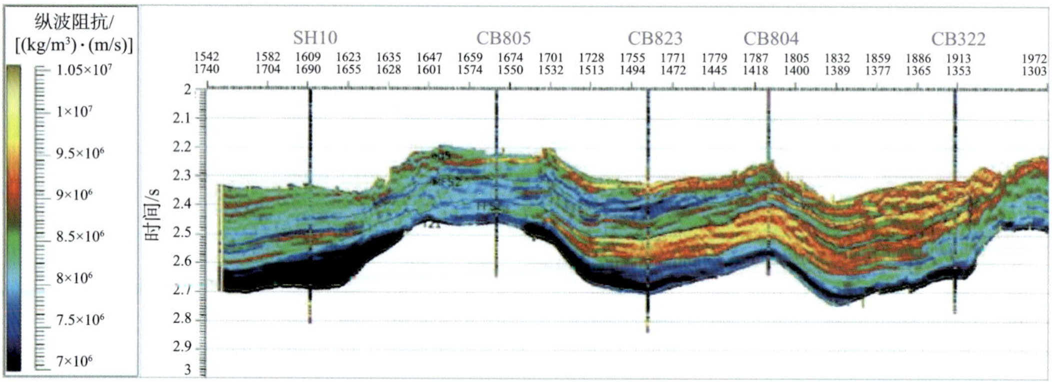

图 6－17 储层反演连井剖面图(1)

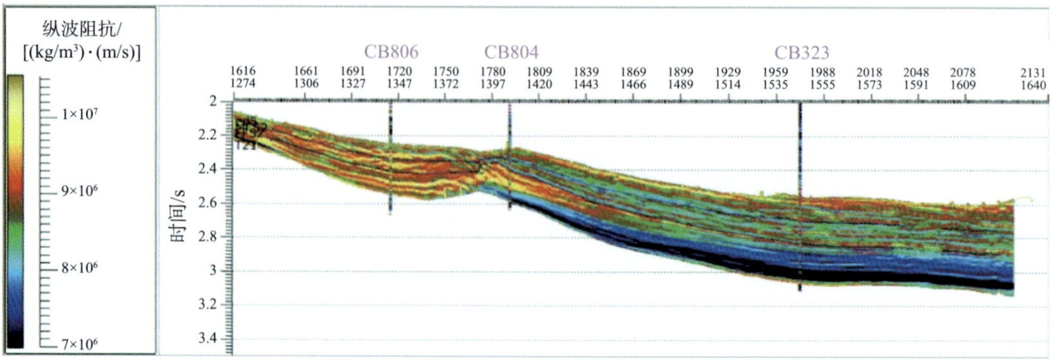

图 6－18 储层反演连井剖面图(2)

第三节　反演结果分析及砂体预测

一、反演结果分析

通过以下三个方面对反演效果进行评价：一是反演结果与已钻遇井的吻合情况；二是反演结果的分辨率是否得到明显提高；三是反演结果与原始地震资料的相关性。埕岛东斜坡地区十口井的第一轮反演，CB84 井未参与反演。结果显示：预测的各层砂体明显分开，其结果与该井测井资料计算得到的波阻抗曲线也吻合较好(图 6－19)。统计吻合率原则是：位置和厚度一致的为完全吻合，位置一致但厚度相差大(相差一半左右)为基本吻合，位置不一致的为不吻合。反演剖面与井的吻合率达到 100%，这说明它们之间具有较好对应关系，反演结果可用于该区宏观的有效砂体展布分析。

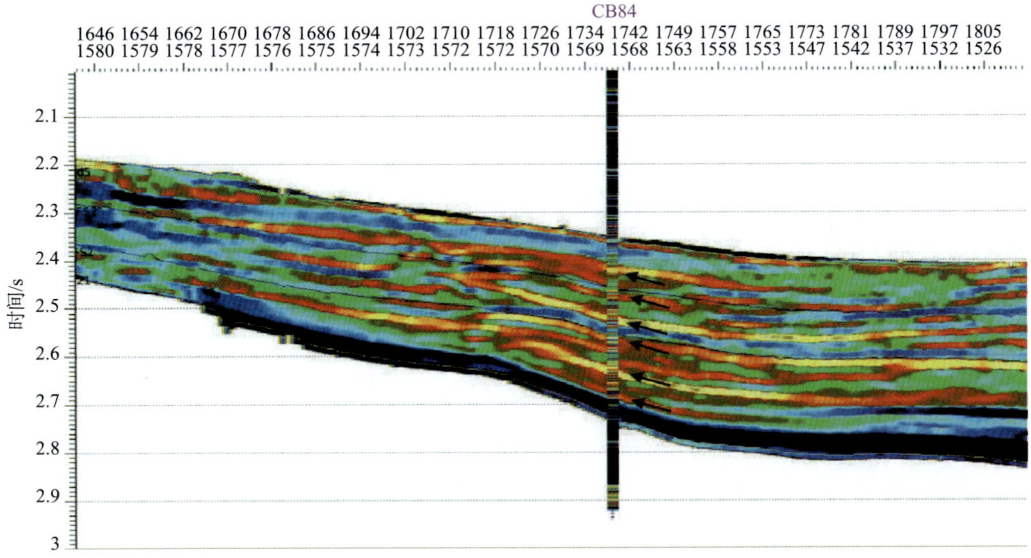

图 6－19　第一轮未参与反演的 CB84 井与该井测井资料计算的波阻抗曲线吻合情况显示图

反演处理的一个重要目的是提高地震资料的分辨率。经过这次反演处理，地震资料的分辨率有了明显提高。砂体在反演剖面上响应较好，纵向分辨率较高，横向变化清楚，在原始地震资料无法有效分辨砂体的纵向和横向变化的情况下，反演资料有效地提高了其分辨率。

该反演方法还忠于地震数据，其分辨率随振幅、相位、频率的改变而发生变化。反演剖面与原始地震剖面叠加之后，明确地反映了砂体尖灭点及其分支合并点是由地震振幅、相位及频率的变化所致。这些突出的砂体尖灭点表明了地震相位的复合与分支情况(图 6－20)。

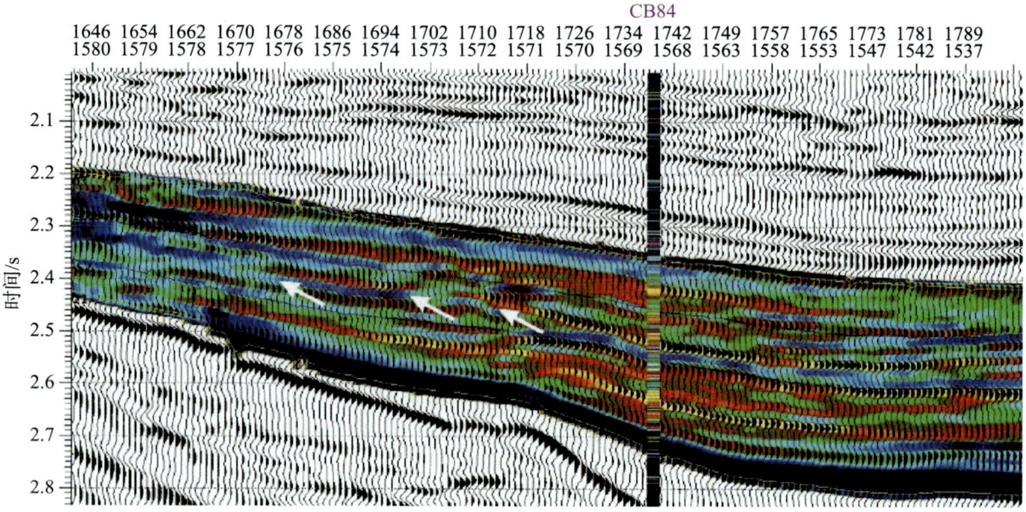

图 6－20　砂体尖灭和地震波组的分支合并

二、有利区砂体预测

通过反演剖面可以清楚地识别出目的层设计井位附近砂体的发育情况。在第二斜坡带区域设计了四口生产井，分别为 CB823 井、CB824 井、CB825 井和 CB826 井。在 CB823 井区附近的反演剖面上未发现砂体发育，但在 CB824 井、CB825 井和 CB826 井区附近的反演剖面上发现了数量不等、厚度不等的多套砂体。从图中可以看出，层序 SQ2 的低位体系域(LST)体系域中，在设计井 CB824 附近能够识别出 3 套较厚砂体(图 6－21)；在设计井 CB825 附近能够识别出 3 套较厚砂体(图 6－22)；在设计井 CB826 附近能识别出 2 套较厚砂体(图 6－21)。层序 SQ2 的水进体系域(TST)体系域中，在设计井 CB824 附近能够识别出 1 套较薄砂体(图 6－23)，在设计井 CB825 附近能够识别出 1 套较薄砂体(图 6－24)；在设计井 CB826 附近能够识别出 3 套较薄砂体(图 6－23)。

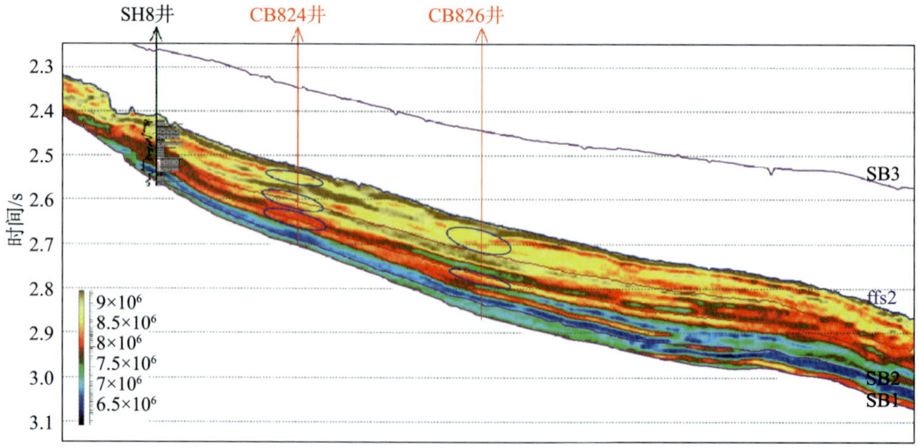

图 6－21　过设计井 CB824 和 CB826 的 LST 砂体反演剖面图

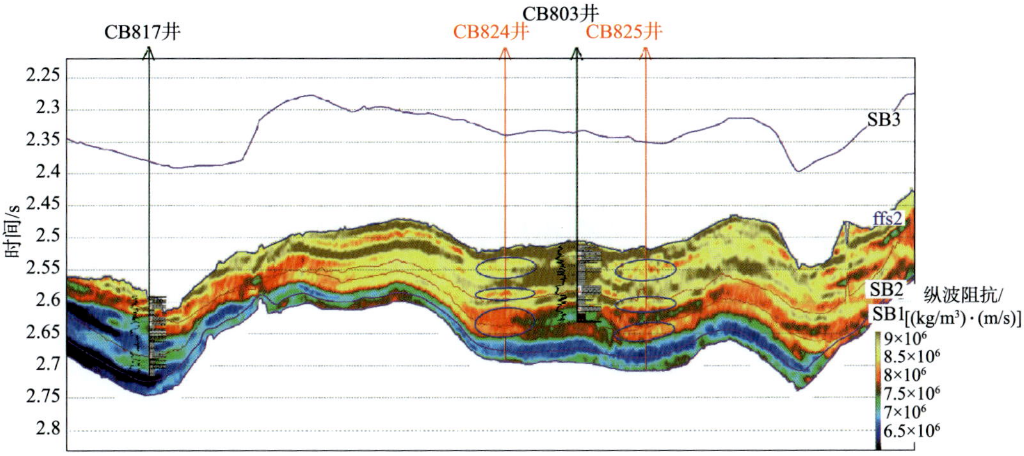

图 6-22 过设计井 CB824 和 CB825 的 LST 砂体反演剖面图

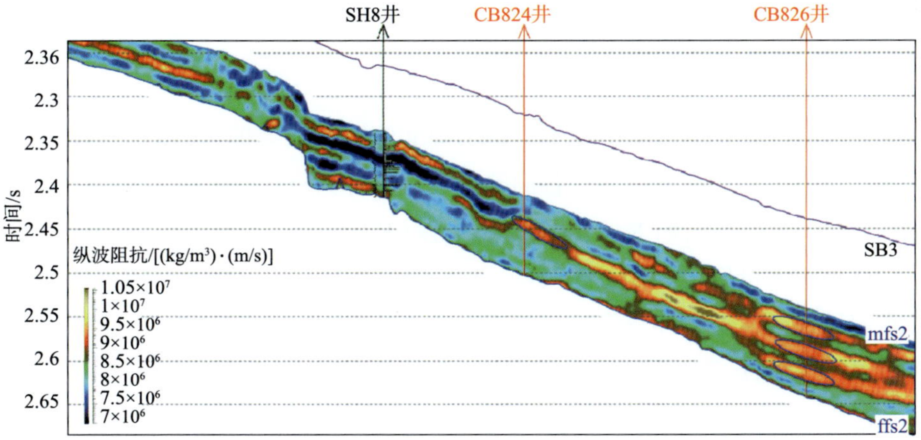

图 6-23 过设计井 CB824 和 CB826 的 TST 砂体反演剖面图

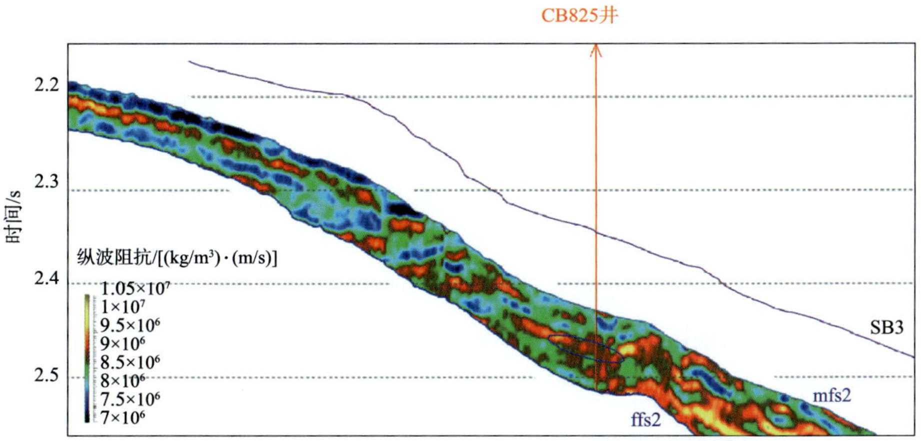

图 6-24 过设计井 CB825 的 TST 砂体反演剖面图

综合考虑在储层反演结果中识别出的四口设计井附近的砂体层数、相对厚度情况，认为四口井的优先考虑等级为：CB824 > CB826 > CB825 > CB823。

第七章　含油性及成藏特征

第一节　油气藏特征

一、成藏条件分析

(一)油源条件

埕岛地区四周为富生油凹陷所包围，南为埕北凹陷，东为桩东凹陷，均以断层与其相连；北部渤中坳陷以斜坡超覆过渡。各凹陷的古近系都具有很好的生油层系，生油岩主要发育在沙三段(Es_3)、沙一段(Es_1)和东营组二段(Ed_2)。对于这三套烃源岩分布及评价，很多单位均已作了大量研究。

埕岛东斜坡地区油源条件较简单，从地质角度分析，只有渤中坳陷及沙南凹陷生油岩生成的油气才有可能运聚于该地区储层中。渤中坳陷和沙南凹陷呈北东走向，总面积$8200km^2$，尤其是渤中坳陷古近系厚度近5000m，沙河街组厚度2000余m，东营组厚度约2800m，这两个凹陷与埕北潜山披覆构造带接触的范围大，生油岩累计厚度大，可达100～2000m，母质类型好，以Ⅱ型为主。

前人的生烃史研究结果表明，沙南凹陷烃源岩成熟度较低，不是主要油源区，渤中坳陷斜坡带生烃史与埕岛东斜坡地区油气藏圈闭在时空上相匹配，是主要油源区。油源对比分析表明，该区SH8构造带原油来源于Ed_2烃源岩。在该地区，有生油条件的只有渤中坳陷南斜坡带Ed_2生油岩。因此，认为该区Ed_2原油岩来源于渤中坳陷南斜坡带Ed_2生油岩；CBG4地区油气来源与构造原油不同，具有混源的特点，推断油源区也是渤中坳陷南斜坡带，但生油岩可能包括了Es_2及其他类型生油岩的贡献。油源对比表明，油源主要是Es_2烃源岩，埕岛东斜坡地区油源条件好，为油气藏的形成提供了良好的物质基础。

(二)运移条件

油气运移一般从高势区向低势区运移，运移通道主要有断层、不整合面，在整个运移过程中遇到圈闭时聚集成藏。埕岛地区存在四个区域性不整合(Art、Pz、Mz、$Ed-Ng$)。这些不整合面为油气的横向区域性运移提供了良好的通道，大型区域不整合面是渤中坳陷生成的油气向埕岛东斜坡地区进行侧向运移的重要通道。埕岛东斜坡地区油气以沿不整合面的侧向运移为主，垂向运移为辅，且通道畅通。该区几条较大断层为该油藏的形成提供了运移通道和侧向遮挡条件。断层下降盘发育的一系列古近系水下扇、深水浊积扇砂体、滨浅湖相滩坝砂体、三角洲沉积砂体和新近系河流相砂体等渗透性地层纵横分布、相互叠加构成油气运移的良好通道；披覆构造带多期断裂发育，亦为油气的纵向运移提供了良好的条件。

从平面分布上考虑，埕岛地区油气有三个运聚系统：第一运聚系统为埕北凹陷烃源岩生成的油气沿埕北断层在埕北断裂带、埕北主体聚集成藏；第二运聚系统为渤中、沙南凹陷烃源岩生成的油气沿斜坡在埕岛东斜坡聚集成藏；第三运聚系统为渤中、桩东凹陷的油气于埕北30潜山披覆带聚集成藏。

从纵向上分析，埕岛地区有三个油气聚集带：下部成油带为潜山成藏带，主要聚集来源于沙三段生油岩生成的油气；中部聚集带为东三段砂岩储层，在东斜坡区主要聚集来源于东二段生油岩生成的油气；上部聚集带为新近系储层，可聚集来源于沙三段与东二段烃源岩生成的油气。埕岛东斜坡区属第二运聚系统，且主要发育中部成油带，在斜坡潜山带发育下部成油带。

（三）生储盖组合

埕岛东斜坡地区属埕北低凸起向渤中坳陷延伸部分，其整体为一北东倾向单斜构造。由于古河流的下切，形成了侵蚀谷地与谷间高地相隔的古地貌，突发性洪水携带大量泥砂在斜坡带河湖交汇处沉积，形成了东营组洪水重力流砂体等储集体。通过前面对该区砂体沉积学、储层特征的分析，东营组下部砂体具有较好的储集物性。多数砂体均为中孔中渗透砂体，可以作为油气的良好储层，但由于局部的沉积作用和后期的成岩作用的影响，使砂体储集物性变差。

盖层是阻止油气向上运移散失的条件，据资料分析，若泥岩埋藏深度为2000～3000m，排替压力为2.5～10MPa时，可以封盖住埋深大于2500m、密度为0.8g/cm^3的油柱。该区在砂体之间的泥岩层分布广泛，一般其累计厚度在几十m到上百m，其变化趋势是泥岩厚度由东向西逐渐减薄，东部SH10井的厚度可达270m，而低于低凸起之上的CB22井厚度仅几m，从而导致了靠近低凸起边缘地区发育的东三段砂体常由于该套稳定泥岩太薄，不能起到良好的盖层作用，储盖条件不好，向盆地中心的储盖条件变好。除了低凸起的高部位，东斜坡其他地区的东二段及东三段砂体具有较好的储盖条件。埕岛地区油气藏的区域性盖层为明化镇组及馆上段上部的厚层泥岩。沙一段、东营组下部的半深湖相暗色泥岩为次一级区域性盖层。在埕岛东斜坡地区东营组砂体中均发育较稳定的泥岩，形成局部盖层。这些不同规模分布的泥岩提供了良好的封盖条件。

东营组下部砂体离油源近，处在油气运移通道附近，上面又有厚层泥岩遮挡，具有良好的生储盖配置关系。埕岛地区的储盖组合种类较多，但对于埕岛东斜坡地区古近系，主要为自储自盖型组合。

(四)圈闭条件

埕岛地区不仅生油条件好、储层发育，而且构造与沉积相结合形成了多种类型的圈闭，不同的构造单元具有不同的分布规律。埕岛东斜坡地区古近系发育有岩性圈闭、不整合圈闭、断层圈闭和背斜圈闭等。

二、油气藏类型

通过以上对油气分布特征以及油气藏控制因素的分析，可以建立埕岛东斜坡地区东营组的成藏模式(图7－1)。

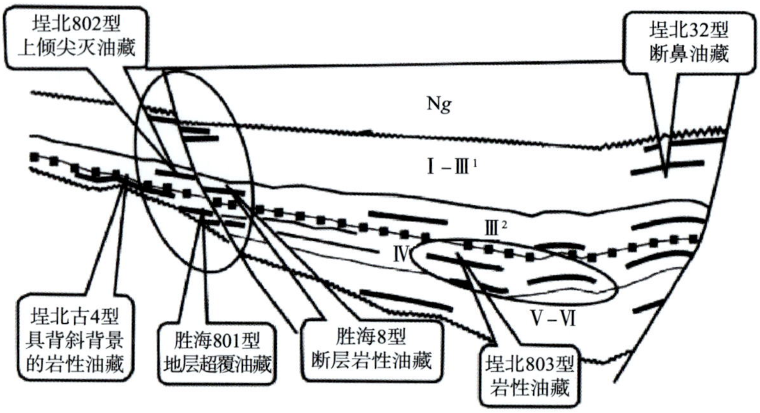

图7－1 埕岛东斜坡地区东营组的成藏模式

上述研究表明，埕岛东斜坡地区构造简单，古地形基本上为一简单的单斜构造。该地区油气条件好，油源主要是渤中坳陷斜坡带，区内断层较少，仅在SH801井与SH8井、CBg4井与SH10井存在有两条断层，此两条断层基本为顺向正断层，是该区油气运移的良好通道。该区油气圈闭的形成主要是在斜坡背景上形成非构造型圈闭。综上所述，研究识别出四种油气藏类型：岩性尖灭型油气藏、不整合遮挡型油气藏、断层型油气藏和背斜型油气藏。

(一)岩性尖灭型油气藏

岩性尖灭型油气藏主要受岩性尖灭控制，即渗透砂岩被非渗透泥岩包围。此种模式在埕岛东斜坡地区分布广泛，以埕北812井为例(图7－2)，风浪改造的洪水重力流砂体，分布于风浪改造的洪水重力流天然堤的泥岩沉积中，形成砂岩透镜体，其具有良好的生储盖条件，常为自生自储型油气藏。

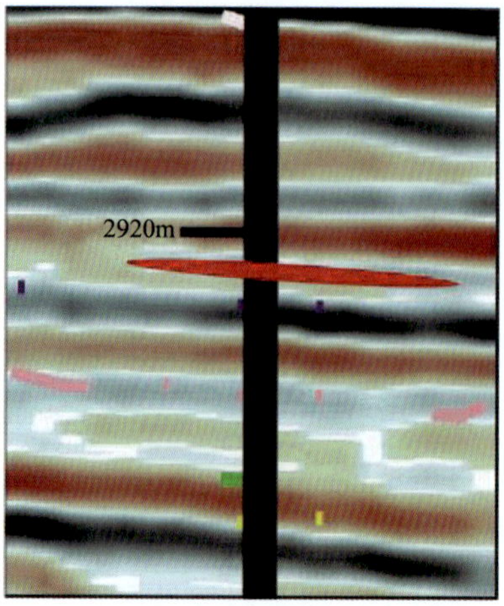

图7－2 CB812井岩性尖灭型油气藏

(二)不整合遮挡型油气藏

不整合面常与层序界面有关，在一个层序中不整合面多为层序界面，因此，不整合面遮挡型圈闭或油气藏主要发育于层序边界之下的下降体系域和高水位体系域。该区的不整合遮挡型油气藏以SH801井为例(图7－3)，胜海801井东下段底部发育的油气藏为不整合面之上的不整合遮挡型油气藏，不整合面位于储集层之下，并与其上倾方向相切，造成对储集层上倾方向的封闭作用。

(三)断层型油气藏

凡是储集层上倾方向或各个方向由断层封闭而形成的圈闭，都称为断层圈闭。虽然储集层顶、底界存在非渗透性岩层对断层圈闭来说，是不可缺少的，但这对任一圈闭来说，都是一个基本条件。因此，在断层圈闭中特别强调了断层对圈闭形成的重要作用，断层能否形成断层圈闭，主要取决于以下两个方面：一是断层本身的封闭性；二是在构造图上断层线与构造等高线(或岩性尖灭线)能否构成一个闭合区。该区的断层型油气藏以SH8井为例(图7－4)，SH801井东下段底部发育的油层上倾方向与断层面相切，断层造成对储集层上倾方向的封闭作用，形成断层型油气藏。

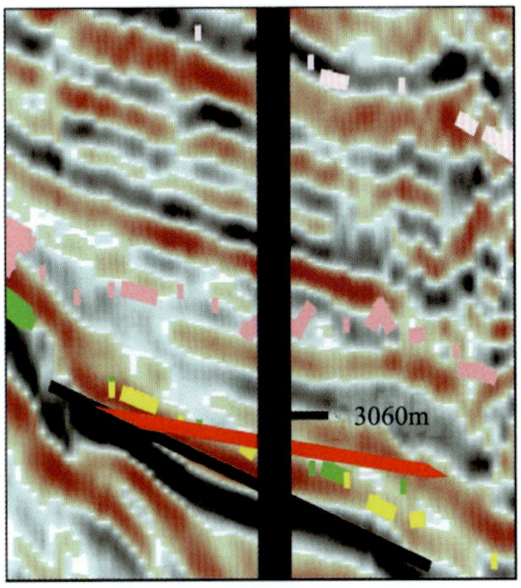

图7－3　SH801井不整合遮挡型油气藏

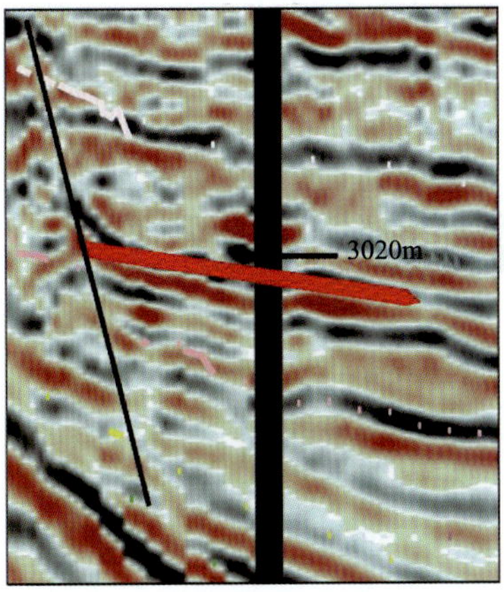

图7－4　SH8井断层型油气藏

(四)背斜型油气藏

单一背斜圈闭内聚集了工业规模的石油和天然气后成为背斜油气藏，背斜油气藏常具有以下特点。

(1)油气局限于背斜圈闭内，由于重力分异的结果，气居顶部、油居中部，并且呈环带状分布，水位于油下方，在静水条件下，油气和油水界面是水平的，含气和含油边界都平行背斜储集层顶面的构造等高线。

(2)油气聚集严格受背斜圈闭的控制，超出圈闭范围即不含油。一般轴部含油气性较翼部好，烃柱高度应小于或等于闭合度。有的油气藏存在明显的油气过渡带。油气藏内具有统一的压力系统。

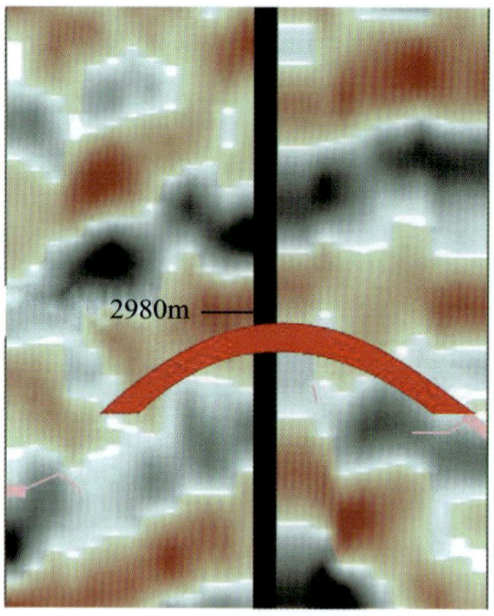

图 7－5　CBG4 井背斜型油气藏

(3)背斜油气藏的含油层系在油气藏范围内分布较广，储集物性较好且相对稳定，具有明显的多层性。若各油气层之间并未完全分割，而且相互连通，这种相互联通的多油层构成统一的块状储集体，常作为形成巨大油气藏的重要条件之一。如果多层储集体被非渗透层封隔，每一个储集层均可形成独立的圈闭和多个油气藏。

埕岛东斜坡地区的背斜型油气藏成藏模式以埕北古 4 井为例(图 7－5)，埕北古 4 井东下段底部发育的油层位于背斜圈闭内，油居中部并且呈环带状分布，水位于油下方。

第二节　成藏耦合过程

通过对油气分布特征、油气藏控制因素以及产油井油藏类型的分析(表 7－1)，可以建立埕岛东斜坡东营组的成藏模式(图 7－6)。该区主要发育 4 种成藏类型：岩性油藏、岩性－构造油藏、构造－岩性油藏、地层超覆油藏。

表 7－1　埕岛东斜坡地区东营组产油井的油藏类型统计表

井号	产油层位	顶界深度/m	底界深度/m	层数	厚度/m	日产油量/t	层序	试油结果	油藏类型
CB32	Ⅰ＋Ⅱ	2875.6	2880.1	1	4.5	33.3		油层	岩性－构造油藏
	Ⅲ2 上	3202.3	3206.6	1	4.3	99.8	水退体系滑塌扇	油层	
	Ⅳ	3482.0	3489.0	1	7.0	65.1	低位域浊积扇	油层	
CB321	Ⅰ＋Ⅱ	2596.5	2599.0	1	2.5	0		水层	岩性－构造油藏
	Ⅰ＋Ⅱ	2612.1	2616.5	1	4.4	0		水层	
	Ⅲ2 上	3069.4	3084.6	2	12.6	32.9	浊积扇	油水同层	
CB322	Ng	1847.5	1850.1	1	2.6	32.3		油层	岩性－构造油藏
	Ⅳ	3251.4	3257.9	1	6.5	0.002	浊积扇	干层	
	Ⅳ	3294.9	3298.4	1	3.5	54	浊积扇	油层	
CB324	Ⅰ＋Ⅱ	2642.9	2648.2	1	5.3	40.6		油层	构造－岩性油藏
	Ⅳ	3148.7	3157.0	1	8.3	12.3	浊积扇	低产油层	
CB326	Ⅳ	3348.0	3354.0	6			低位域浊积扇	油层	构造－岩性油藏
	Ⅳ	3489.0	3502.0	1	13.0	227	低位域浊积扇	油层	
CB327	Ⅲ2 上	3412.6	3418.5	1	5.9	17.5	高位域滑塌扇	油层	岩性油藏
	Ⅳ	3752.4	3754.1	1	3.0	0.4	低位域浊积扇	油水同层	

续表

井号	产油层位	顶界深度/m	底界深度/m	层数	厚度/m	日产油量/t	层序	试油结果	油藏类型
CB8	Ⅳ	2906.5	2913.4	2	5.3	37.1	低位域沟谷充填	油层	地层超覆油藏
CB802	Ⅳ	3070.9	3077.1	1	5.1	18.1	低位域浊积扇	油层	上倾尖灭型油藏
CB803	Ⅲ2上	3105.1	3111.4	1	6.3	7.6	水退体系滑塌扇	油水同层	岩性油藏
	Ⅳ	3305.6	3318.1	2	6.3	10	水进体系浊积扇	油水同层	
CB812	Ⅳ	3068.0	3075.3	1	7.3	48.6	低位域浊积扇	油层	地层超覆油藏
CBG4	Ⅲ2下	2978.4	2990.0	1	11.6	230	低位域浊积扇	油层	具背斜背景的岩性油藏
	Ⅳ	3064.7	3070.3	2	4.6	35.4	低位域浊积扇	油层	
SH8	Ⅲ2上	3021.3	3052.0	2	26.7	162	水退体系沟谷充填	油层	断层岩性油藏
	Ⅳ	3277.8	3290.0	2	11.7	0	低位域沟谷充填	水层	
SH10	Ⅳ	3425.4	3430.9	1	5.5	1.54	低位域浊积扇	低产油层	断层岩性油藏
SH801	Ⅲ2下	2914.0	2919.1	1	5.1	53.7	滑塌扇	油层	岩性上倾尖灭油藏

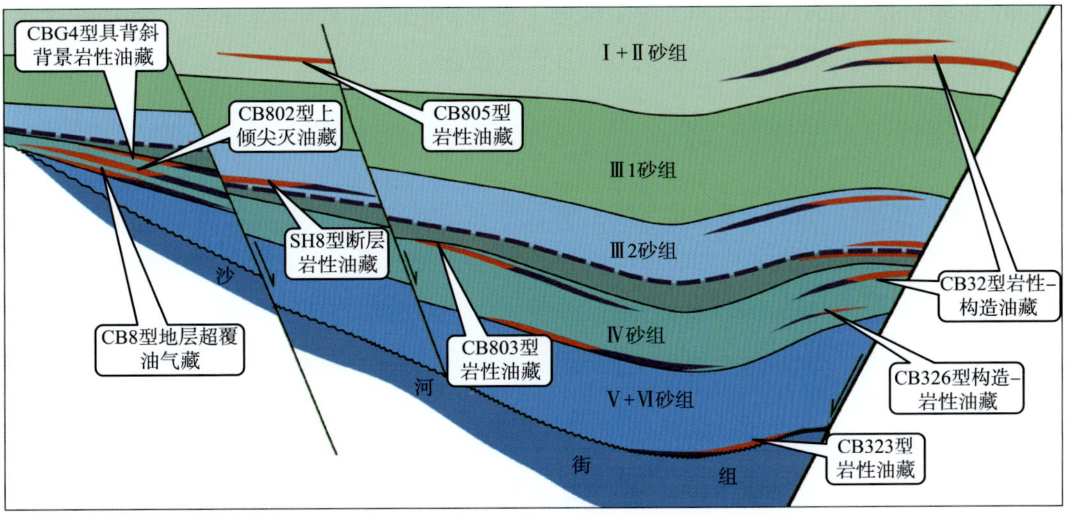

图7-6 埕岛东斜坡地区东营组油藏剖面示意图

一、岩性油气藏

岩性油藏主要受岩性尖灭控制，埕岛东斜坡地区有两种沉积微相砂体可以形成岩性油藏：三角洲前缘砂体滑塌形成的浊积砂岩体和古沟谷充填形成的厚层块状砂体。其中三角洲前缘滑塌形成的浊积砂岩体分布在前三角洲或半深湖泥岩中，被周围稳定的泥岩包围，具有良好的生储盖组合，并且圈闭条件较好，常形成自生自储岩性油气藏(图 7－7)。

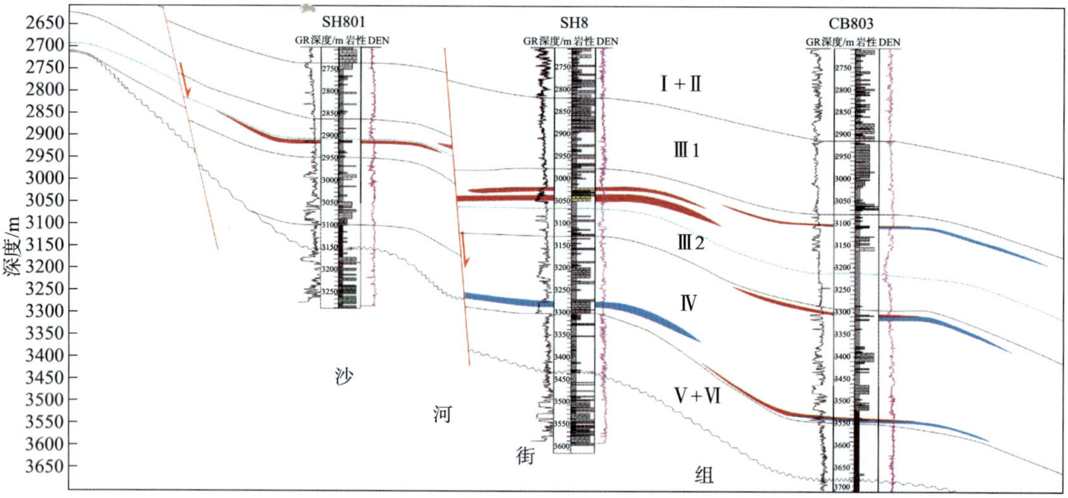

图 7－7　SH801 井—SH8 井—CB803 井油藏剖面示意图

埕岛东斜坡地区中比较典型的 SH10 井底部滑塌浊积砂岩体，埋深 3425.4～3403.9m，分布于大套的泥岩中，具有良好的封堵条件，经试油，获日产油量为 1.54t。另外一种类型是被湖侵厚层泥岩覆盖或者包围的沟谷充填砂体，该储集体具有良好的封堵条件，往往可以形成自生自储的油藏类型。例如，该区 SH8 井上部含油砂体，埋深 3021.3～3052m，位于$Ⅲ_2$砂组(SQ2 上升半旋回和下降半旋回下部)上部，其油气主要来源于东营组稳定的泥岩，该砂体试油，获日产油量达 224t，日产气量超 $2\times10^5m^3$。

二、岩性－构造油气藏

埕岛东斜坡地区岩性－构造油气藏主要发育在埕北 30 潜山北部断阶坡折带。埕北 30 潜山北部边界断层是继承性发育断层，切穿了古近系与前第三系之间的不整合面和古近系与新近系之间的不整合面，为油气的垂向运移、聚集、成藏提供了运移通道和侧向封堵条件。断层下降盘东营组水下扇、浊积扇和扇三角洲砂体比较发育，砂体离油源比较近，处于油气运移的通道附近，容易富集成藏。埕北 30 北断层附近圈闭以断鼻构造、断块构造为主，形成岩性－构造圈闭(图 7－8)。该区比较典型的井有 CB32 井。CB32 井Ⅳ砂组(SQ3)3482～3489m 处于断鼻构造，断层沟通油源。

三、构造－岩性油气藏

构造－岩性油藏的形成及分布主要受构造和岩性的双重因素的控制，主要分布在埕北 30 潜山断裂的北部。构造背景控制了油气的展布，油气沿断层运移，因断层活动而形成的断块是油气富集的有利场所，而同一构造部位的油气分布又受到岩性的制约。该区中比较典型的是CB326井及CB324井。东营组Ⅳ砂组(SQ3)储层为湖相浊积砂岩，砂体的展布范围和发育程度决定了油气的平面展布范围和富集程度。但往往湖相浊积砂体相互叠置，互不连通，砂岩的变化控制着油气藏的分布(图7-9)。CB324井和CB326井都临近油源断层，具有较好的构造背景，但是CB326井位于沉积相带的有利部位，Ⅳ砂组储层较CB324井发育，油气的富集程度高，试油获日产油量达227t；CB324井位于储集相带的边缘，储层相对较薄，试油日产油量12.3t，油气富集程度明显低于CB326井。

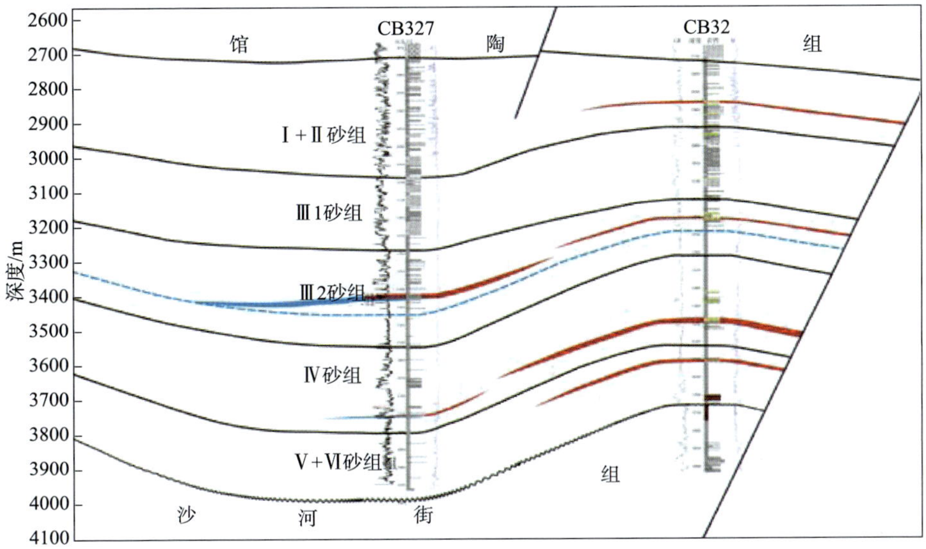

图7-8　CB32井油藏剖面示意图

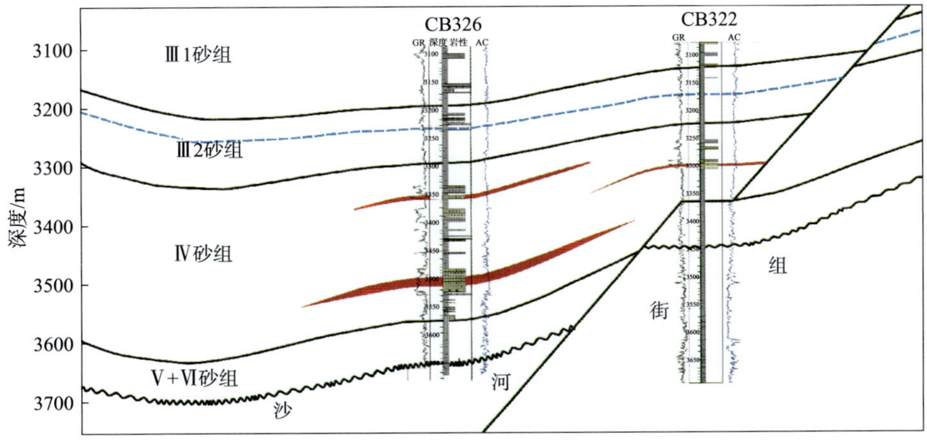

图7-9　CB326井油藏剖面示意图

四、地层超覆油气藏

地层超覆油藏主要发育在层序边界之上，主要发育于低位体系域和湖侵体系域的早期形成的砂体。砂体超覆在层序界面之上，被上覆湖侵稳定泥岩所覆盖，形成良好的储盖条件。埕岛东斜坡地区中CB8井为地层超覆油藏(图7-10)。

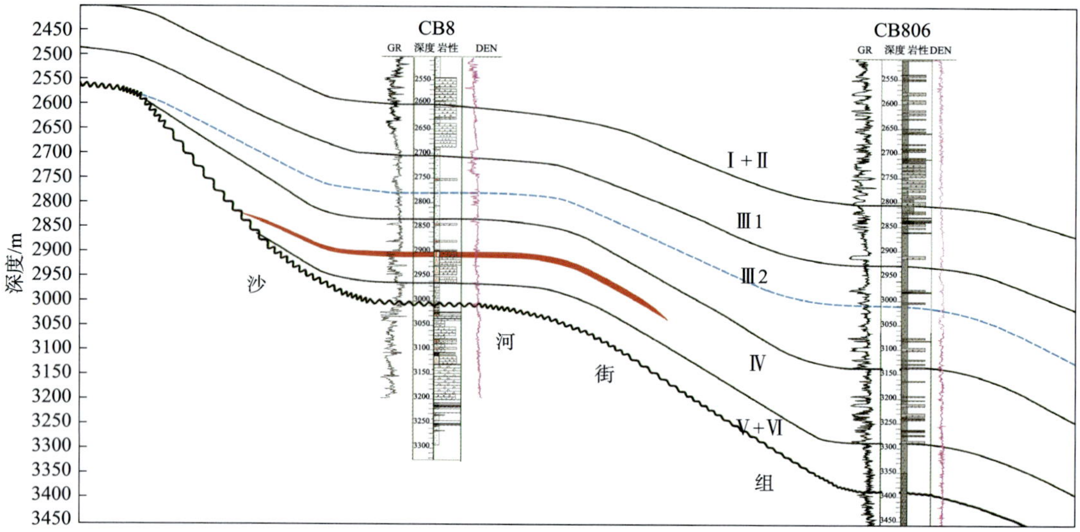

图 7－10　CB8 井油藏剖面图

第三节　成藏主控因素

一、侵蚀沟谷对油气藏的控制作用

埕岛东斜坡地区发育规模不等、纵横交错的侵蚀沟谷(图 7－11)，而沟谷是物源碎屑物质的主要输送通道，因此，沟谷的发育及其分布控制了沉积物的分配和储集岩的分布。沟谷作为物源通道，可以“顺藤摸瓜”，寻找沟前扇体或砂体。

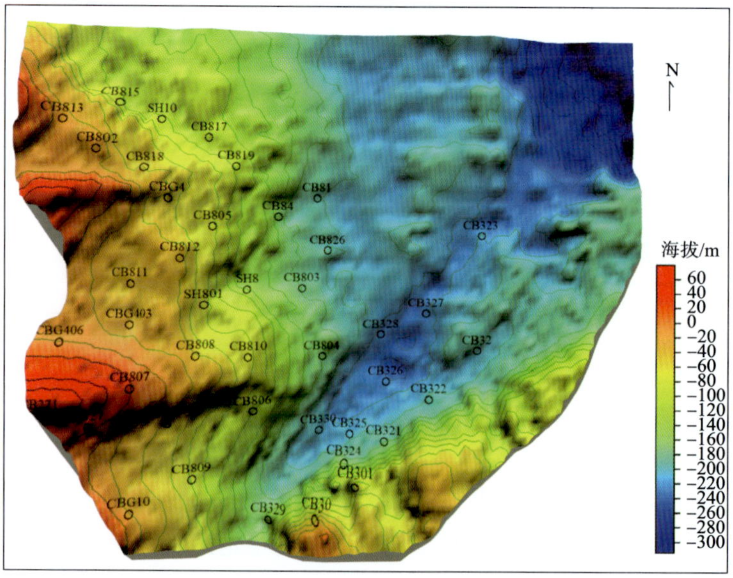

图 7－11　埕岛东斜坡地区沟谷分布图

二、断层对油气藏的控制作用

古近系沉积时期，埕岛东斜坡地区构造活动规模相对较小，以断陷活动为主，但斜坡上顺向断层的活动对斜坡的形态和侵蚀沟谷的发育有一定的控制作用，同时又可以为该区油藏的形成提供运移通道和侧向遮挡条件。如上所述CB32井区，油气分布主要受断层控制，断层遮挡形成油气藏；CB32井区，油气分布主要受断层控制，断层起疏导作用形成油气藏(图7－12)。

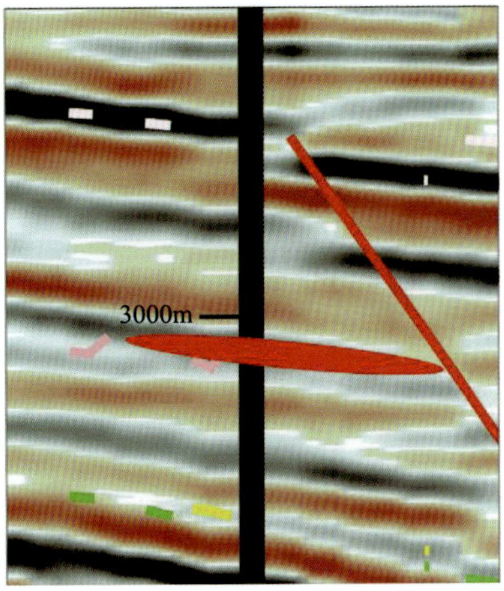

图7－12　CB805井区断层对油气起疏导作用

三、坡折带对油气藏的控制作用

埕岛东斜坡地区储层的发育特点与构造背景关系密切，特别是受构造坡折带的影响较大。构造坡折带是指由同沉积构造长期活动引起的沉积斜坡明显突变的地带。由于同沉积构造的长期活动，构造坡折带对盆地充填的可容纳空间和沉积作用可产生重要的影响，制约着盆地沉积相域的空间分布。在湖盆发育期，坡折带常常构成从浅水或水上环境向深水或水下区过渡的突变界限。因此，在低水位期，坡折带往往控制低水位沉积体系域的发育区域，其上游方向是下切谷和剥蚀面最发育的地带；在高水位期，常常控制高位体系域，如三角洲体系的前缘带或沉积中心。沿坡折带的差异沉降，可导致砂体的层数和厚度明显加大，沉积旋回增多。

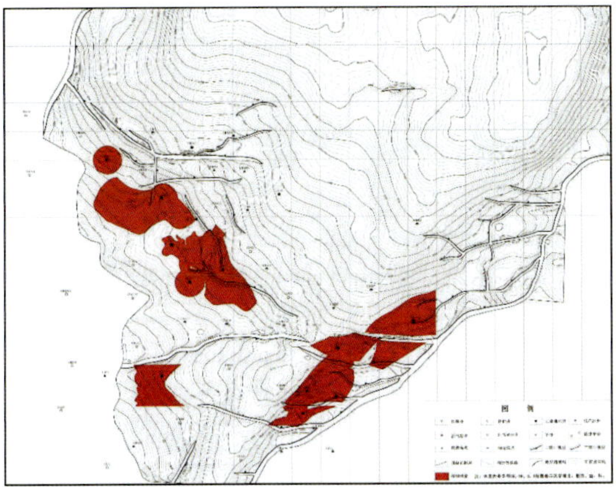

图7－13　埕岛东斜坡E*d*8顶面构造图

坡折带是砂岩厚度和砂岩层数的加厚带，沿坡折带走向的碎屑体系供给部位可找到加厚的储集砂岩体。坡折带往往是低水位体系域，如低位扇、低位三角洲沉积的有利部位。从断陷盆地油气藏的分布和形成条件看，坡折带是油气藏形成的极有利地带。以埕岛东斜坡地区E*d*8顶面构造图(图7－13)为例，在胜海10—埕北805—胜海8—埕北804井一线发育一个明显的构造坡折带，从各砂层组砂体发育图上可以看出，沿该构造坡折带一线是储层最发育的区域，也是该区储层含油气性最好的地区。

第八章　油气富集规律与有利区带预测

第一节　油气分布及成藏规律

油气成藏受控于多种因素。在构造背景的制约下，不同的构造带油气富集程度、油气藏类型、含油层系均不同。纵向上，埕岛东斜坡东营组的主力含油层系为最大洪泛面上下的 E*d*6 和 E*d*8 砂层组。

平面上，由于不同的构造带油气控制因素不同，因此，不同区块、不同的沉积体系油气藏类型及分布特征均有所差异。根据主要油气藏类型的差异，可以将整个埕岛东斜坡地区分为两个含油气区带（图 8－1），不同的含油气区带油气藏类型不同、含油气高度差别较大。

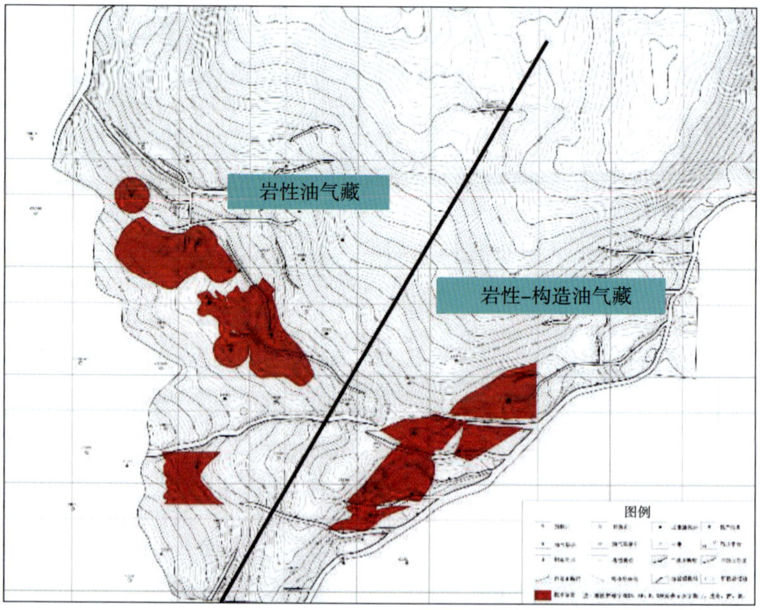

图 8－1　埕岛东部斜坡带地区成藏规律平面图

一、岩性油气藏发育区

CBg4 井区：主要为 E*d*8 砂组砂体含油，具有背斜构造背景，各项属性都较有利。

CBg4 井 2977～3008m 日产油量达 230t，由含油性分析可知：CBg4A－1 井、CBg4 井、CBg4A－2 井、CB805 井等为同一砂体含油，CB4A－2 井为油水边界；CB805 井在东营组 2582.8～2588.6m 日产油量为 183t，日产气 516m^3；CB805 井东部断层下降盘的坡折带处是储层发育的有利区带，E*d*10 砂组描述有利砂体 2 个，其中最大砂体预测有利面积 11.35km^2。

CB8 井区：以 E*d*8 砂组砂体含油为主，CB8 井基本位于油层的底界，根据钻井、地震资料综合分析可知，含油高度约为 160m。

CB802 井区：E*d*8 砂组含油，含油高度相对较低，约为 120m。

SH801 井区和 SH8 井区：由于邻近的断层断距较 E*d*6 砂组底部泥岩段大，下部油气可以沿断层运移到 E*d*6 砂组砂体中聚集成藏，因此，该井区以 E*d*6 砂组含油为主，各项属性较有利，含油高度约为 80m。SH8 井 3022～3052m 日产油量达 224t。

二、岩性－构造油气藏发育区

岩性－构造油气藏发育区主要包括 CB30 断阶坡折带以及桩海断裂带。该区紧邻生烃中心，且断层发育，有利于油气的运移，是油气运移聚集的最佳指向，构造为油气成藏的主控因素。因此，该区块内主要发育岩性－构造油气藏，含油层段多、井段长，从 E*d*6 砂层组到 E*d*10 砂层组均有油气藏发育，E*d*10 砂层组属于深湖—半深湖相浊积砂体，面积较大。例如，CB32 井油气分布主要受构造控制，该井在东营组 3202.3～3206.6m 井段试油获得 99.8t/d 的工业油流，CB322 井、CB321 井都在东营组获得高产工业油流。该区的含油高度应大于 200m，充满度应大于岩性油气藏发育区。

第二节 有利区带预测

一、目的砂层组储层预测

本次研究主要是应用频谱成像技术、属性和叠后声波阻抗反演技术，对目的砂层组储集体的分布进行预测。

（一）频谱成像技术的应用

频谱成像提供了储层的平面沉积特征和储层的平面分布特征，其结果可用于建立储层平面的地质模型，结合地震属性特征的分析，还可建立剖面模型。

频谱成像技术在理论上主要是依据薄层反射的调谐原理。根据该原理，对于厚度小于四分之一波长的薄层而言，在时间域随着薄层厚度的增加，地震反射振幅逐渐增加。当薄层厚度增至四分之一波长的调谐厚度时，反射振幅达到最大值，随着薄层厚度的增加反射振幅逐渐减小。时间域的最大反射振幅值对应频率域的最大振幅能量值。由薄层调谐引起的振幅谱的干涉特征取决于薄层的声学特征及其厚度。如果对三维地震资料进行特殊的处理，产生具有单一频率的一系列振幅能量体，在不同频率的三维地震能量体上，可以看到薄层干涉特征。在某一给定频率的三维地震能量体上，具有相似的声学特征和厚度的储层在其调谐频率上表现出相似的振幅调谐特征。解释人员能从剖面上和平面上看到薄层干涉特征。将这种特殊的处理技术定义为地震资料的频谱成像处理技术。

在得到单一频率的一系列振幅能量体的同时，频谱成像处理技术还可产生单一频率的一系列相位数据体。通过相位在空间的变化可指示薄层的声学特征及其厚度的横向不连续性。将振幅能量的调谐干涉现象和相位的变化综合在一起，能为解释人员提供一种迅速而有效的利用3D地震资料描述岩石的岩性及厚度在空间变化的工具。频谱成像技术的应用改变了过去以地震子波主频定义的调谐厚度的概念，因为频谱成像技术允许在任意频率下分析地震反射的变化，没有以地震子波主频定义的单一调谐厚度的概念，勘探技术人员可以用给定储层的调谐频率为解决问题的出发点，而不是以给定地震资料的调谐厚度。频谱成像技术提供了利用三维地震资料的多尺度信息对储层进行高分辨率成像，并刻画储层的时间厚度变化的工具。该技术可应用于描述沉积相和沉积环境，如检测河道砂体、火山口的空间分布等。

频谱成像技术可有效地描述地质反射层厚度的非连续性和岩性的非均质性。因为真正的地震反射很少以简单、大块的易辨认的反射体为主。此外，真正的地质边界很少沿着完全可分辨的地震反射的波峰和波谷分布。利用该技术将地震信息分解成一系列单一频率的能量谱，利用能量谱和相位谱便可确定反射薄层，并确定在复杂岩石的层内薄层厚度的变化，使解释人员迅速而有效地基于薄层干涉确定不连续的地下地质体。

频谱成像技术过去通常采用以离散傅里叶变换为基础的算法。但是，该方法存在着明显的局限性，因为估算的地震振幅谱的重要特征是所选时窗长度的函数。如果所选时窗过短，振幅谱会与变换窗函数褶积，便会失去频率的局部化特征。另一缺点是，过短的时窗会使子波的旁瓣呈单一反射的假象。增加时窗长度，会改善频率的分辨率。相反，如果所选时窗过长，时窗内的多个反射会使振幅谱以槽痕为特征，很难分清单个反射的振幅谱特征。与傅里叶变换相关算法的时窗问题，会使振幅谱的估算产生偏差。由于在实际运用中，难以把握时窗长度，而且无法定量分析时窗长度产生的偏差。以小波变换为基础的时频分析技术成为了非平稳信号的重要分析工具，在很多实际应用中已取代了傅里叶变换的分析方法。Castagna 和 Sun（2003）对比了小波变换与频谱成像技术相关的算法，如快速傅里叶变换、离散傅里叶变换和最大熵方法，它们的研究证明了以小波变换为基础的瞬时谱分析(ISA)能得到精确的时频分析结果，同时避免了时窗问题。

ISA 技术的核心是基于小波变换的匹配追踪频谱分解算法。Mallat 和 Qian 提出的匹配追踪频谱分解算法能够将信号分解为与其局部结构特征最相似的基元函数的线性组合，该算法的表示更加灵活，具有更好的时频分辨率。

小波分析的思想源于伸缩与平移方法，对于任意函数 $h(t)$，$h(t)\in L^1\cap L^2$，$H(0)=0$，则按如下方式生成的函数簇$\{h_{a,b}(t)\}$：

$$h_{a,b}(t)=\frac{1}{\sqrt{|a|}}h\left(\frac{t-b}{a}\right) \tag{8-1}$$

式中，a为任意非零实数；b为任意实数；$H(\omega)$为函数$h(t)$的傅里叶变换：

$$H(\omega)=\int_{-\infty}^{+\infty}f(t)\mathrm{e}^{-i\omega t}\mathrm{d}t \tag{8-2}$$

$H(\omega)$称为分析小波(Analyzing Wavelet)或连续小波，$h(t)$为基本小波或母小波(Mother Wavelet)，a、b分别称为尺度因子和时间平移因子。从对小波的定义可知，所谓“小波”就是小的波动，其中小是指小波函数的衰减性，波是指其波动性，即小波是一个具有衰减特性的振荡函数。

如果函数$h(t)$为基本小波，则信号$f(t)$的连续小波变换定义如下：

$$\omega_f(a,\ b)=|a|^{-\frac{1}{2}}\int_{-\infty}^{+\infty}f(t)h^*\left(\frac{t-b}{a}\right)\mathrm{d}t \tag{8-3}$$

式中，h^*为h的复共轭。小波反变换(重构)表达形式如下：

$$f(t)=\frac{1}{c_f}\int_{-\infty}^{+\infty}\omega_f(a,\ b)\frac{h_{a,b}(t)}{a^2}\mathrm{d}a\mathrm{d}b \tag{8-4}$$

其中：

$$c_f=2\pi\int_{-\infty}^{+\infty}\frac{H(\omega)}{\omega}\mathrm{d}\omega<+\infty \tag{8-5}$$

从小波函数的性质和小波变换定义可知，小波变换具有分频作用，对于小的a值，小波变换反映了地震信号的高频信息，而对于大的a值，小波变换反映了地震信号的低频信息。通过选择不同的尺度参数a，可以将地震信号分解为多个独立的频带。

1. 单井频谱调谐分析

井旁地震道的分频处理解释可帮助建立储层的特征与振幅谱和相位谱的定量关系，使对频谱成像技术处理结果的解释更具有物理意义和地质意义。即首先利用测井资料进行层位对比和标定，通过地震子波的提取使合成记录较好地与井旁道地震记录吻合，然后对井旁道数据进行频谱扫描，确定目的储层达到能量最大时的调谐频率。

通过对埕岛东斜坡地区内所有井的岩性储层分析，在目的层Ⅲ$_2$(SQ2上升半旋回和下降半旋回下部)和Ⅳ(SQ3)砂层组内，岩性上基本属于“泥包砂”的特征，从理论上来讲，砂岩应该能够对应比较好的薄层调谐效应。但从图8-2对CB32井井旁地震道频谱扫描结果的分析可知，厚度为5~15m的单砂体没有达到调谐，而是以砂泥组合的形式(矩形框所示)达到能量调谐，即从地震上某单一频率的能量体或相位体上，对应CB32井处，调谐能量反映若干薄层砂体储层夹泥岩层的组合，分析认为可能是由于地震资料主频低及优势频带较窄缺乏高频信息引起的。

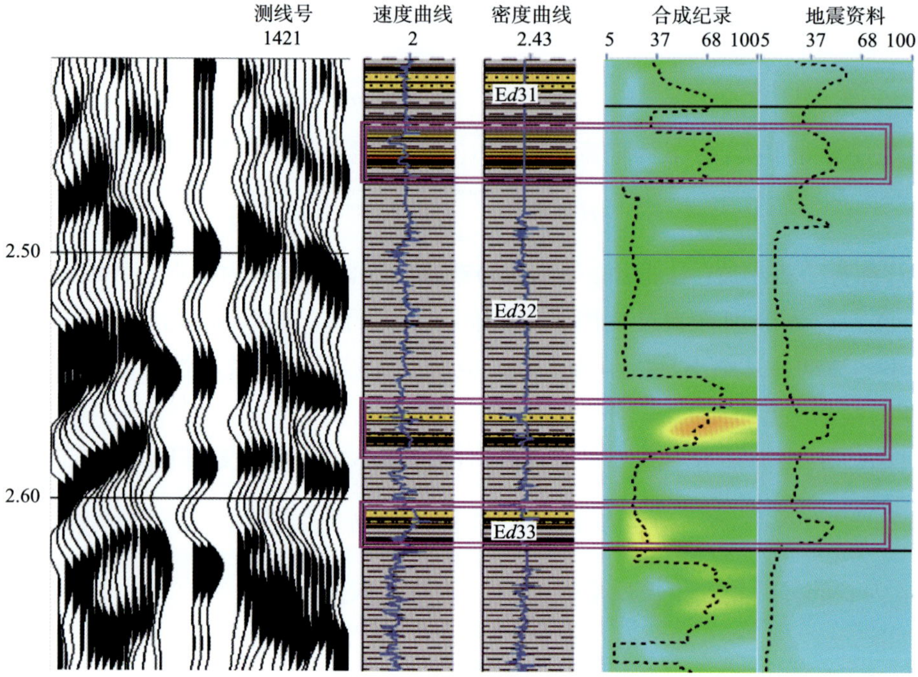

图 8-2　CB32 井井旁地震道频谱扫描分析图

2. 调谐频率属性分析

理论上来讲，单个储层厚度越大，对应的调谐频率越低，因此，根据目的层调谐频率的分布可以有效地指示出砂体厚度在平面上的展布。

1）Ⅳ砂层组（SQ3）调谐频率属性分布

从图 8-3 中可以看出，受古地貌控制，Ⅳ砂层组（SQ3）内砂体主要集中在第一坡折带、第二坡折带和埕北 30 断阶带。第一坡折带对应相对较高的频率，第二坡折带对应较低的频率，说明第一坡折带发育的砂体厚度比第二坡折带相对较薄，如第一坡折带的 CB802 井砂体厚度为 14m，CBG4 井砂体厚度为 12.5m，CB812 井砂体厚度为 27m，而位于第二坡折带的 SH10 井砂体厚度达 35m，CB84 井砂体厚度为 85m。在 CB330 井—CB326 井—CB323 井一带，砂体的展布基本沿着沟谷的方向，其中 CB326 井（85m）、CB328 井（63m）和 CB804 井（52m）砂体厚度较大。埕岛东斜坡地区南边 CB303 井处，对应高频调谐属性，从井上看，砂体多为薄层粉砂岩。因此，调谐频率属性能够较好地揭示砂体分布规律，且与该砂组的沉积相带趋势吻合。

2）$Ⅲ_2$（SQ2 上升半旋回和下降半旋回下部）砂层组调谐频率属性分布

如图 8-4 所示，在 SQ2 水进域沉积时期，储层仍以低位扇为主，与Ⅳ砂层组（SQ3）相似。砂体厚度展布规律也基本继承了Ⅳ砂组（SQ3）的特征。

如图 8-5 所示，在 SQ2 高位域早期，在该套层序内，储层主要为扇三角洲滑塌扇，集中分布在 SH8 井—CB327 井一带，SH8 井、CB327 井和 CB32 井砂体发育较厚。埕岛东斜坡地区西南处仍以薄层砂体发育为主。

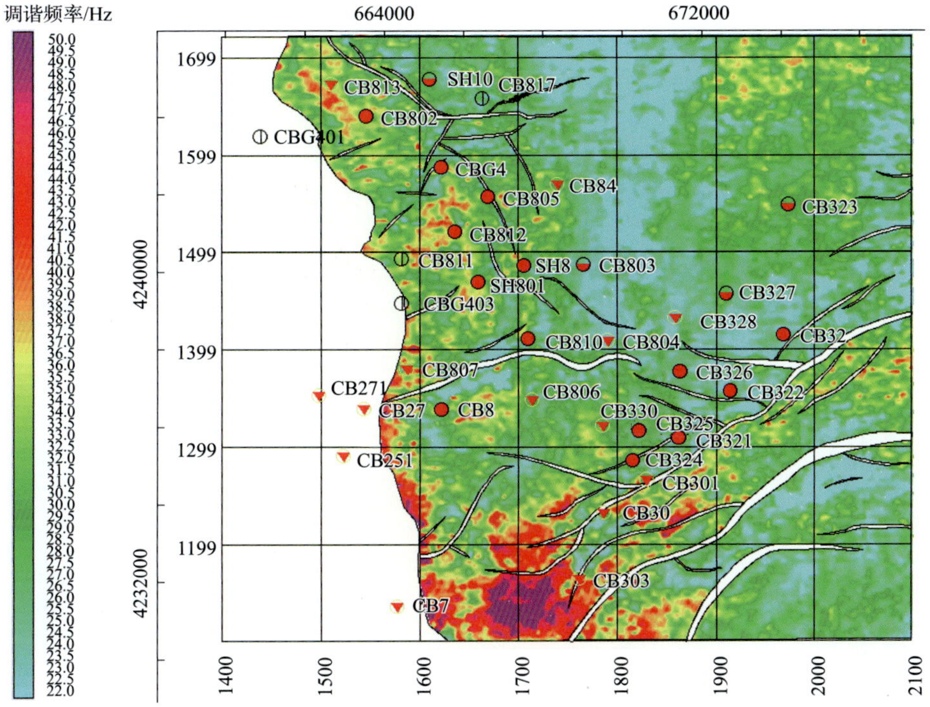

图 8－3　Ⅳ砂层组(SQ3)调谐频率平面分布图

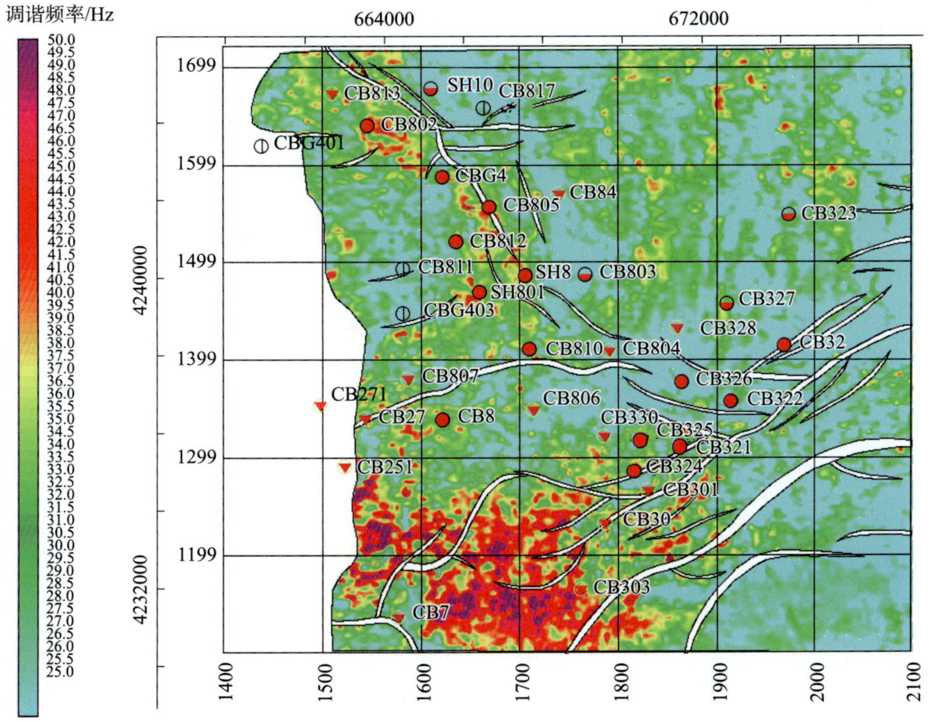

图 8－4　SQ2 水进域($Ⅲ_2$ －mfs) 平均调谐频率图

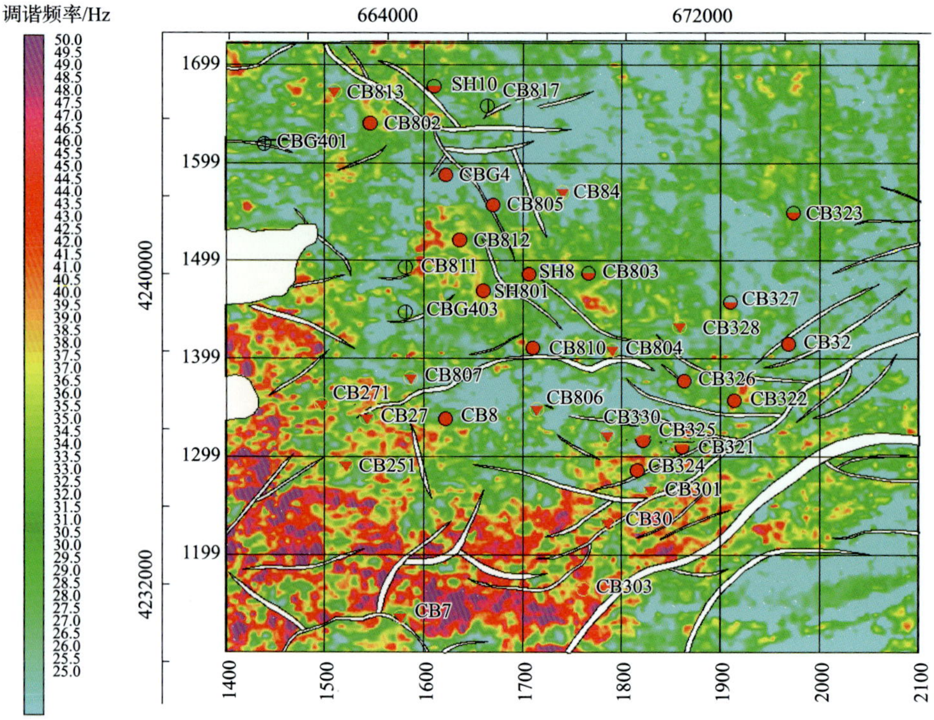

图 8－5　SQ2 高位域下部($Ⅲ_2$ －fs) 平均调谐频率分布图

3. 单频属性体的应用

利用单一频率属性技术，通过对不同频率体的井上及平面分布特征进行分析，优选出能与砂组内主砂体厚度相应的频率体，以指导砂层组内砂体的平面分布规律。

1) Ⅳ砂组(SQ3)的单频属性分析

从单一频率的振幅能量体角度来说，对于Ⅳ砂层组(SQ3)，以 CB811 井—CB323 井连线为例(图 8－6)，对应井上的砂体分布，10～20Hz 能量体分辨率较低，而高频 40～50Hz 的能量体虽然在识别砂体的分辨率得到了提高，但造成砂体横向的延展规律不清。综合考虑认为，30Hz 对应的能量体既体现了砂体横向上的分布规律，又能在纵向上将砂体边界识别出来。

根据 30Hz 能量体，提取Ⅳ砂层组所对应的砂体时间厚度分布，其揭示的砂体展布规律与沉积相分布基本一致(图 8－7)。

2) $Ⅲ_2$ 砂组(SQ2 上升半旋回和下降半旋回下部)的单频属性分析

对于 $Ⅲ_2$(SQ2 上升半旋回和下降半旋回下部)砂层组，以 CB8 井—CB321 井连线为例，与Ⅳ砂组(SQ3)相似，30Hz 对应的能量体能够比较好地刻画该时期砂体的分布规律(图 8－8)。

根据 30Hz 能量体，提取 $Ⅲ_2$ 砂层组(SQ2 上升半旋回和下降半旋回下部)30Hz 所对应的砂体时间厚度，其揭示的砂体展布规律与沉积相分布基本一致，如图 8－9 所示。厚层砂体分布区域主要集中在CB84井—CB328井一带，是Ⅲ$_2$砂层组水进域(SQ2上升半旋回)低位扇和高位域滑塌扇共同沉积的反映。

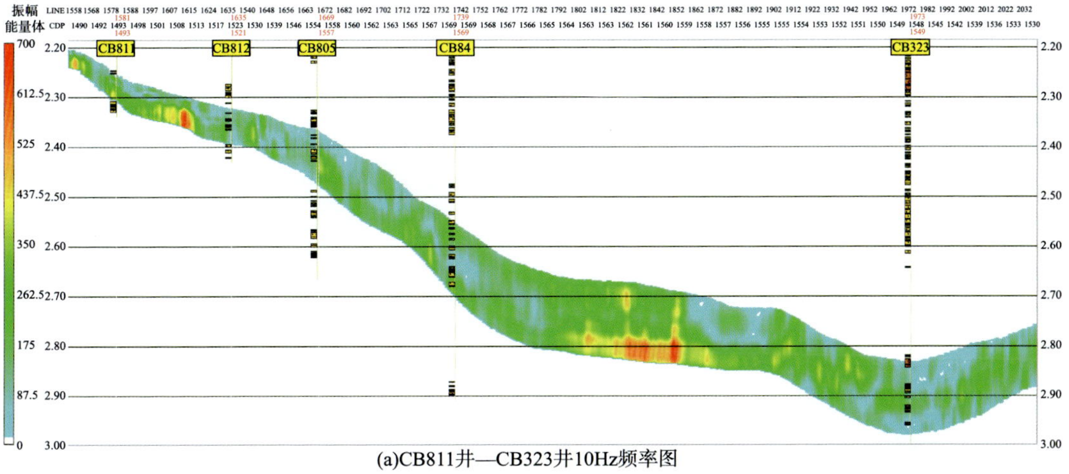

(a)CB811井—CB323井10Hz频率图

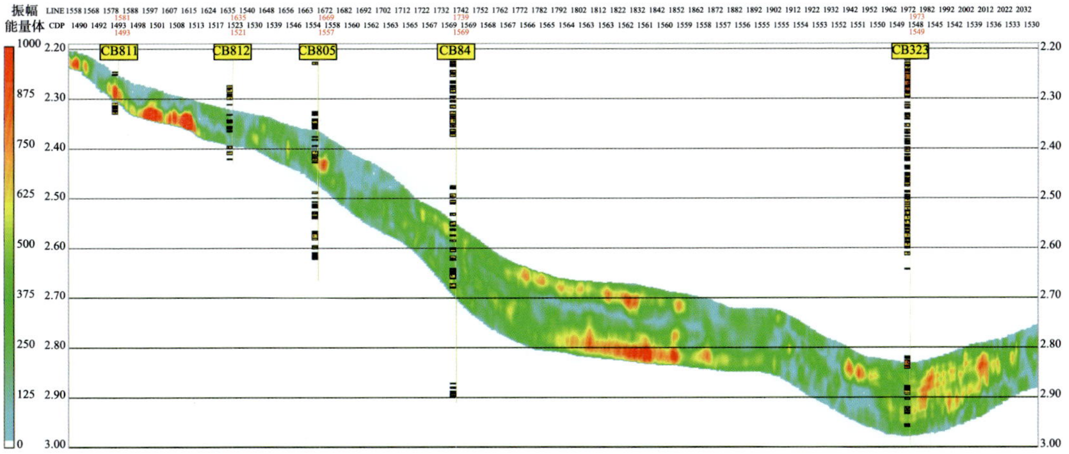

(b)CB811井—CB323井20Hz频率图

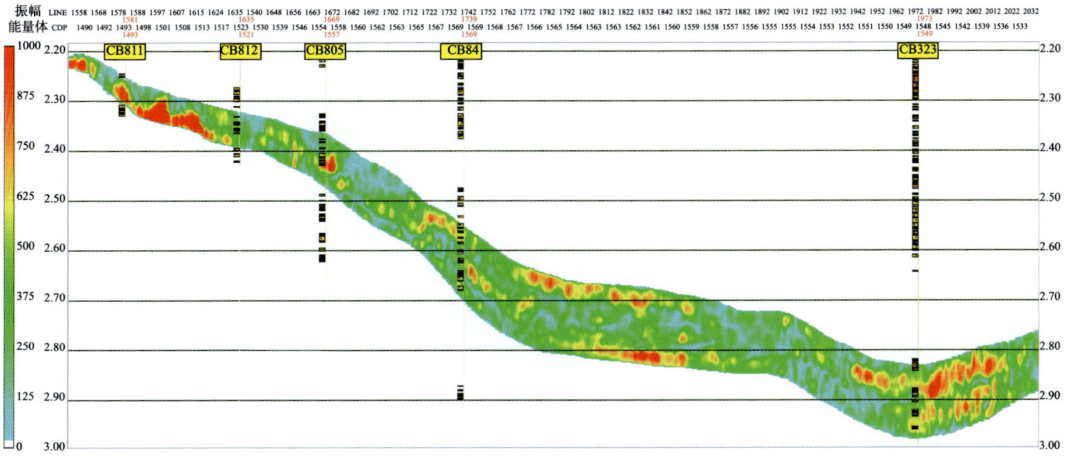

(c)CB811井—CB323井30Hz频率图

图8-6 Ⅳ砂组(SQ3)单频属性图

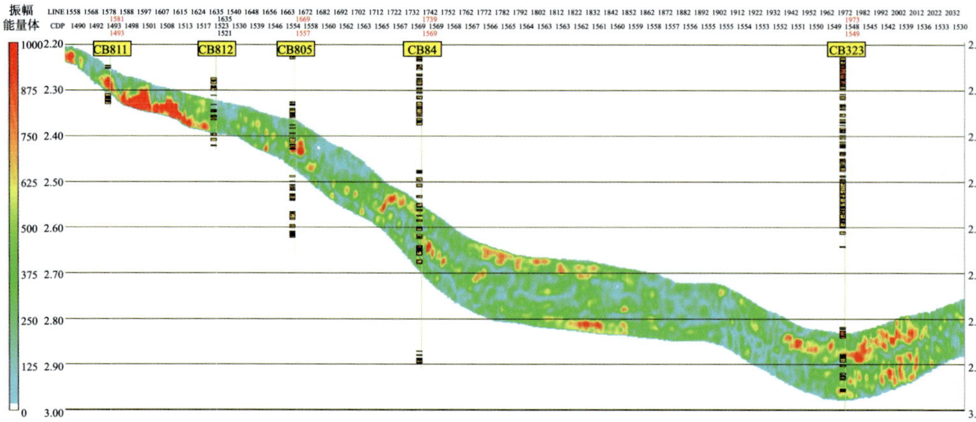

(d)CB811井—CB323井40Hz频率图

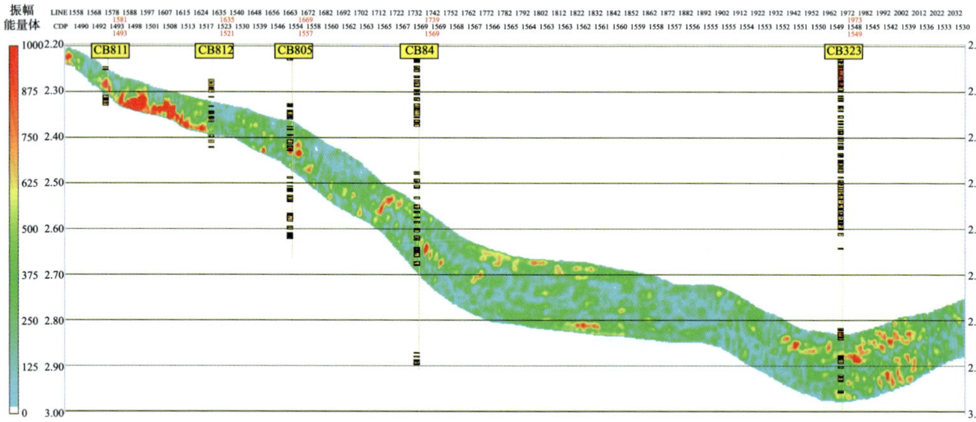

(e)CB811井—CB323井50Hz单频频率图

图8－6　Ⅳ砂组(SQ3)单频属性图(续)

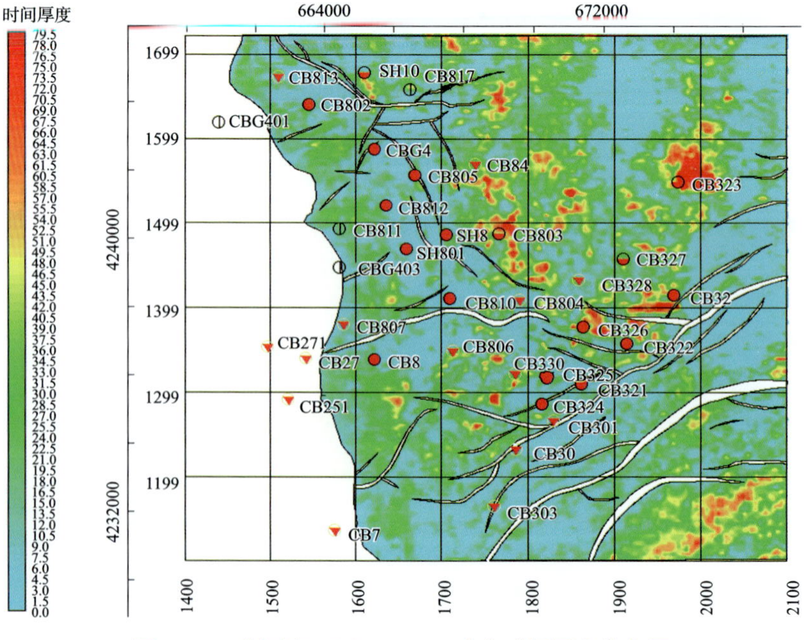

图8－7　Ⅳ砂组(SQ3)30Hz对应时间厚度分布图

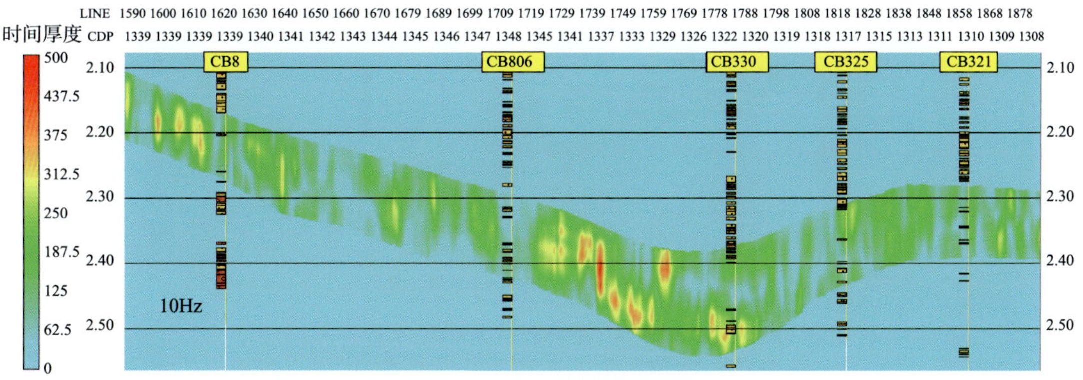

(a)CB8井—CB321井10Hz单频属性图

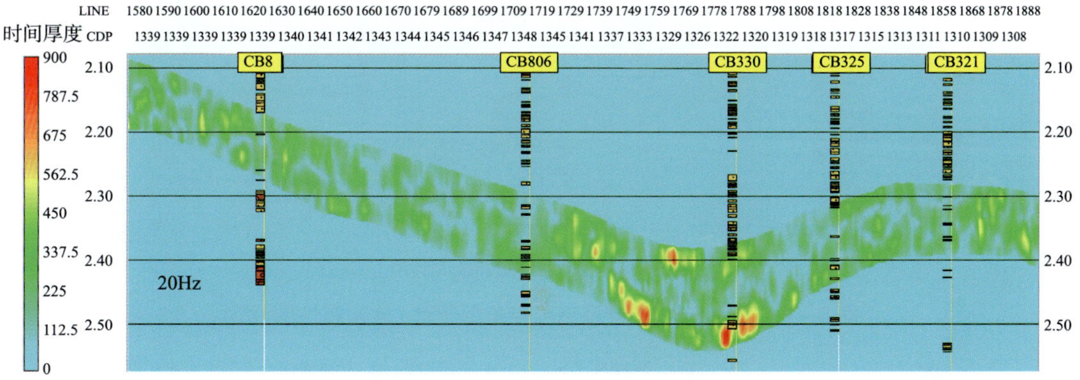

(b)CB8井—CB321井20Hz单频属性图

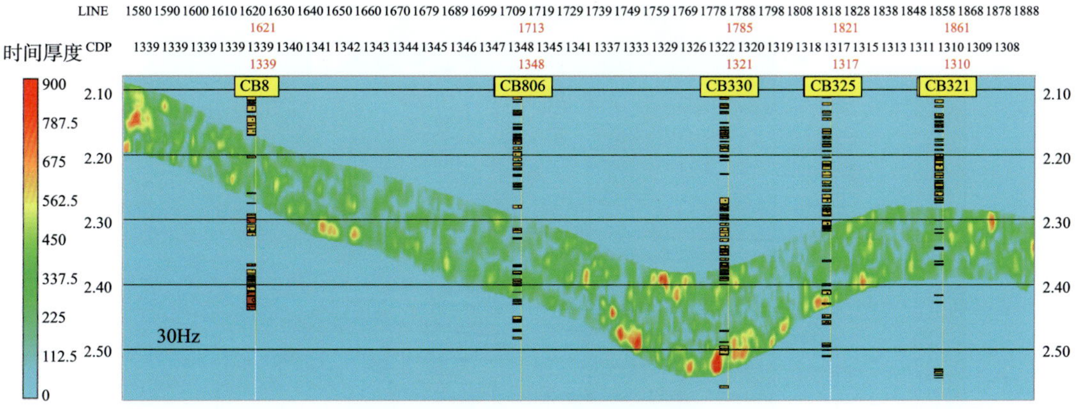

(c)CB8井—CB321井30Hz单频属性图

图8-8 Ⅲ$_2$(SQ2上升及下降半旋回下部)单频属性图

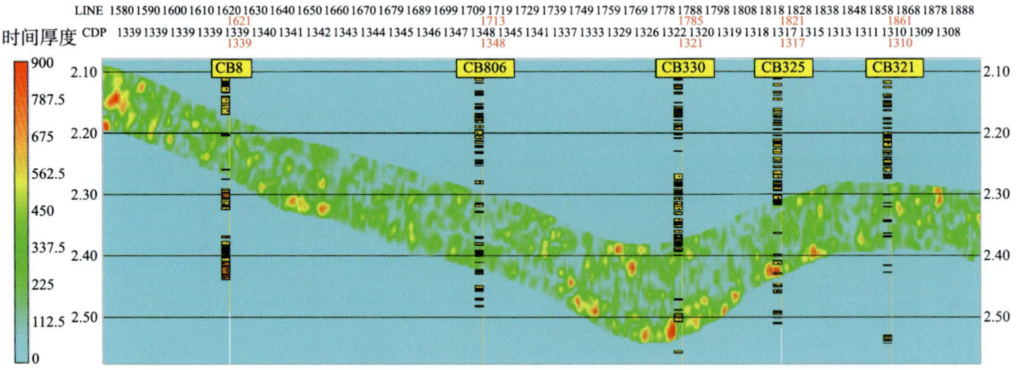

(d)CB8井—CB321井40Hz单频属性图

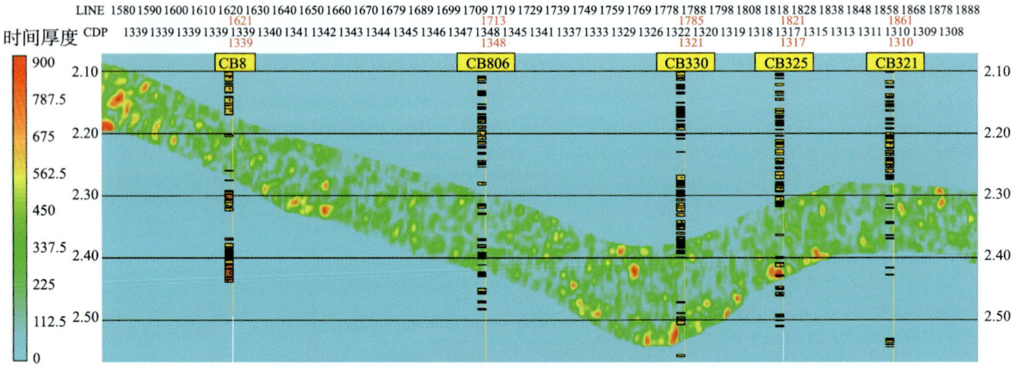

(e)CB8井—CB321井50Hz单频属性图

图8-8　Ⅲ$_2$(SQ2上升及下降半旋回下部)单频属性图(续)

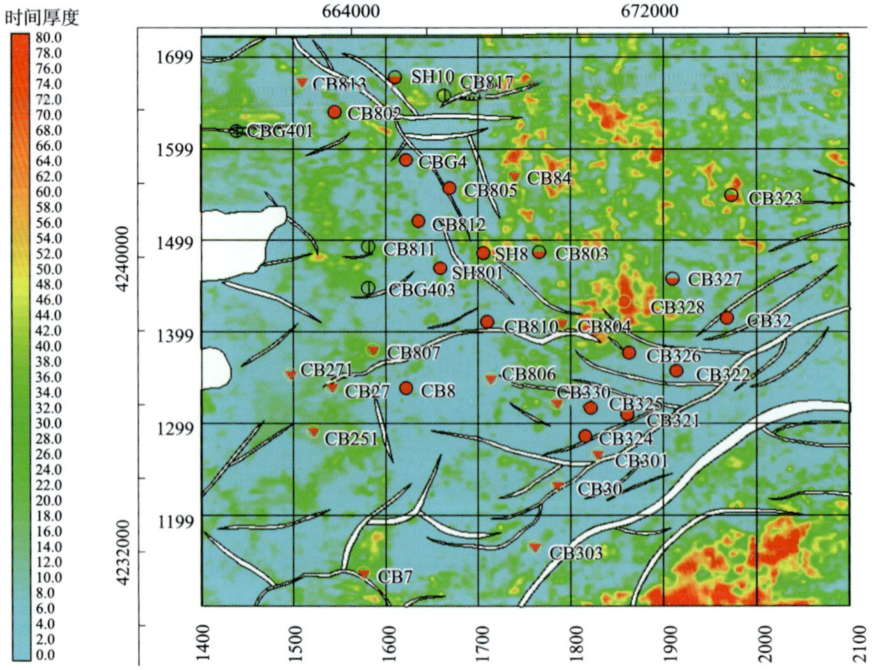

图8-9　Ⅲ$_2$砂层组(SQ2上升及下降半旋回下部)30Hz对应的砂体时间厚度分布图

(二)振幅及频率属性分析

Ⅳ砂组(SQ3)时期仍处于水体加深的湖侵期，深湖相泥岩与低位浊积扇储层接触，速度差异大，对应地震剖面特征为中等或强振幅。$Ⅲ_2$ 砂组(SQ2 上升半旋回和下降半旋回下部)时期，三角洲沉积大范围推进，砂岩储层与半深湖相泥岩的速度差异较小，对应地震剖面特征为地震反射弱或层次性差。因此，针对不同砂层组进行振幅类和频率类属性的适用性分析，优选地震属性以指导埕岛东斜坡地区浊积体的预测工作。

1. 单井地震属性分析

以 CB326 井和 CB805 井为例，从图 8－10～图 8－12 可以看出，利用能量属性和频率属性等对井上砂体进行敏感性分析，结果表明，只有能量比属性(低值)能够较好地对应Ⅳ砂层组(SQ3)和$Ⅲ_2$ 砂层组(SQ2 上升半旋回和下降半旋回下部)内的砂体，其他属性在纵向上识别分辨率较低。

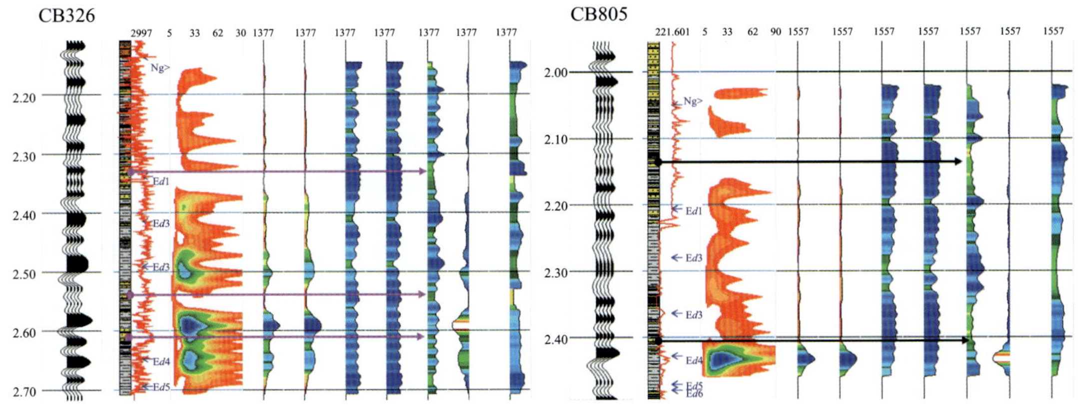

图 8－10 CB326 井和 CB805 井频率属性单井分析

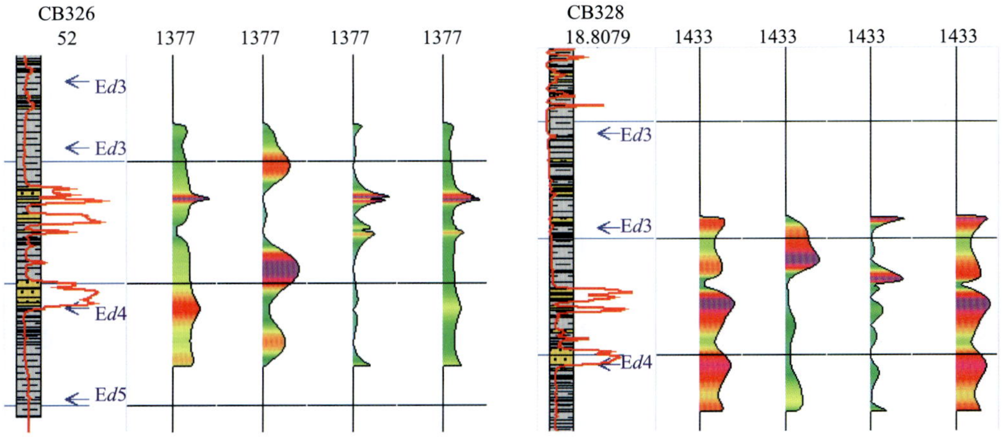

图 8－11 CB326 井和 CB328 井瞬时属性单井分析

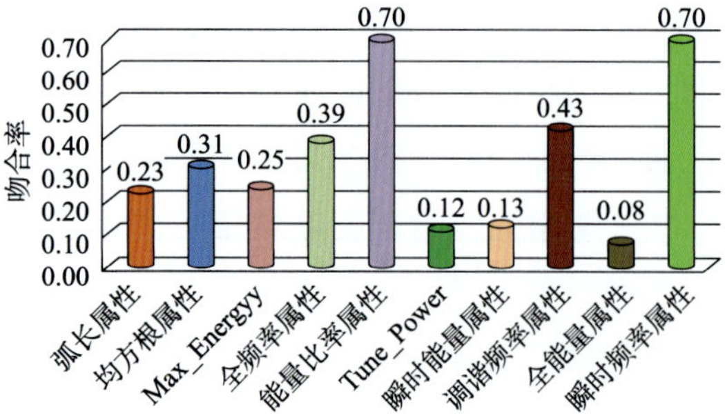

(a)SQ2高位域下部属性吻合对比图

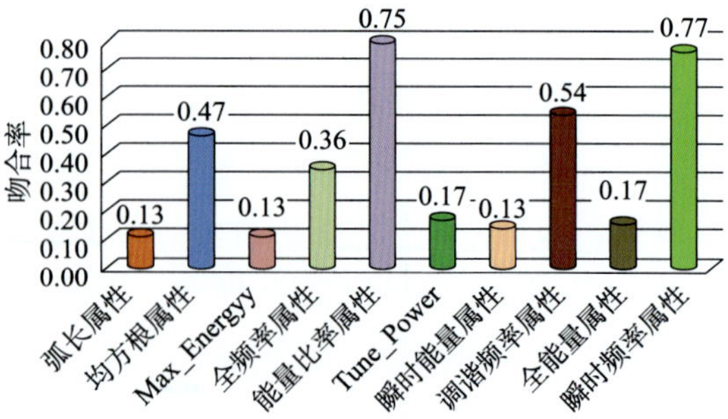

(b)SQ2水进域属性吻合对比图

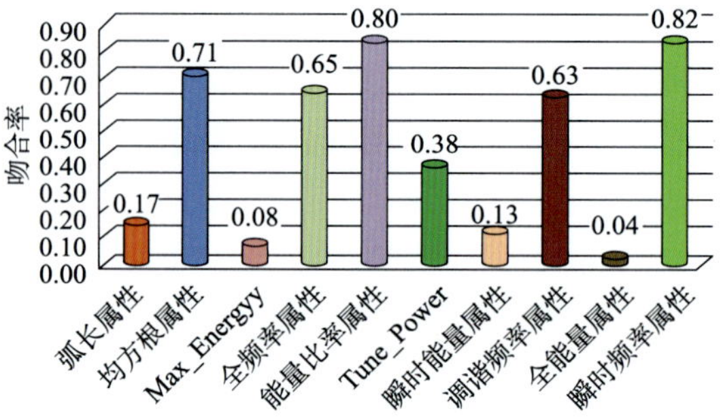

(c)SQ3属性吻合对比图

图 8－12　Ⅳ砂层组和Ⅲ$_2$ 砂层组属性与单井砂体吻合率统计

以 CB326 井和 CB328 井为例，通过井上瞬时频率属性分析，可知瞬时频率属性能够较好地与井上砂体顶底边界吻合。

因此，通过对单井属性实验结果综合分析得出，能量比属性和瞬时频率属性能够较好地反映目的砂层组储集体的分布，指示了利用该属性预测砂体分布的适用性。

此外，针对其他地震属性，本书也进行了细致的分析，通过各砂层组属性与井上砂体吻合对比得出：①能量比和瞬时频率属性吻合度相对较高。②振幅类属性普遍吻合度较低，均方根振幅属性在Ⅳ砂组(SQ3)时期吻合率相对较高。因此，综合得出，Ⅳ砂组(SQ3)低位浊积体预测以频率类属性为主，均方根振幅属性为辅；Ⅲ$_2$ 砂组(SQ2 上升半旋回和下降半旋回下部)储集体预测均以频率类属性为主。

2. 连井属性对比

从图 8－13 中可以看出，在Ⅳ砂组(SQ3)中，瞬时频率属性能够与井上砂体很好的对应，并且能够指示砂体的横向展布。

从图 8－14 中可以看出，能量比属性同样能与井上砂体相对应，也能够较好地反映出砂体的横向展布。

从图 8－15 中可以看出，对于Ⅳ砂组(SQ3)的低位扇，大部分能够对应较强的振幅，但部分井上泥岩也对应强振幅，与砂岩不能很好区分。

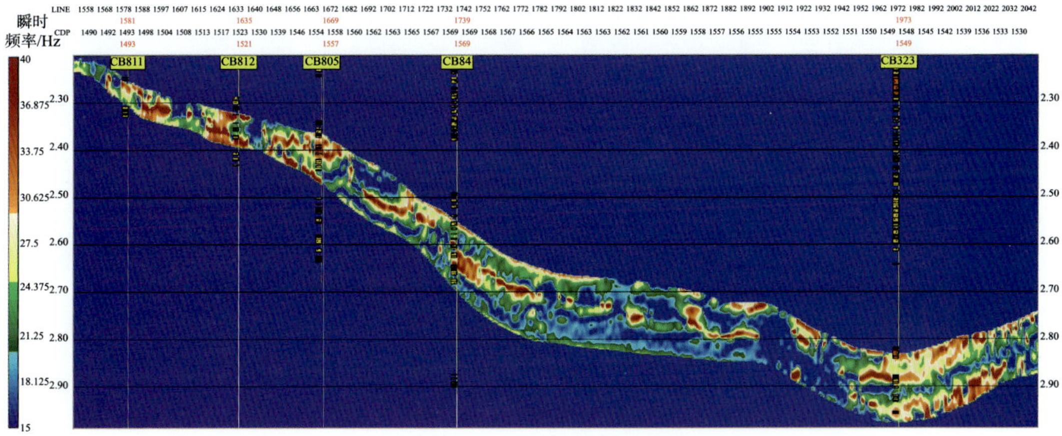

(a)CB811井—CB323井连井瞬时频率图

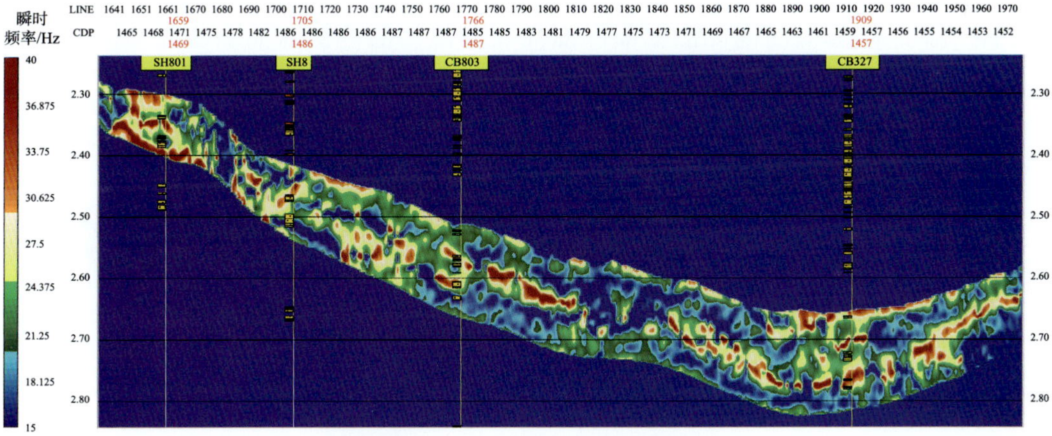

(b)SH801井—CB327井连井瞬时频率图

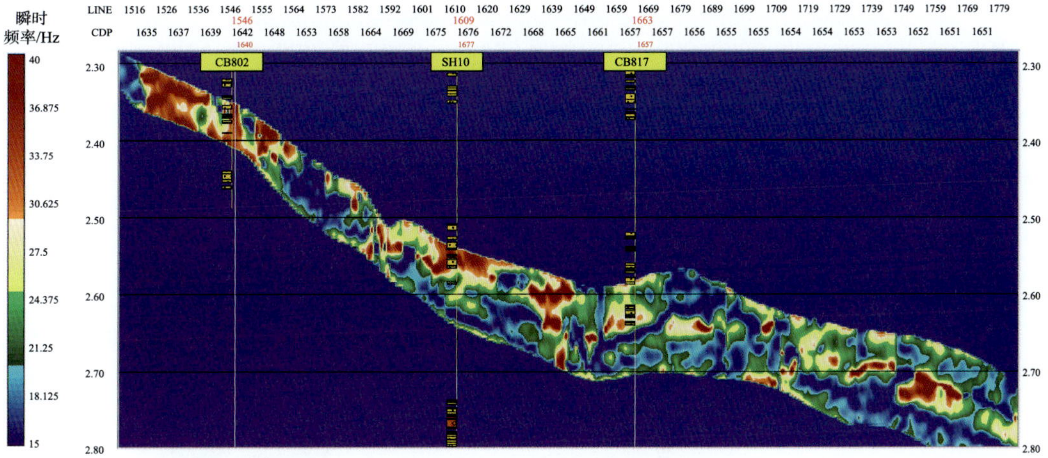

(c)CB802井—CB817井连井瞬时频率图

图8-13　Ⅳ砂组(SQ3)连井瞬时频率图

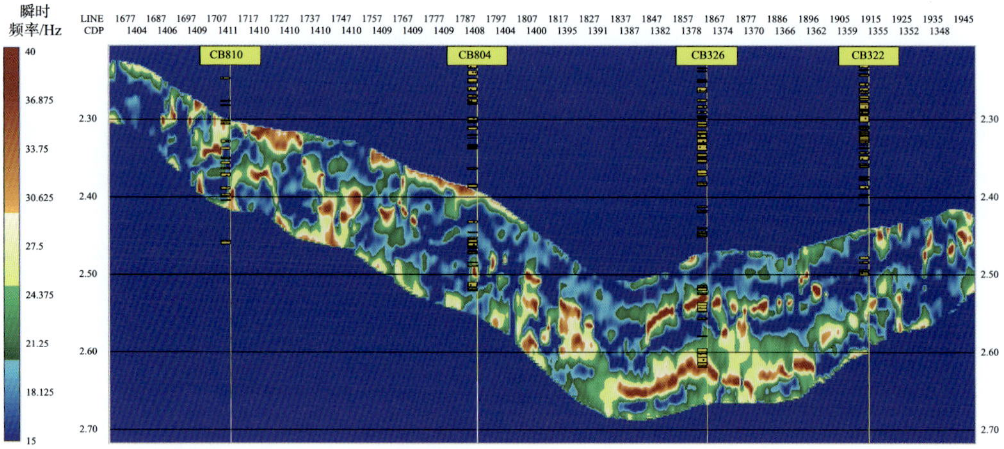

(d)CB810井—CB322井连井瞬时频率图

图8－13 Ⅳ砂组(SQ3)连井瞬时频率图(续)

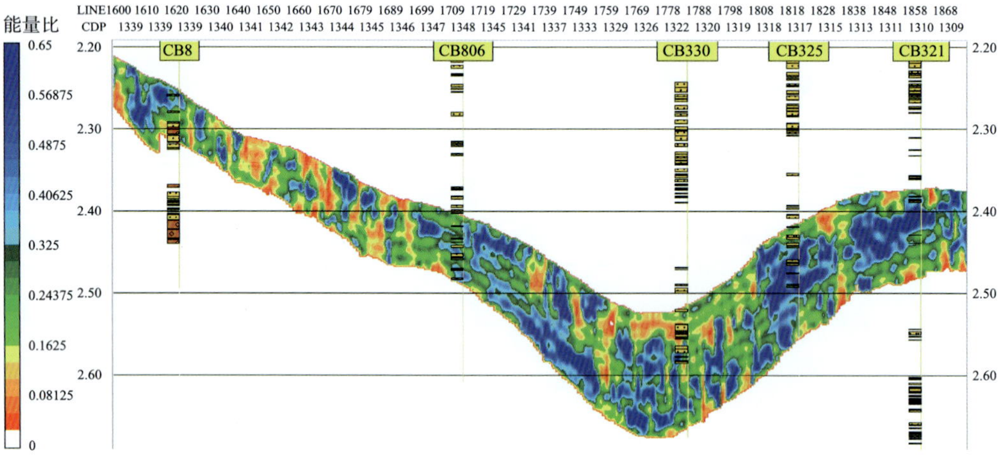

(a)CB8井—CB321井连井能量比属性图

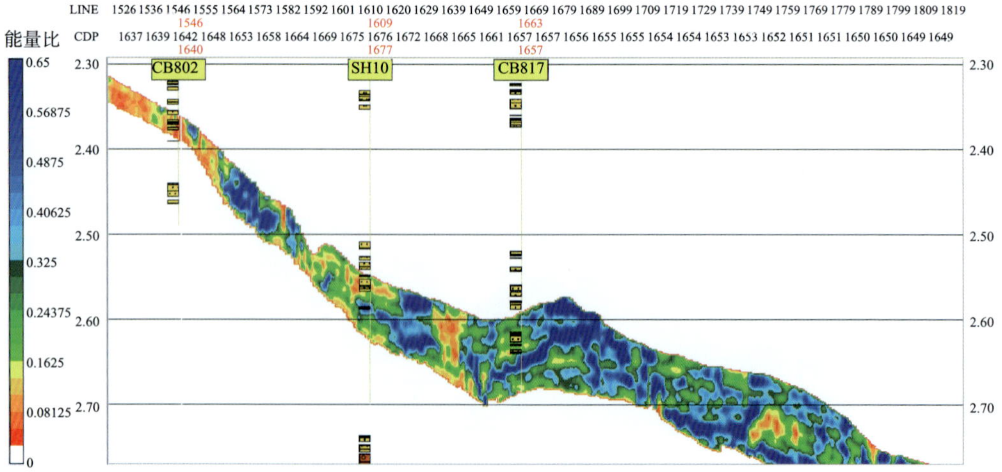

(b)CB802井—CB817井连井能量比属性图

图8－14 Ⅳ砂组(SQ3)连井能量比属性图

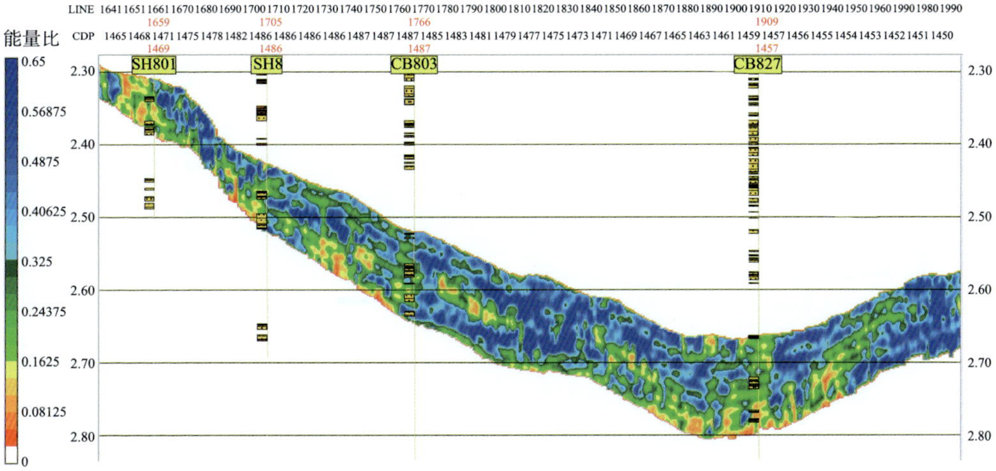

(c)SH801井—CB327井连井能量比属性图

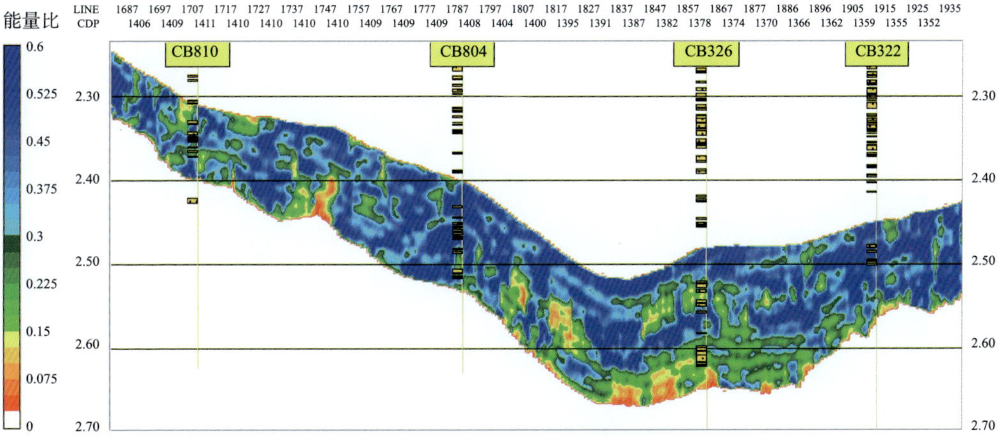

(d)CB810井—CB322井连井能量比属性图

图 8－14　Ⅳ砂组(SQ3)连井能量比属性图(续)

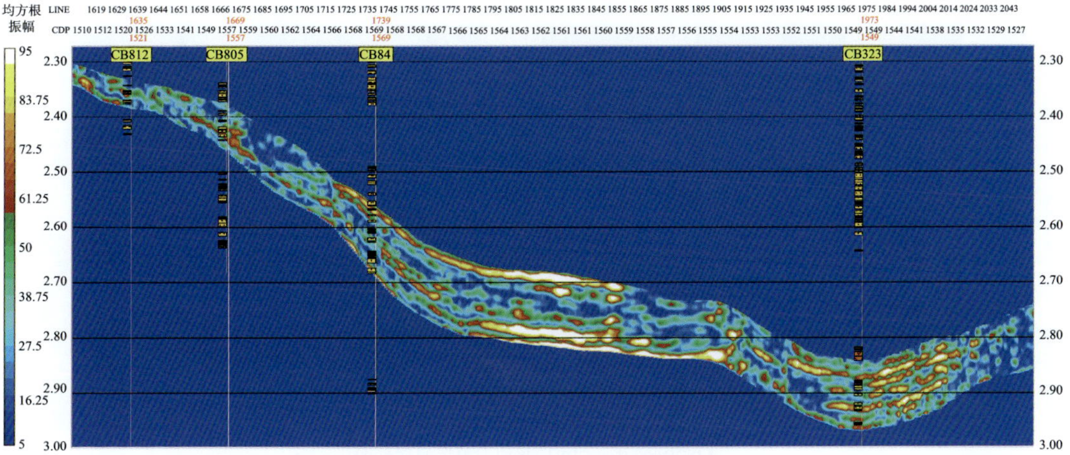

(a)CB812井—CB323井均方根振幅属性图

图 8－15　Ⅳ砂组(SQ3)均方根振幅属性图

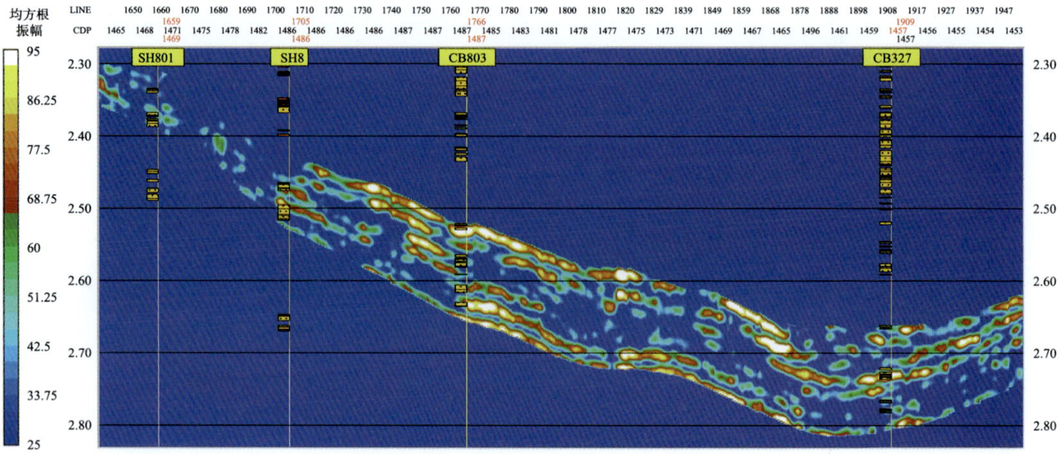

(b)SH801井—CB3237井均方根振幅属性图

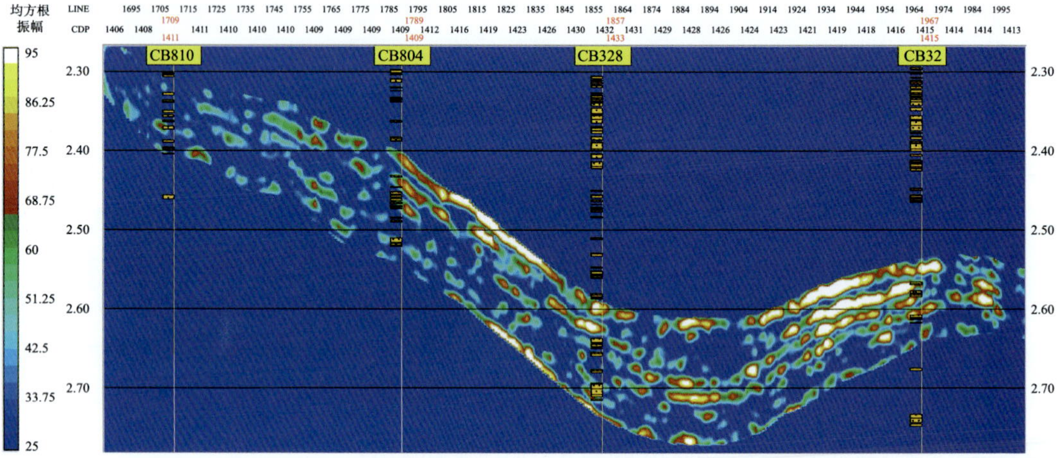

(c)CB810井—CB32井均方根振幅属性图

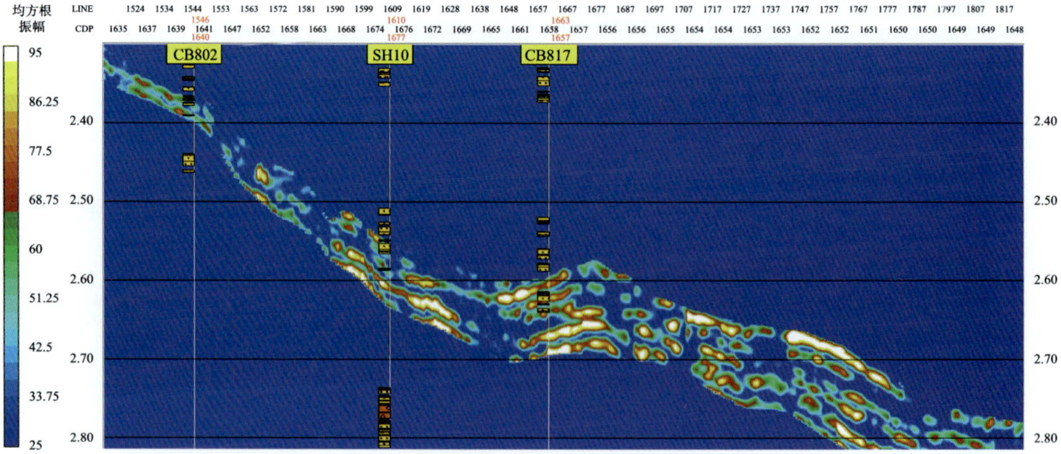

(d)CB802井—CB817井均方根振幅属性图

图8-15 Ⅳ砂组(SQ3)均方根振幅属性图(续)

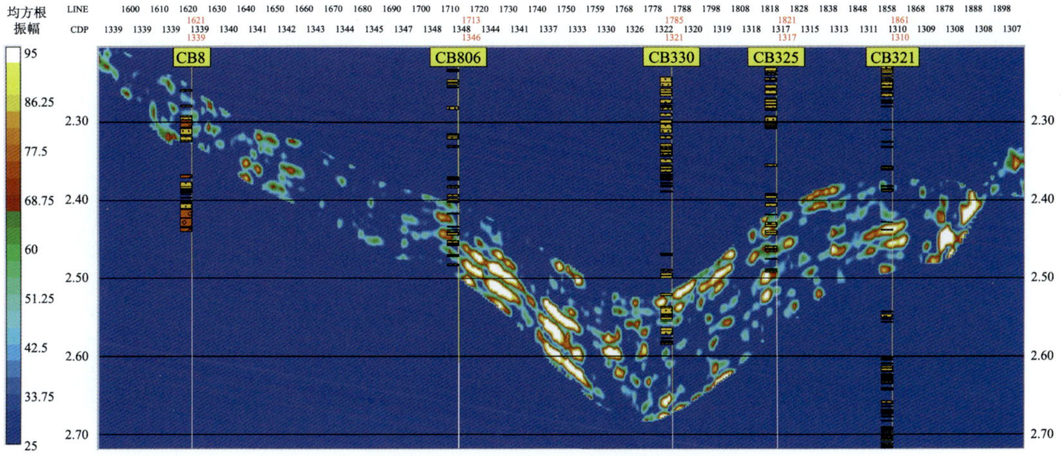

(e)CB8井—CB321井均方根振幅属性图

图8－15 Ⅳ砂组(SQ3)均方根振幅属性图(续)

从图8－16中可以看出，在III_2砂组(SQ2上升半旋回和下降半旋回下部)中，瞬时频率属性能与井上低位扇和滑塌扇很好的对应，也能很好地指示砂体横向分布。

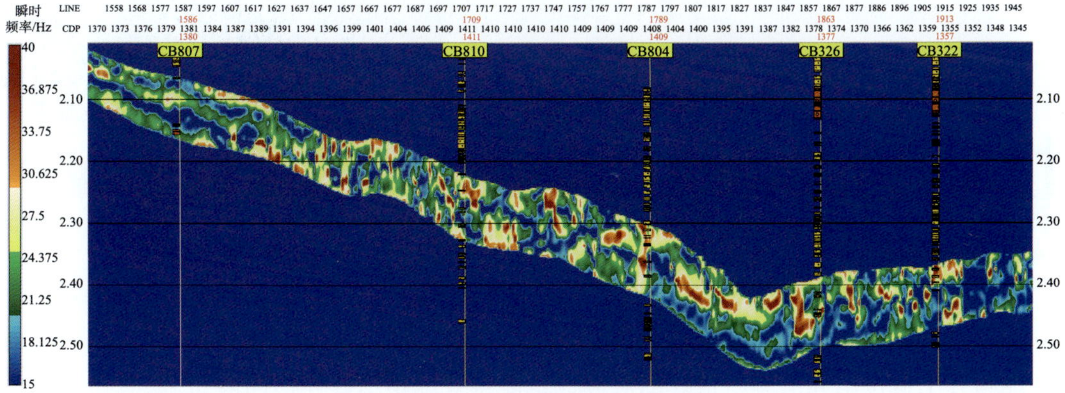

(a)CB807井—CB322井瞬时频率属性图

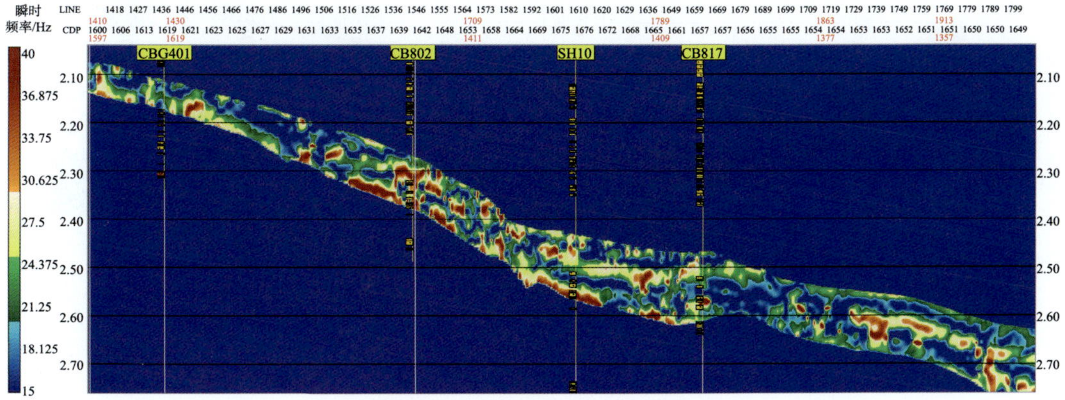

(b)CBG401井—CB817井瞬时频率属性图

图8－16 III_2砂组(SQ2上升及下降半旋回下部)瞬时频率属性图

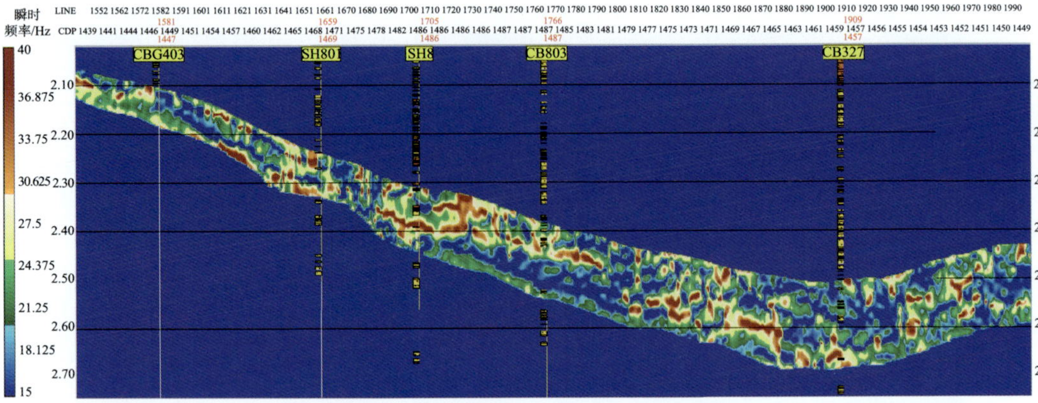

(c)CBG403井—CB327井瞬时频率属性图

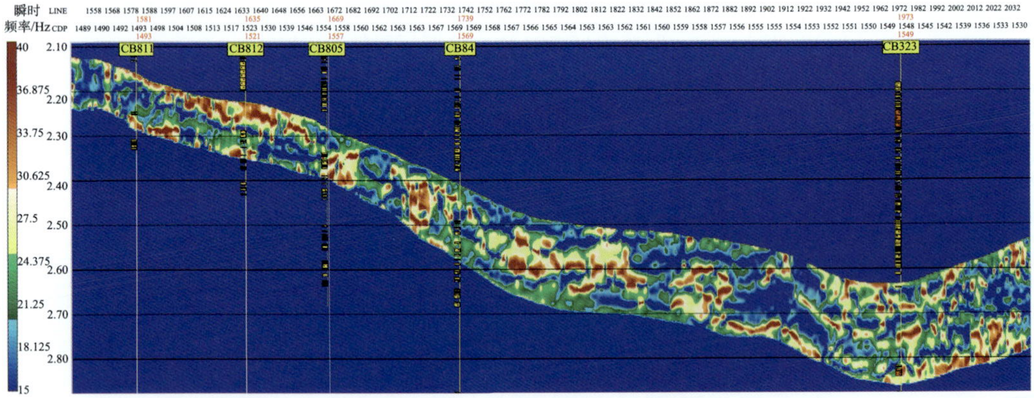

(d)CB811井—CB323井瞬时频率属性图

图 8－16　Ⅲ$_2$ 砂组(SQ2 上升及下降半旋回下部)瞬时频率属性图(续)

从图 8－17 中可以看出，在Ⅲ$_2$ 砂组(SQ2 上升半旋回和下降半旋回下部)中，能量比属性能与井上低位扇和滑塌扇很好的对应，也能很好地指示砂体横向展布。

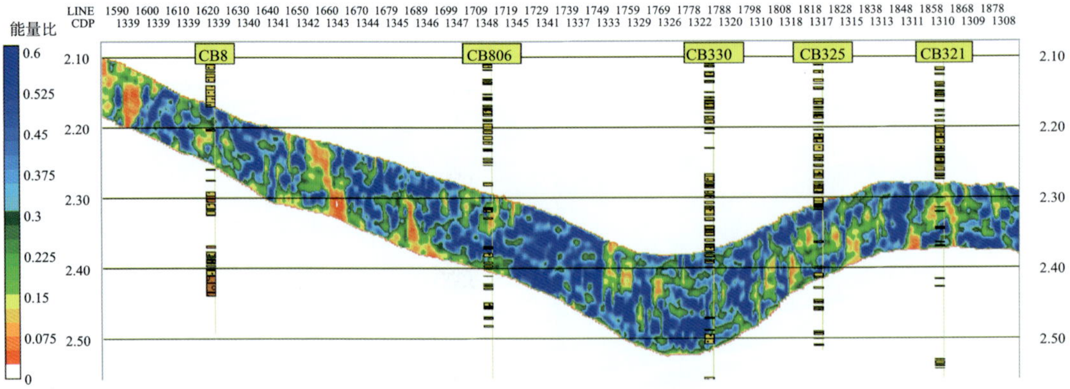

(a)CB8井—CB321井能量比属性图

图 8－17　Ⅲ$_2$ 砂组(SQ2 上升及下降半旋回下部)能量比属性图

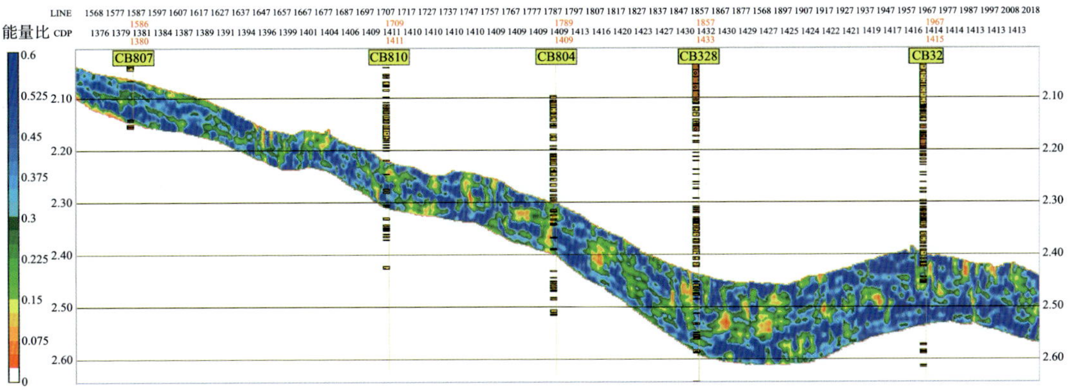

(b)CB807井—CB32井能量比属性图

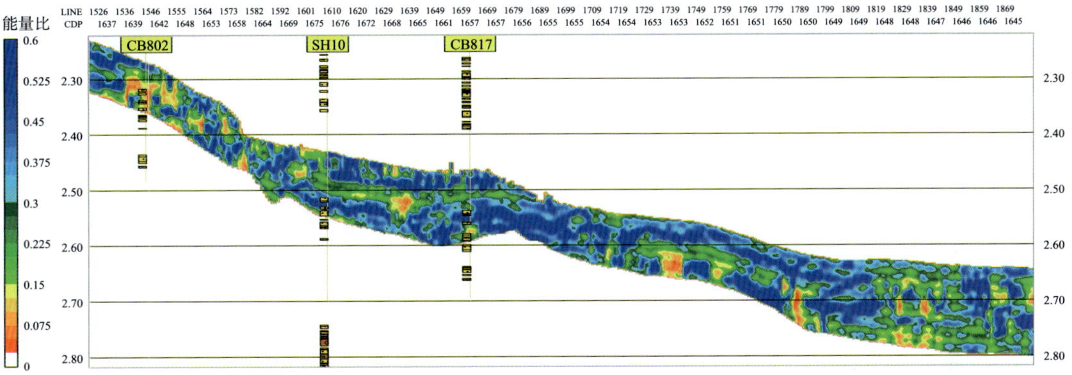

(c)CB802井—CB817井能量比属性图

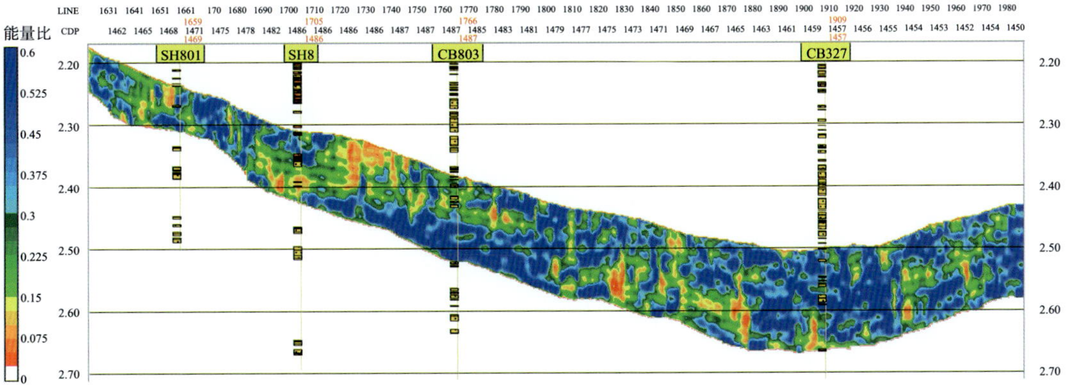

(d)SH801井—CB327井能量比属性图

图 8－17　$Ⅲ_2$ 砂组(SQ2 上升及下降半旋回下部)能量比属性图(续)

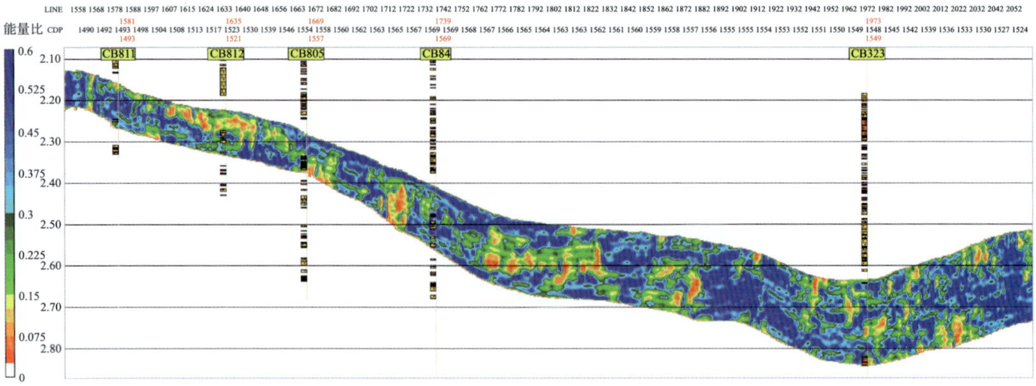

(e)CBG401井—CB817井能量比属性图

图 8－17　$Ⅲ_2$ 砂组（SQ2 上升及下降半旋回下部）能量比属性图（续）

通过对Ⅳ砂组（SQ3）和 $Ⅲ_2$ 砂组（SQ2 上升半旋回和下降半旋回下部）的属性剖面分析，能量比属性和瞬时频率属性对井上砂体分布较敏感，但考虑能量比属性反映的纵向分辨率相对较低，因此，综合认为瞬时频率属性为指导埕岛东斜坡地区储层分布的最佳属性，频率范围为 20～40Hz 的属性对应砂体分布。

3. 属性平面图分析

从图 8－18 中可以看出，强振幅主要分布在第一坡折带、CB8 井—CB326 井—CB323 井的沟谷坡折带和第二坡折带上 CB84 井和 CB803 井附近。根据该时期强振幅对应低位扇砂体分布，其分布趋势与相应的沉积相展布趋势吻合较低。

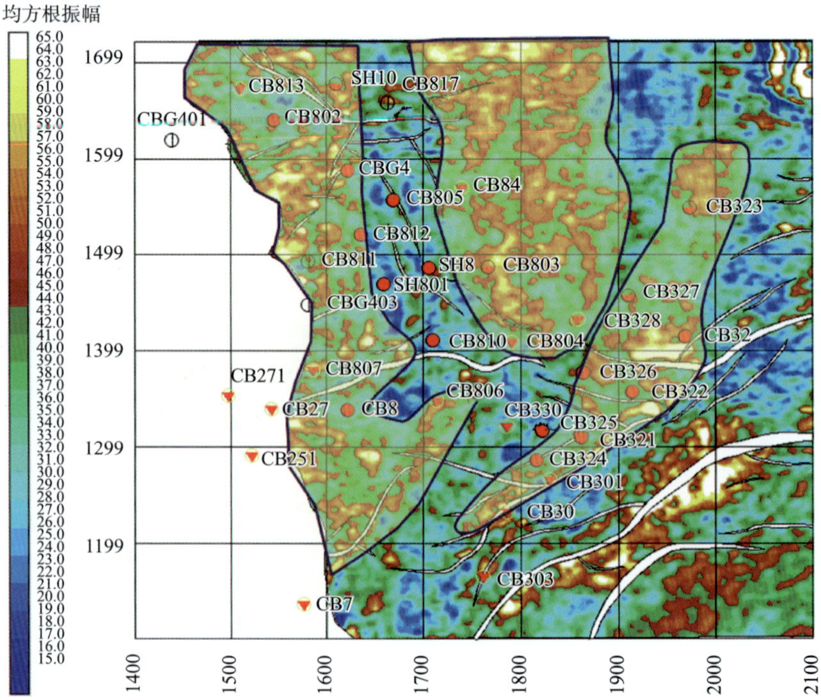

图 8－18　Ⅳ砂组（SQ3）均方根振幅属性平面分布图

从图 8－19 中可以看出，20～40Hz 频率对应的浊积体主要分布在坡折带和 CB8 井—CB326 井—CB323 井断阶沟谷带中，在第一坡折带和第二坡折带处，频率明显分为两个条带，第一坡折带对应较高频率，第二坡折带对应较低频率，这与古地貌控制低位浊积扇分布吻合。第二坡折带特征较连续，反映砂体沉积厚度较大，而第一坡折带特征比较破碎，连续性差，反映储层逐渐减薄。瞬时频率揭示的储层分布与该时期的沉积相一致，相对准确地给出了Ⅳ砂组(SQ3)时期低位浊积扇的平面分布边界。

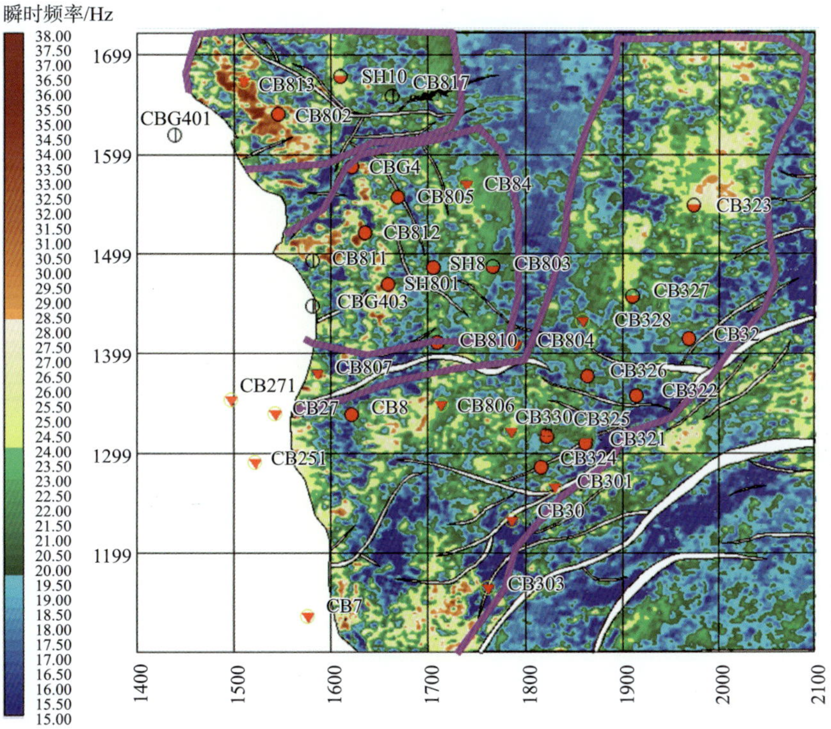

图 8－19　Ⅳ砂组(SQ3)瞬时频率平面分布图

从图 8－20 中可以看出，该时期坡折带规模变小，20～40Hz 频率对应的浊积体分布受古地貌控制作用减弱。SH801 井以及 CB803 井—CB84 井一带东侧属性特征较连续，反映低位扇厚度较厚。瞬时频率揭示的储层分布与该时期的沉积相较一致，也给出了$Ⅲ_2$砂组水进时期(SQ2 上升半旋回)低位浊积扇的分布边界。

从图 8－21 中可以看出，该时期坡折带规模继续变小，三角洲大范围推进，20～40Hz 频率对应的滑塌扇分布范围有限，主要集中在 CB812 井—SH8 井—SH801 井一带。瞬时频率揭示的储层分布与该时期的沉积相分布比较一致，给出了$Ⅲ_2$砂组高位域(SQ2 下降半旋回下部)时期滑塌扇的分布边界。

(三)声波阻抗反演技术

从前面的岩石物理分析可得，埕岛东斜坡地区的声波时差曲线和密度曲线很难将目的层的砂泥分开，因此，本次研究采用拟声波曲线构建、协同地质建模和基于模型的测井约束反演三项关键技术的综合应用，进行目的砂层组的砂体分布预测。

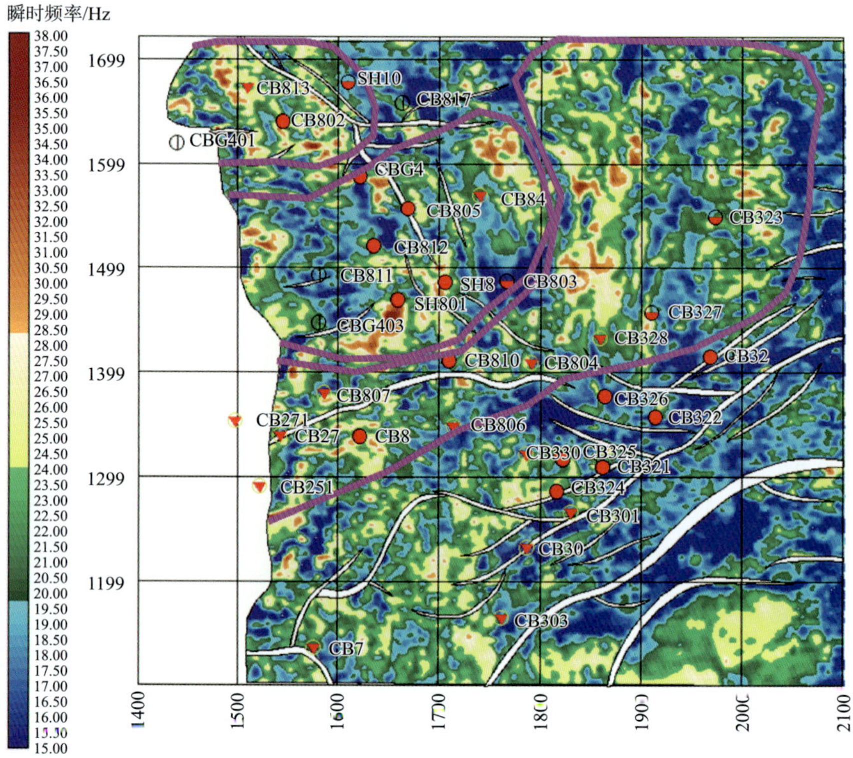

图8-20 Ⅲ$_2$ 砂组水进域(SQ2上升半旋回)瞬时频率属性平面分布图

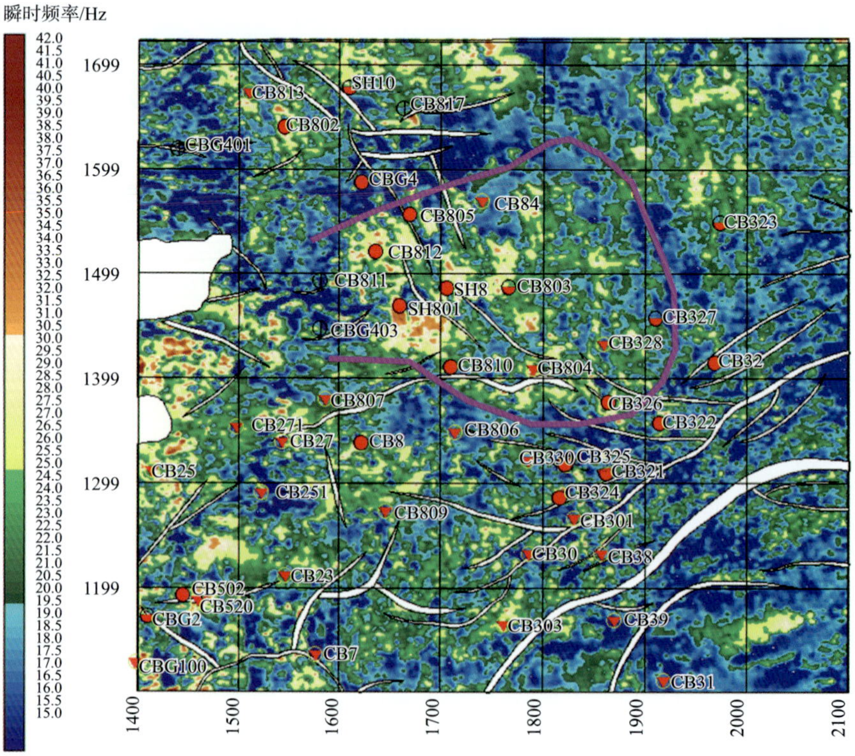

图8-21 Ⅲ$_2$ 砂组高位域(SQ2下降半旋回下部)瞬时频率属性平面分布图

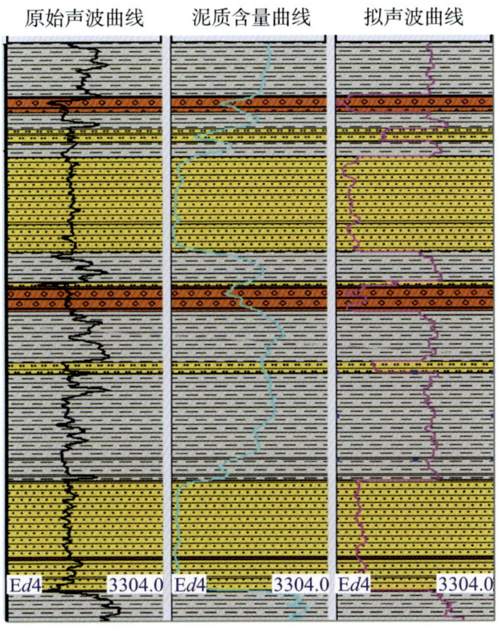

图 8－22　SH8 井拟声波曲线构建图

1. 拟声波曲线构建技术

拟声波曲线构建技术主要是为了提高地震反演的分辨率，有效地进行岩性识别。

从图 8－22 中可以看出，以 SH8 井为例，相对原始声波时差曲线而言，拟声波曲线不仅结合了声波曲线的低频信息，也同时具备了泥质含量的高频信息，能够较好地将砂泥岩区分。

从图 8－23 中可以看出，较原始声波时差曲线而言，拟声波时差和拟声波阻抗都能够很好地区分目的层的砂泥岩，速度门槛值约为 3300m/s。

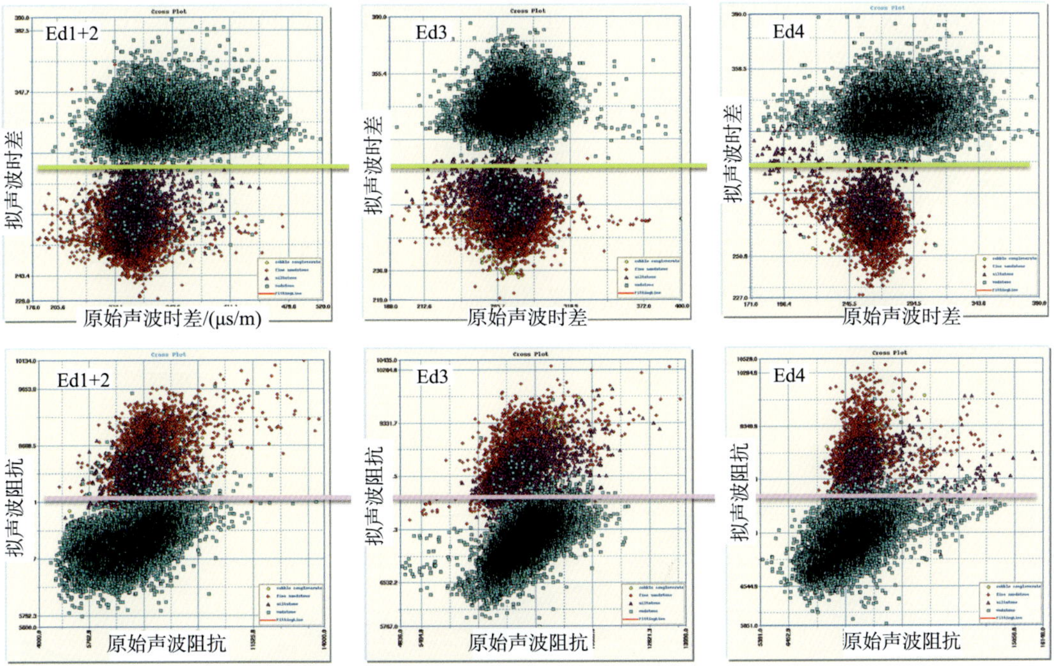

图 8－23　不同砂层组原始声波时差曲线、拟声波曲线，原始声波阻抗、拟声波阻抗交会图

2. 协同地质建模技术

协同地质建模技术主要是在建模过程中，除了利用地震资料的信息，还要将地质、测井信息进行有机的融合，使模型更加符合地质意义。

从图 8 - 24 中可以看出，在Ⅳ砂组(SQ3)内，CB84 井—CB323 井之间可见明显的地质现象，CB84 中低位扇沉积之后，有一次小规模的湖泛沉积，从地震相特征来看，湖泛面与低位扇接触。在湖泛面之上，又有小规模的低位扇分布。

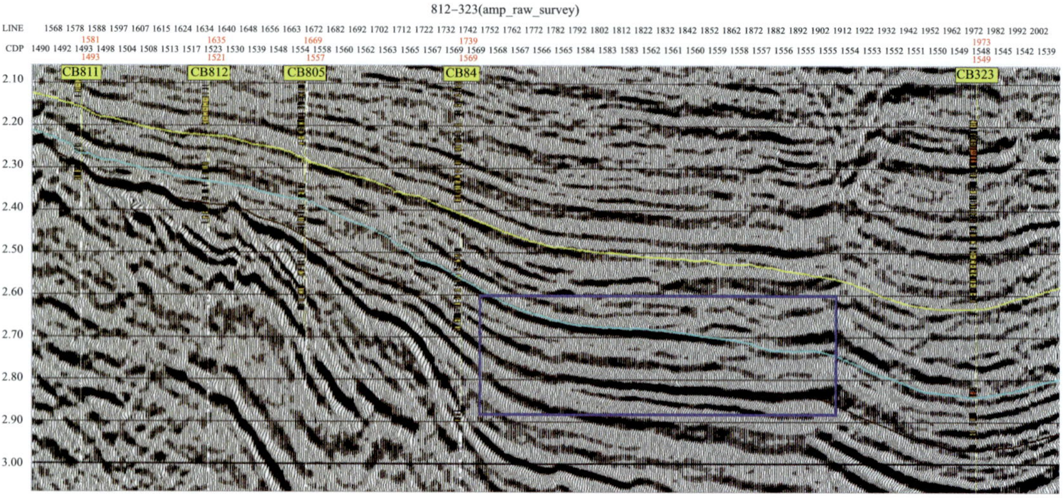

图 8 - 24　CB811 井 - CB323 井连井地震剖面图

本次研究通过对三种不同的建模方法进行对比，综合认为协同地质建模技术能够很好地构建具有地质意义的模型。

从图 8 - 25 中可以看出，线性建模不能很好地将砂体横向展布及砂体连通关系表现出来，由于分形建模中地震因素太多，很难将地质因素融入其中。从协同地质建模和地震数据匹配图看出，协同地质建模技术不仅与地震相吻合，同时将低位扇的横向分布，低位扇之间的连通关系、低位扇与湖泛面的关系很好的结合。因此，采用协同地质建模技术构建的地质模型为后面的反演提供具有地质意义的基础。

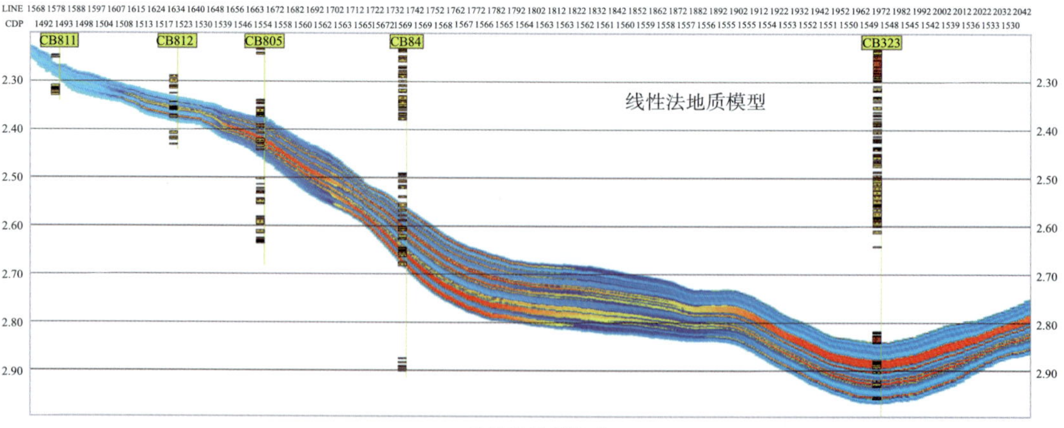

(a)线性法地质模型

图 8 - 25　三种建模方法及对比

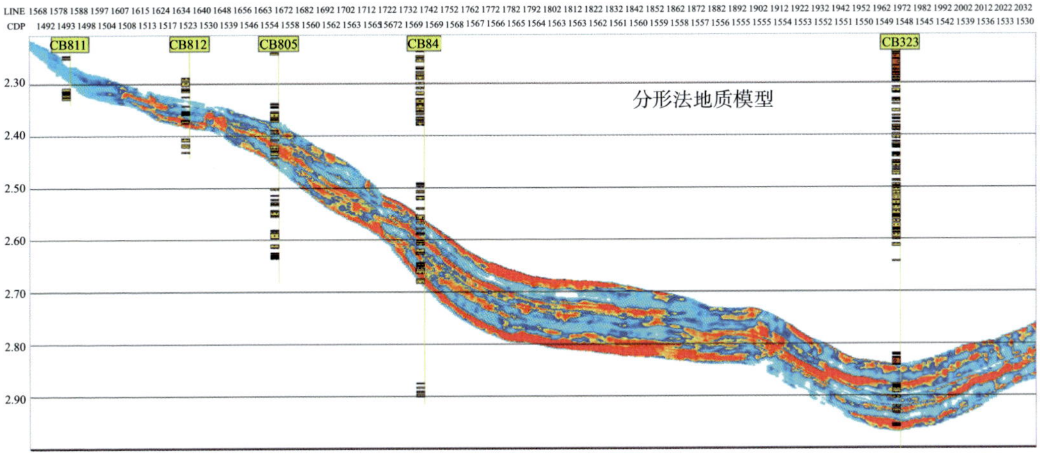

(b)分形法地质模型

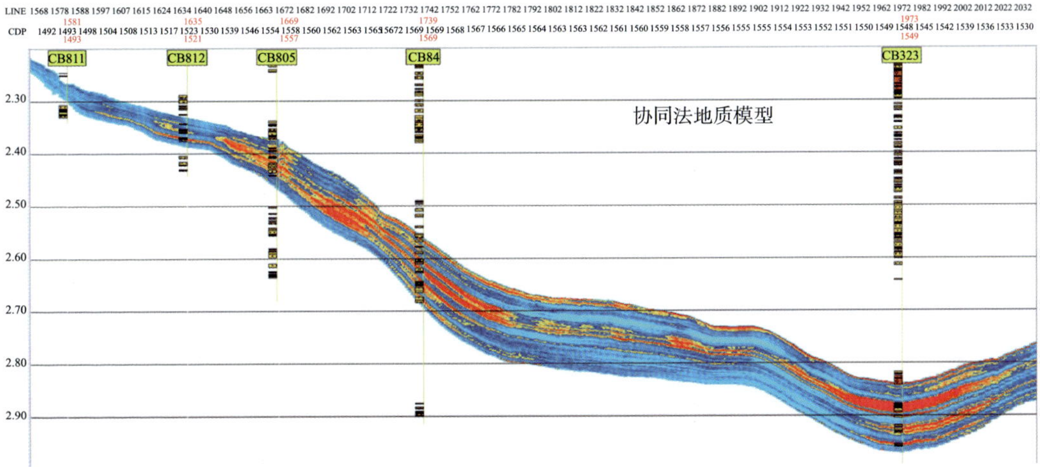

(c)协同法地质模型

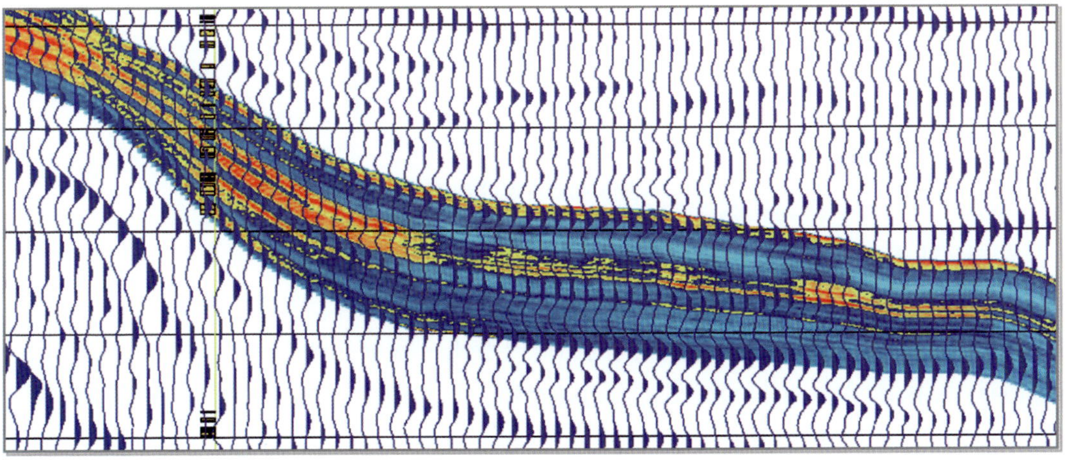

(d)协同法模型与地震反射对比

图 8－25　三种建模方法及对比(续)

从 CBG401 井—CB817 井连井反演剖面可以看出，反演结果不仅与井上砂体非常吻合，且反演结果揭示的砂体之间的连通关系与连井剖面也非常一致(图 8 -26)。

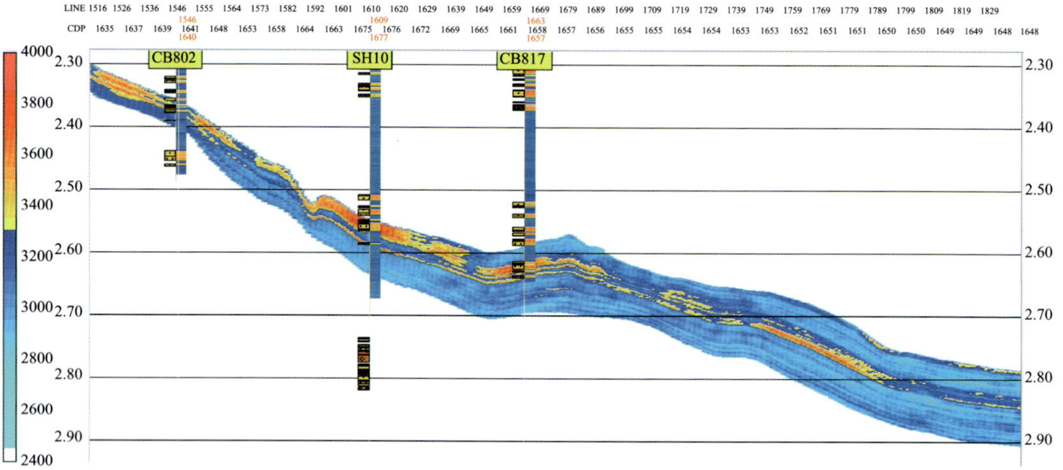

(a)Ⅳ砂组(SQ3)CBG401井—CB817井连井反演剖面图

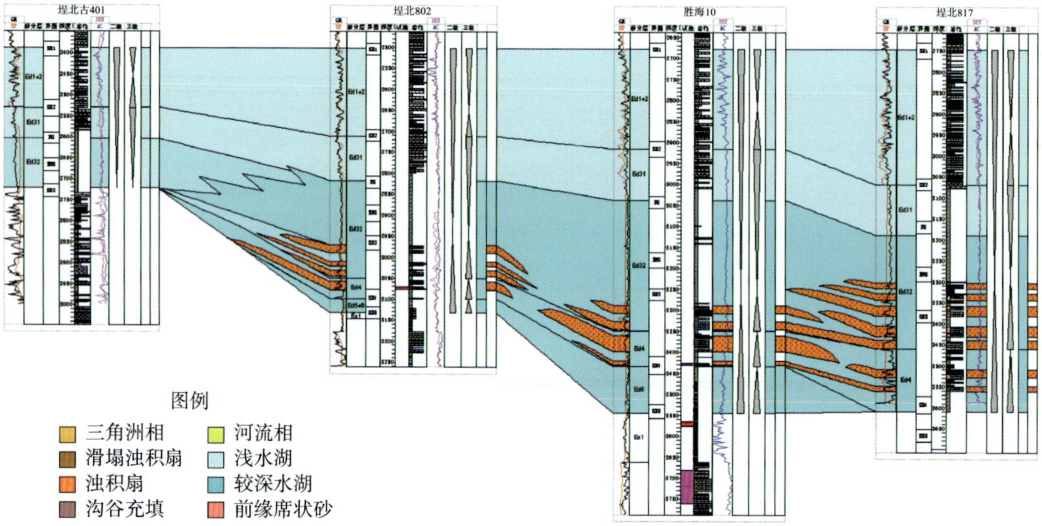

(b)CBG401井—CB817井连井剖面相

图 8 -26　连井剖面

从 CB271 井—CB32 井连井反演剖面可以看出，反演结果不仅与井上砂体非常吻合，且反演结果揭示的砂体之间的连通关系与连井剖面也非常一致(图 8 -27)。

从 CBG403 井—CB327 井连井反演剖面可以看出，反演结果与井上砂体非常吻合，Ⅳ砂组(SQ3)SH801 井和 SH8 井沉积相为沟谷充填，与相邻的 CB803 井低位浊积扇不同，反演结果揭示的砂体之间的连通关系与连井剖面也非常一致(图 8 -28)。

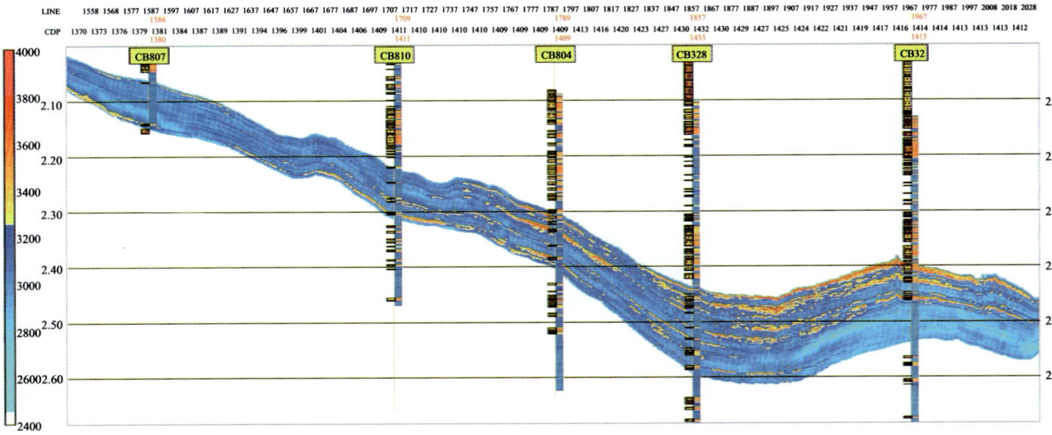

(a)Ⅲ$_2$砂组(SQ2上升及下降半旋回下部)CB271井—CB32井连井反演剖面图

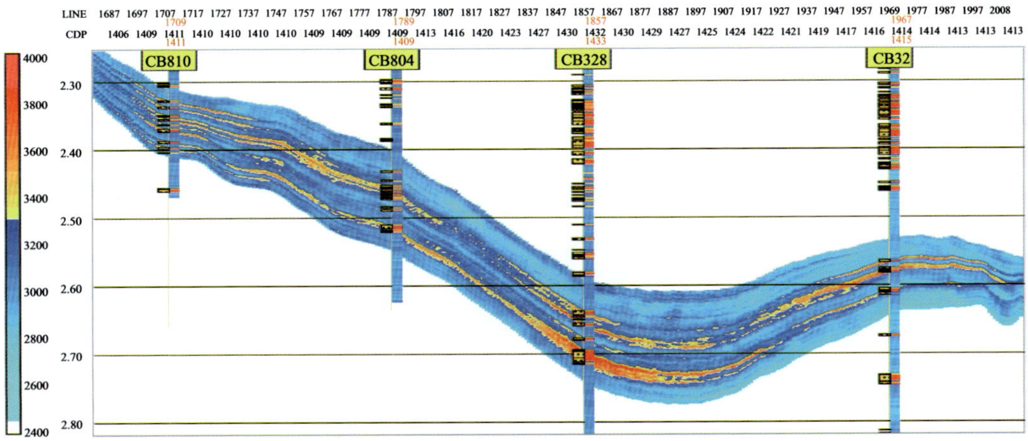

(b)Ⅳ砂组(SQ3)CB271井—CB32井连井反演剖面图

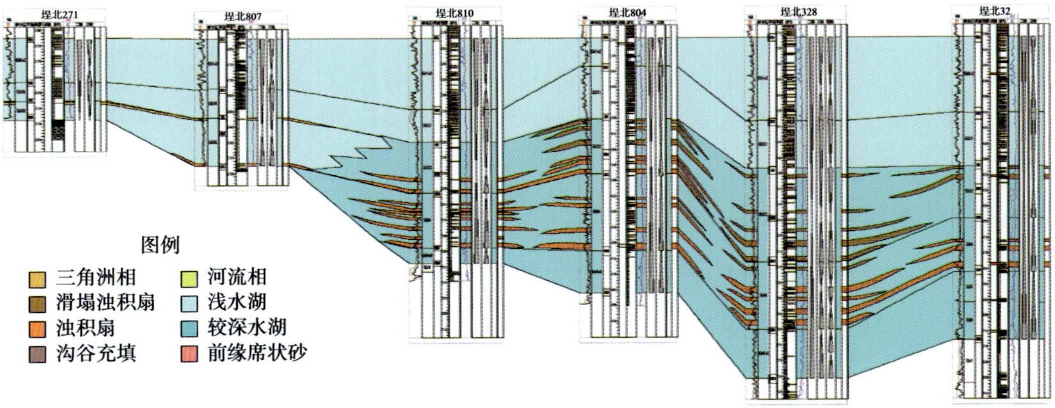

(c)CB271井—CB32井连井沉积相剖面图

图8－27　CB271井—CB32井连井剖面图

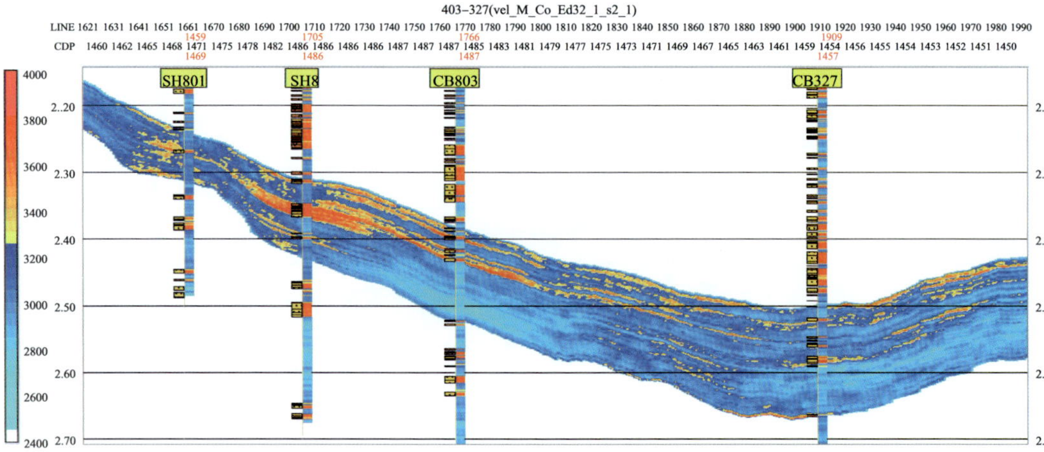

(a)Ⅲ$_2$砂组(SQ2上升及下降半旋回下部)CBG403井—CB327井连井反演剖面图

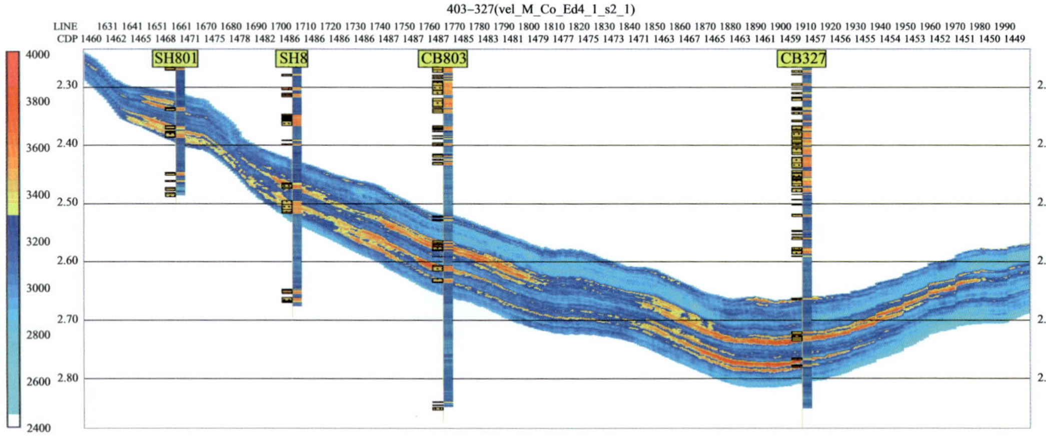

(b)Ⅳ砂组(SQ3)CBG403井—CB327井连井反演剖面图

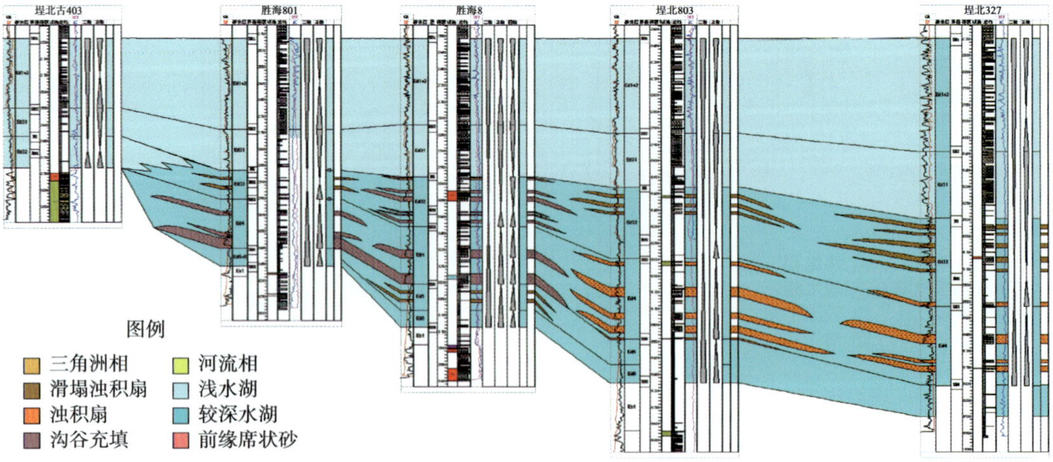

(c)CBG403井—CB327井连井沉积相剖面图

图 8－28 CBG403 井—CB327 井连井剖面图

从 CB811 井—CB323 井连井反演剖面可以看出，反演结果与井上砂体非常吻合，反演结果揭示的砂体之间的连通关系与连井剖面也非常一致(图 8－29)。

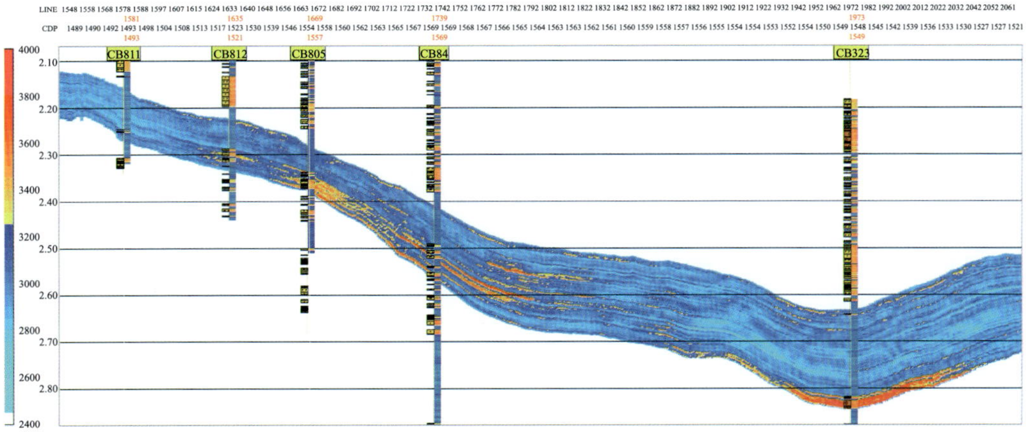

(a)Ⅲ$_2$砂组(SQ2上升及下降半旋回下部)CB811井—CB323井连井反演剖面图

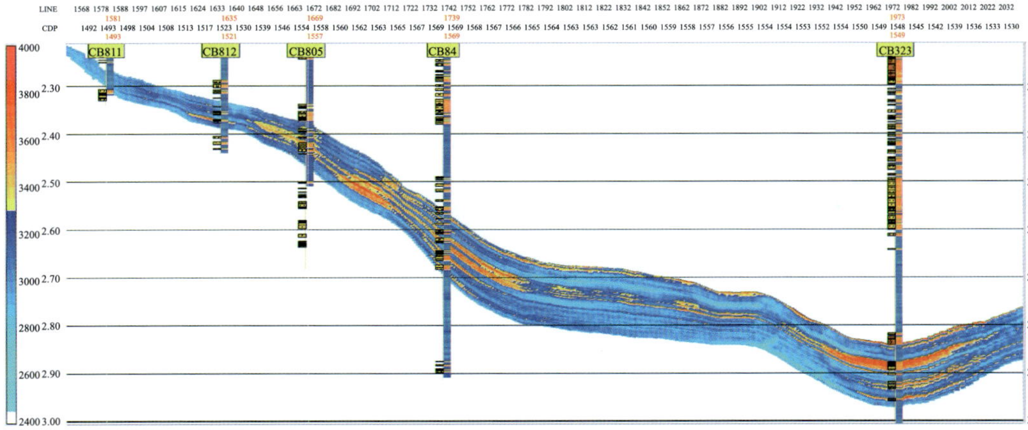

(b)Ⅳ砂组(SQ3)CB811井—CB323井连井反演剖面图

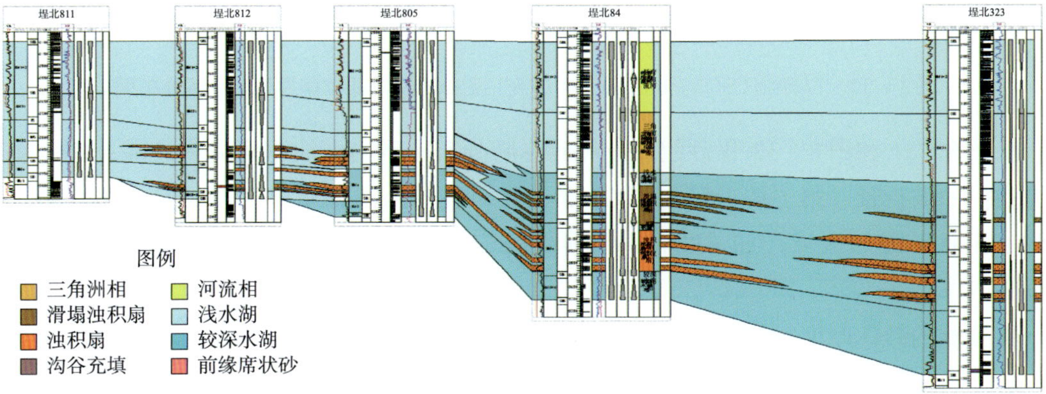

(c)CB811井—CB323井连井沉积相剖面图

图 8－29　CB811 井—CB323 井连井剖面

因此，从连井的反演结果与剖面对比得出，三项关键技术综合应用不仅提高了纵向分辨率，与井上砂体吻合度高，且砂体横向展布及砂体之间的连通关系也能与地质认识一致。

(四)储层预测平面图分析

通过单井分析，同时综合瞬时频率属性及声波反演揭示的砂体分布，综合得出了Ⅳ砂组(SQ3)和$Ⅲ_2$砂组(SQ2上升半旋回和下降半旋回下部)的储层平面分布。

1. Ⅳ砂组(SQ3)低位扇分布平面分析

从图8-30中可以看出，低位扇主要分布在第一坡折带、第二坡折带和CB30断阶沟谷区域，与该时期低位扇分布受古地貌控制有关。

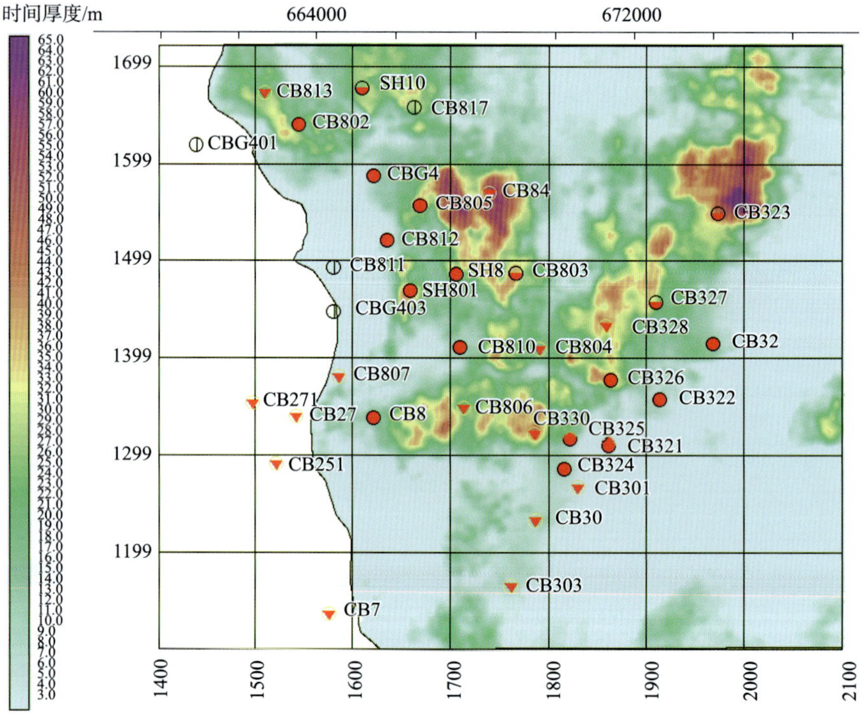

图8-30 Ⅳ砂组(SQ3)低位扇时间厚度(反演时间域低位扇厚度)平面分布图

从图8-31和图8-32 Ⅳ砂组(SQ3)低位扇分布图看出，浊积扇受古地貌控制，主要发育在第一坡折带、第二坡折带和CB30断阶带。较厚的浊积扇体主要发育在第二坡折带及沟谷相对平缓的区域，如CB84井钻遇低位扇84m，CB803井钻遇67m，CB326井钻遇85m。

将预测的砂体厚度与井上砂体厚度对比得出，预测的砂体厚度与井上砂体厚度误差均在3m以内，吻合率达80%以上(表8-1)。

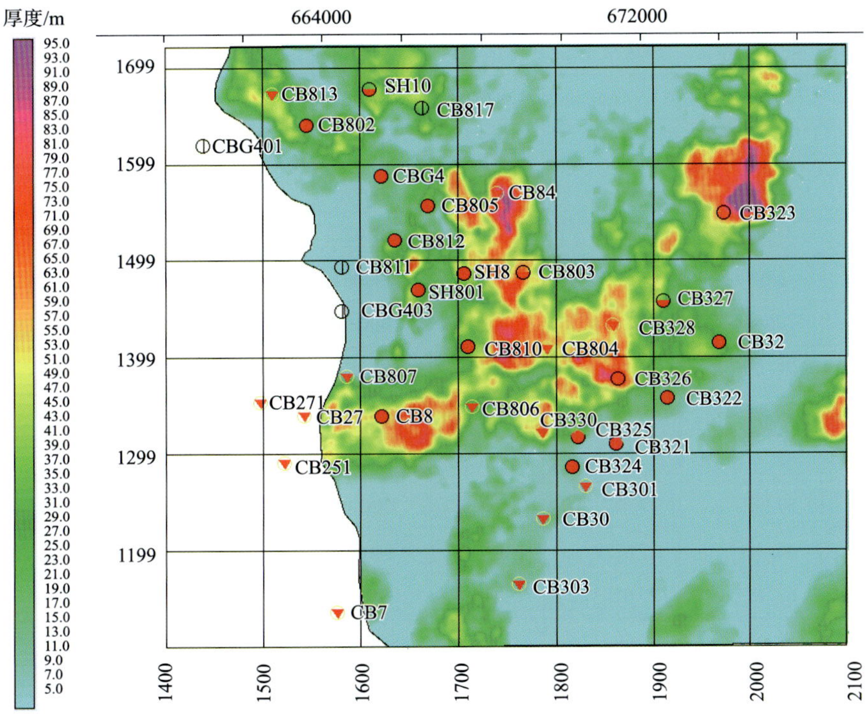

图 8－31　Ⅳ砂组(SQ1)低位扇厚度平面分布图

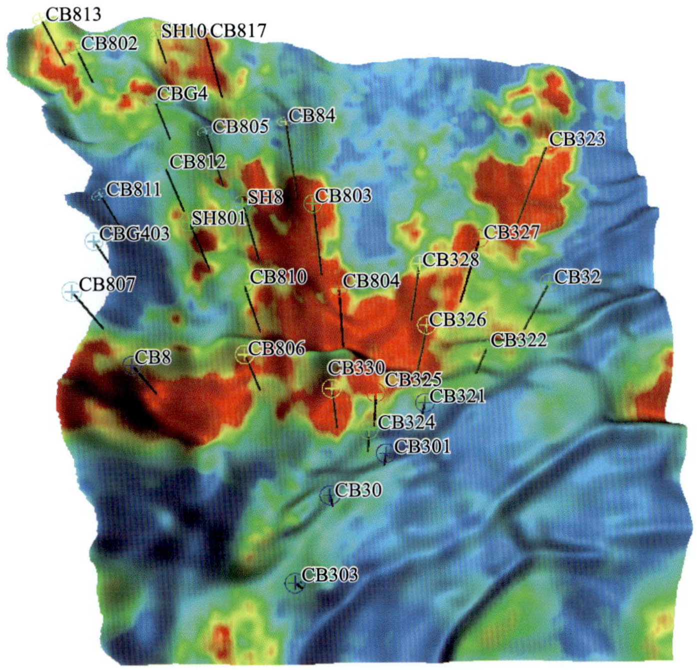

图 8－32　Ⅳ砂组(SQ3)低位扇厚度与古地貌叠合图
(颜色代表厚度，地形代表古地貌)

表 8－1　Ⅳ砂组(SQ3)低位扇预测厚度与井上砂体厚度误差统计表

井名	井上砂体厚度/m	预测厚度/m	误差/m	井名	井上砂体厚度/m	预测厚度/m	误差/m
CB30	13. 8	12. 9	－0. 9	CB802	14. 2	15. 5	1. 3
CB301	8. 5	8. 07	－0. 43	CB803	67	66. 6	－0. 4
CB303	11. 4	11. 6	0. 2	CB804	52	51. 8	－0. 2
CB32	32. 3	31. 9	－0. 4	CB805	44. 5	45. 6	1. 1
CB321	2. 5	3. 1	0. 6	CB806	32. 7	32. 5	－0. 2
CB322	20	19. 3	－0. 7	CB810	40	39. 7	－0. 3
CB323	74. 6	73. 7	－0. 9	CB812	27. 4	29	1. 6
CB324	19. 7	18. 9	－0. 8	CB813	31. 5	32. 6	1. 1
CB326	85. 1	84. 3	－0. 8	CB84	85. 3	84	－1. 3
CB327	37. 9	37	－0. 9	CBG4	12. 5	13. 2	0. 7
CB328	63. 1	63. 3	0. 2	SH10	34. 5	35	0. 5
CB330	63. 6	62. 3	－1. 3	SH8	51. 5	50. 9	－0. 6
CB8	62. 5	60. 4	－2. 1	SH801	44. 2	43. 4	－0. 8

因此，Ⅳ砂组(SQ3)反演结果不仅提高了纵向砂体识别精度，而且与井上砂体厚度吻合，为储集体的平面分布分析提供了较准确的依据。在此基础上，根据连井剖面相砂体对比以及声波阻抗反演结果，将Ⅳ砂层组(SQ3)对3套单砂体进行了追踪，如图8－33所示。

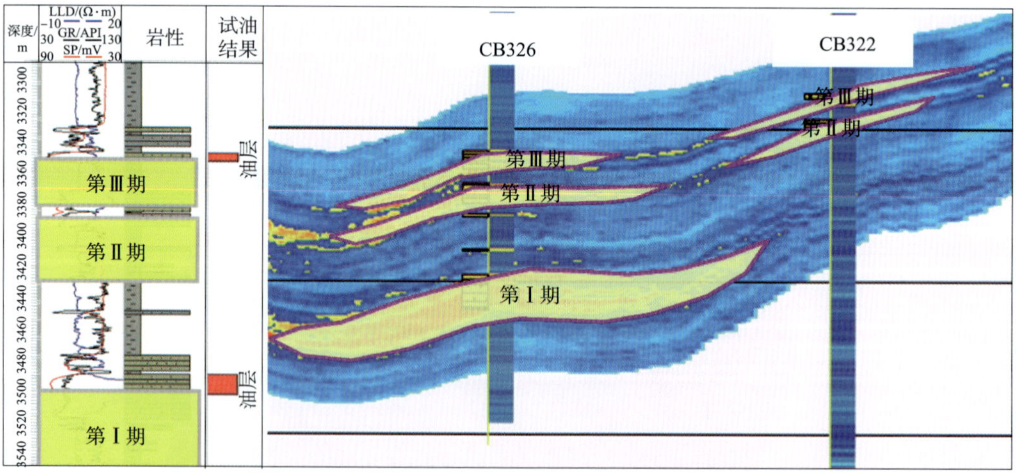

图 8－33　以 CB326 井为例，Ⅳ砂组(SQ3)3 期单砂体追踪剖面图

从图8－34中可以看出，第Ⅰ期单砂体，砂体主要分布在CB30断阶带及SH8井及CB84井一带。第Ⅱ期单砂体，分布范围变广，厚层砂体主要分布在CB84井一带。第Ⅲ期单砂体，厚砂体主要集中在埕岛东斜坡地区北部，即SH10井—CB817井一带，CB30断阶带及SH8井一带厚度减薄，很好地描述了单砂体厚度分布。同样，各期砂体纵向叠置及平面连通关系也得到了很好的体现，与连井剖面相分析基本一致。各期单砂体分布在纵向上

互相叠置、横向上叠合成片，但每期单砂体内，连通性较差，也从侧面证明了出油井基本上独立成藏。

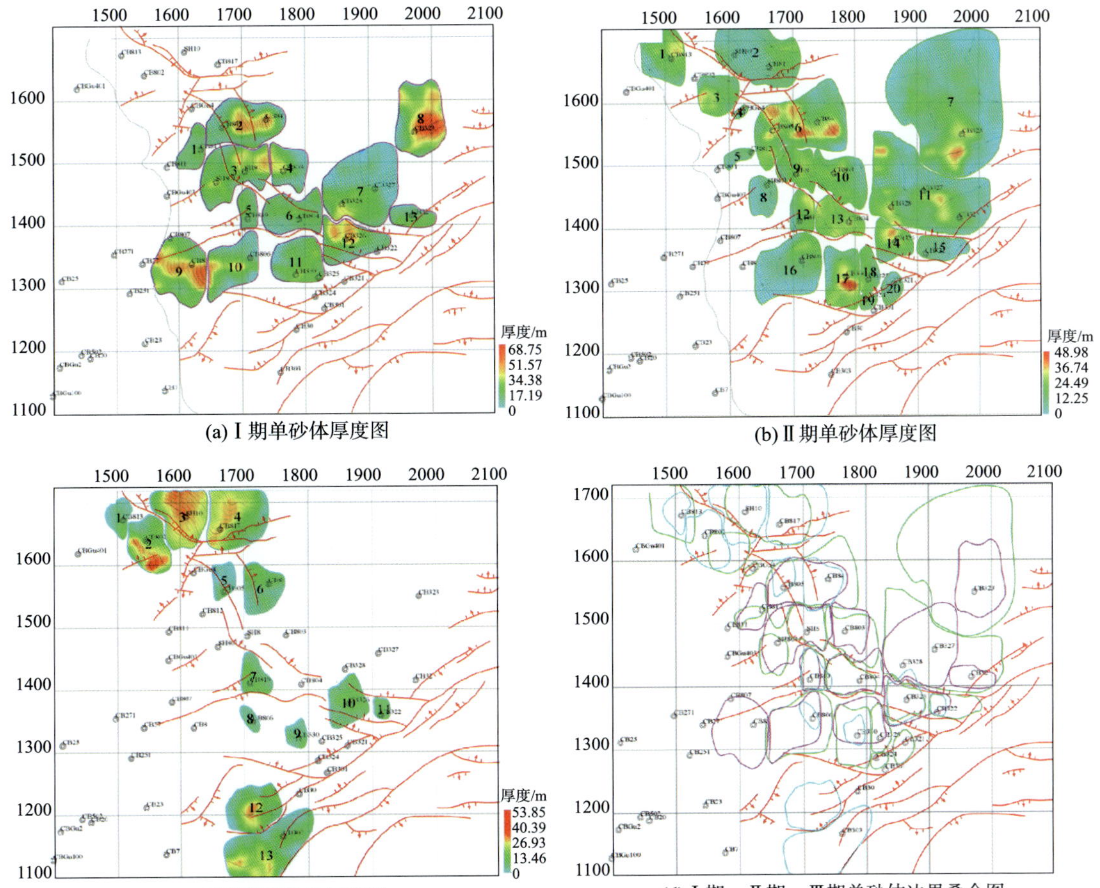

(a) Ⅰ期单砂体厚度图　(b) Ⅱ期单砂体厚度图　(c) Ⅲ期单砂体厚度图　(d) Ⅰ期、Ⅱ期、Ⅲ期单砂体边界叠合图

图 8-34　Ⅳ砂组(SQ3)3 期单砂体厚度及边界叠合图

2. Ⅲ$_2$ 砂组(SQ2 上升半旋回和下降半旋回下部)低位扇分布平面分析

从图 8-35 中看出，在Ⅲ$_2$ 砂组(SQ2 上升半旋回和下降半旋回下部)内，砂体集中分布在 SH8 井—CB84 井区域，主要是在Ⅲ$_2$ 砂组水进域(SQ2 上升半旋回)和高位域(SQ2 下降半旋回下部)，该区域发育了低位扇和滑塌扇。

从图 8-36 和图 8-37 的砂体展布图综合分析得出，与Ⅳ砂组(SQ3)低位扇分布相比，在Ⅲ$_2$ 砂组(SQ2 上升半旋回和下降半旋回下部)时期，CB30 断阶带附近低位扇和滑塌扇均不发育，砂体主要发育在第一坡折带、第二坡折带处，尤其是 CB84 井—SH8 井—CB328 井一带，这是水进域时期的低位扇和高位域时期的滑塌扇纵向叠置的反映。

通过将预测的砂体厚度与井上砂体厚度对比得出，在Ⅲ$_2$ 砂组(SQ2 上升半旋回和下降半旋回下部)内，预测的砂体厚度与井上砂体厚度误差均在 3m 以内，吻合率达 80% 以上(表 8-2)。

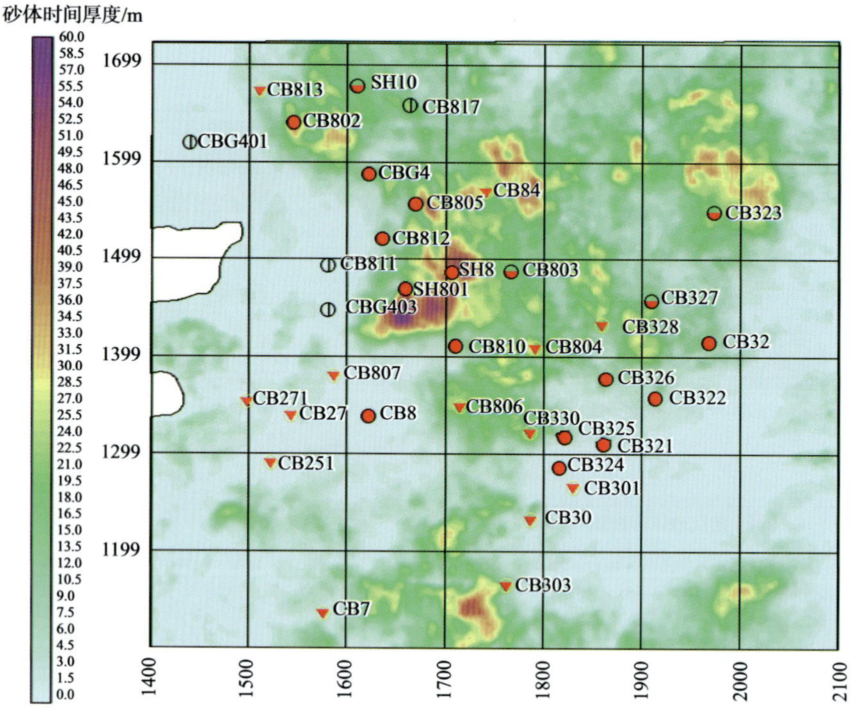

图 8-35 Ⅲ$_2$ 砂组(SQ2 上升及下降半旋回下部)砂体时间厚度(反演时间域砂体厚度)平面分布图

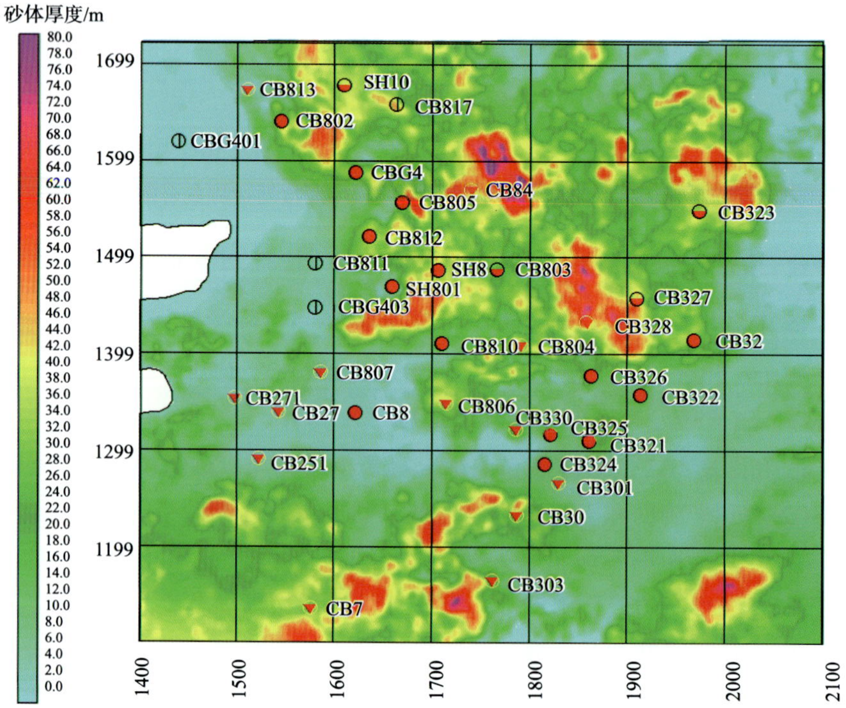

图 8-36 Ⅲ$_2$ 砂组(SQ2 上升及下降半旋回下部)砂体厚度分布平面图

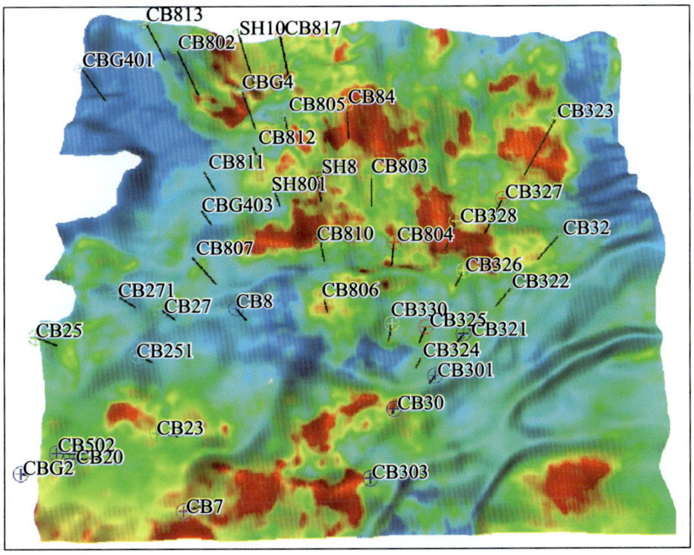

图 8-37 $Ⅲ_2$ 砂组(SQ2 上升及下降半旋回下部)砂体厚度和古地貌叠合图

(颜色代表厚度，地形代表古地貌)

表 8-2 $Ⅲ_2$ 砂组(SQ2 上升及下降半旋回下部)砂体预测厚度与井上厚度误差统计表

井名	井上砂体厚度/m	预测厚度/m	误差/m	井名	井上砂体厚度/m	预测厚度/m	误差/m
CB27	5.5	4.8	-0.7	CB8	4	3.89	-0.11
CB30	34	34.6	0.6	CB802	32	30.5	-1.5
CB301	12.2	10.6	-1.6	CB803	25.5	25.3	-0.2
CB303	24.3	25	0.7	CB804	37.7	37.6	-0.1
CB32	35.6	34.2	-1.4	CB805	33.6	32.5	-1.1
CB321	18.9	17.7	-1.2	CB806	39.1	38.8	-0.3
CB322	16.7	17.4	0.7	CB807	7.7	7.3	-0.4
CB323	35.3	35.4	0.1	CB810	16.8	16.6	-0.2
CB324	15.4	14.8	-0.6	CB811	4.4	4.3	-0.1
CB325	21.6	20.8	-0.8	CB812	35.8	35.7	-0.1
CB326	21.5	21.5	0	CB817	43.7	42.6	-1.1
CB327	42.7	41.9	-0.8	CB84	46.7	46.7	0
CB328	57.6	55.8	-1.8	CBG4	29.7	28.7	-1
CB330	26.25	24.8	-1.45	SH10	41	40.2	-0.8
CB7	29.2	30.6	1.4	SH8	35.5	33.5	-2

因此，$Ⅲ_2$ 砂组(SQ2 上升半旋回和下降半旋回下部)反演结果不仅提高了纵向砂体识别精度，而且与井上砂体厚度吻合，为储集体的平面分布分析提供了较准确的依据。在此基础上，根据连井剖面相砂体对比以及声波阻抗反演结果，在 $Ⅲ_2$ 砂层(SQ2 上升半旋回和下降半旋回下部)组内对 4 套单砂体进行了追踪，如图 8-38 所示。

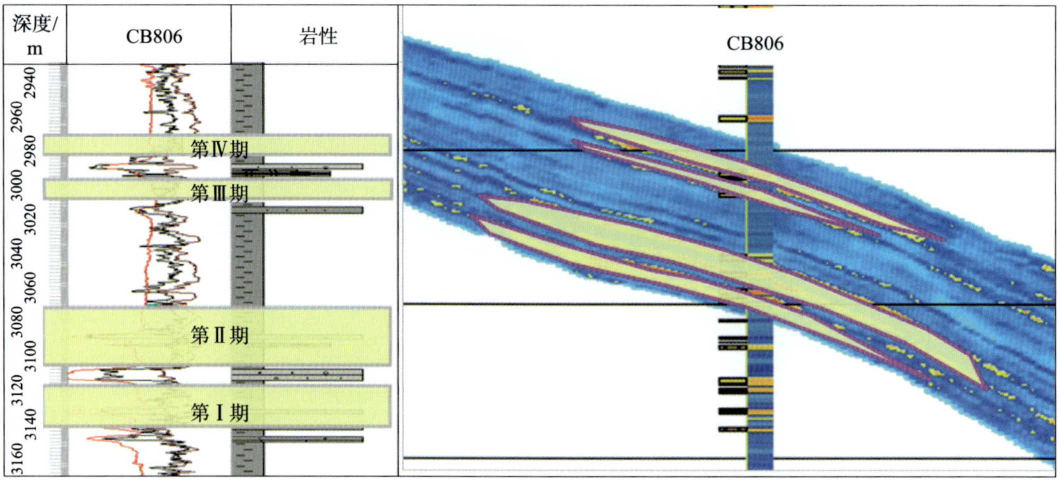

图 8－38　CB806 井Ⅲ$_2$ 砂组（SQ2 上升及下降半旋回下部）4 期单砂体追踪剖面图

从图 8－39 可以看出，第Ⅰ期单砂体，在埕岛东斜坡地区北部，即 SH10 井和 CB805

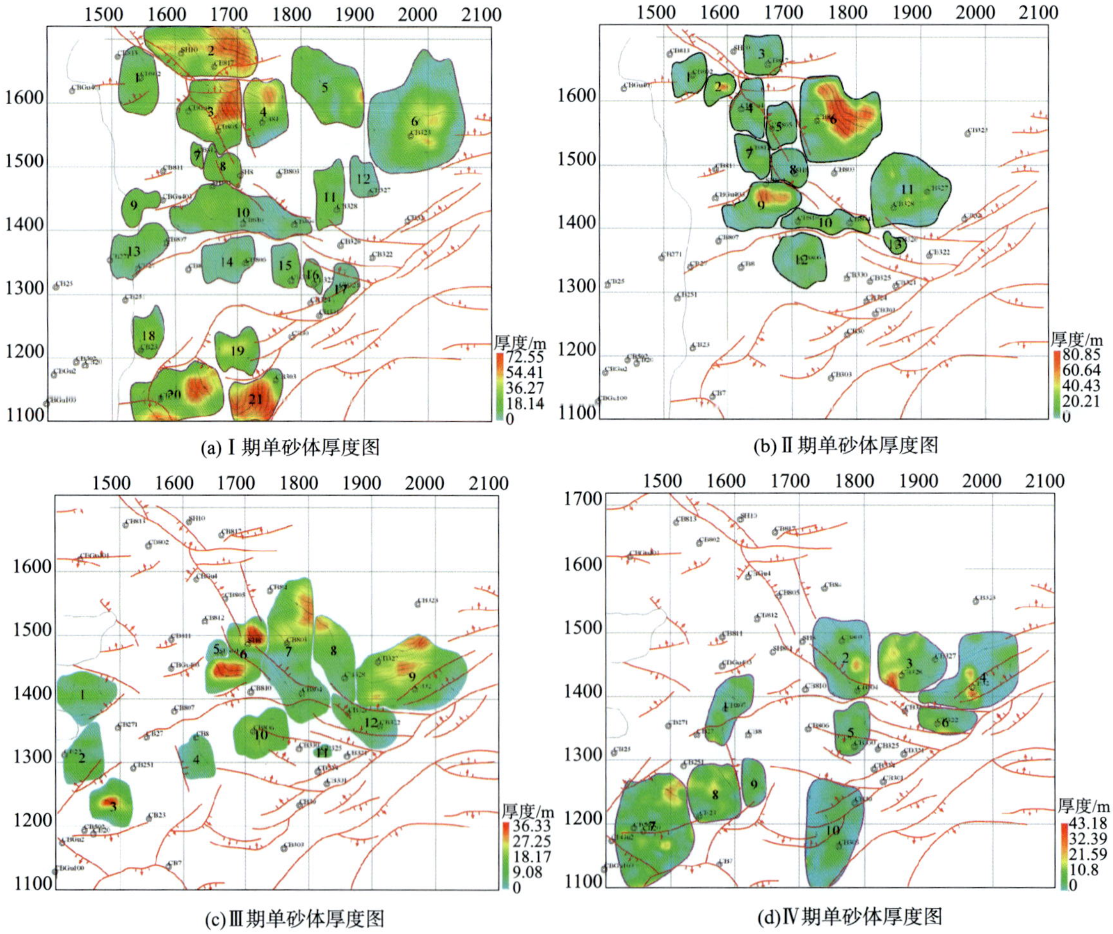

(a) Ⅰ期单砂体厚度图　(b) Ⅱ期单砂体厚度图

(c) Ⅲ期单砂体厚度图　(d) Ⅳ期单砂体厚度图

图 8－39　Ⅲ$_2$ 砂组（SQ2 上升及下降半旋回下部）各期单砂体厚度及叠合图

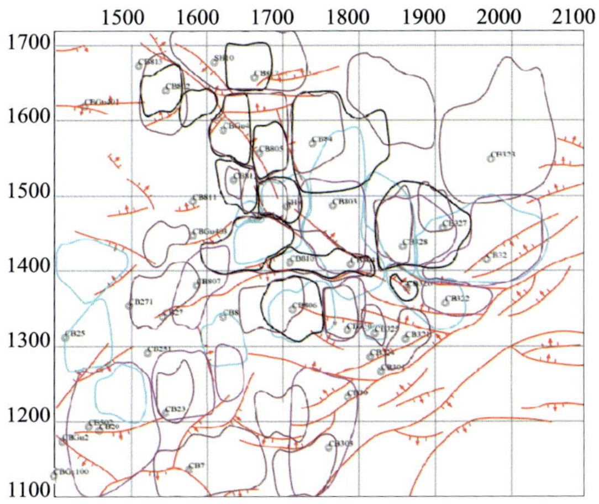

(e) 4期单砂体边界叠合图

图 8-39 $Ⅲ_2$ 砂组(SQ2 上升及下降半旋回下部)各期单砂体厚度及叠合图(续)

井一带发育较厚的砂体。第Ⅱ期单砂体，低位扇仍主要分布在该区北部第二坡折带附近。第Ⅲ期单砂体，砂体主要分布在该区中部，即SH8井附近，且对应较厚的砂体。同样，第Ⅳ期单砂体仍以该区中部砂体发育最厚。

各期砂体纵向叠置及平面连通关系得到了很好的体现，与连井剖面相分析基本一致。各期单砂体分布在纵向上相互叠置、横向上叠合成片，几乎覆盖整个区域。

综上所述，通过对目的砂层组的砂体平面分布预测，本次研究得出了以下几点结论。

(1)在沉积相认识的指导下，利用地震属性和反演方法预测的储集体分布能够与古地貌、沉积、构造等地质认识吻合，较明确地从定性和定量两个角度刻画了目的层储集体的横向以及纵向分布规律。

(2)通过拟声波曲线构建技术、协同地质建模技术和基于模型的测井约束反演技术的综合应用，储层预测结果的纵向识别精度得到了很大的提升，为单砂体的追踪及评价提供了很好的支持。

(3)通过对7期单砂体的全面追踪，较清晰地阐释了各时期砂体的纵向叠置关系、砂体平面连通关系和储层厚度分布。

二、目的砂层组流体预测

在埕岛东斜坡地区内，达到工业油流标准的井上油层厚度分布范围为3~30m，油层厚度薄，地震资料精度低，难以识别。本次主要是结合高分辨声波阻抗反演揭示的砂体纵向展布，利用衰减梯度属性对砂体内部进行流体识别。

在该区内，CB326井和CB32井都具有较高的产油量，因此，从高产油区和非油区进行了频谱对比，如图8-40所示。

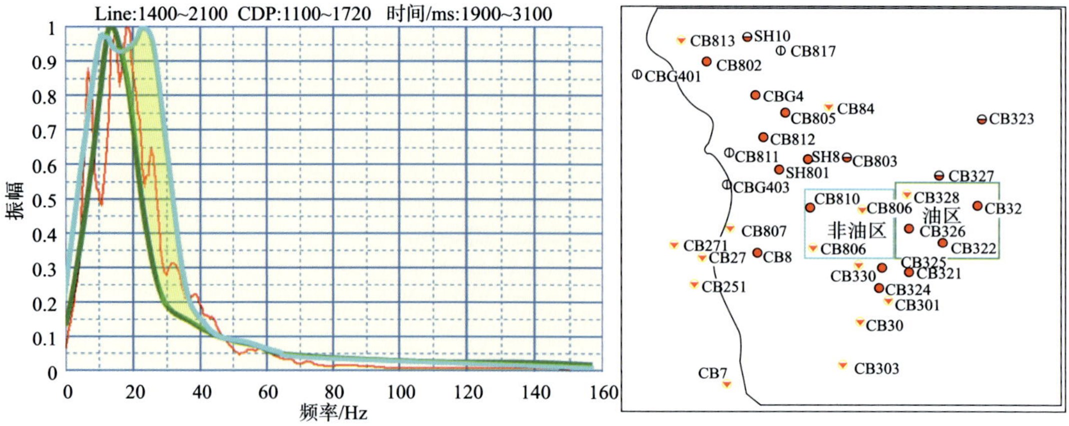

图 8-40 油区与非油区频谱对比图

（蓝线代表非油区，绿线代表油区）

从图 8-40 中可以看出，原始地震频带主要为 5～45Hz，非油气区频带分布为 5～40Hz，而含油气区频带分布则为 5～30Hz。因此，通过对同一套目的层含油区和非含油区的频带分布分析得出，衰减梯度属性能够对砂体内的油气可能性分布进行有效的预测。

（一）Ⅳ砂组（SQ3）流体预测

在声波阻抗反演的基础上，利用对应砂体分布的速度门槛值 3300m/s，对衰减梯度属性进行了泥岩过滤，突出在低位扇分布内的油气检测。

从图 8-41 中可以看出，强衰减区域与储层分布较一致，主要分布在第一坡折带、第

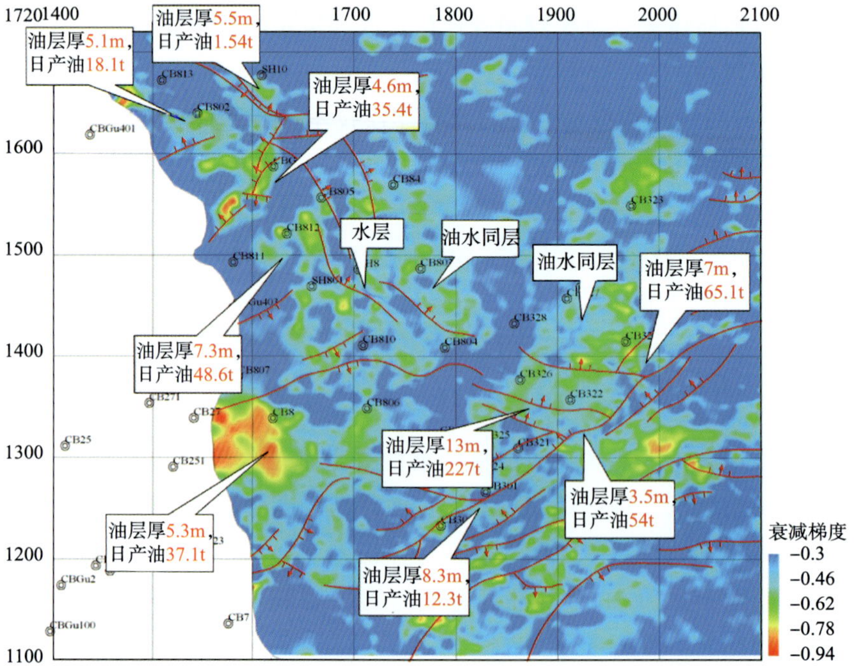

图 8-41 Ⅳ砂组（SQ3）衰减梯度属性平面分布图

二坡折带和CB8潜山断阶带以及CB30潜山断阶带附近。强衰减指示的油气分布与已出油井吻合较好，尤其是在CB30断阶带、CB8井以及CB802井—CBG4井—CB812井一带。SH8井—CB810井区域，衰减强度明显减弱，与井上水层或干层吻合。

从图8－41和图8－42中可以看出，在Ⅳ砂组(SQ3)内，衰减梯度属性与井上油层吻合非常好，可以用来指导该砂组含油区域的分析。

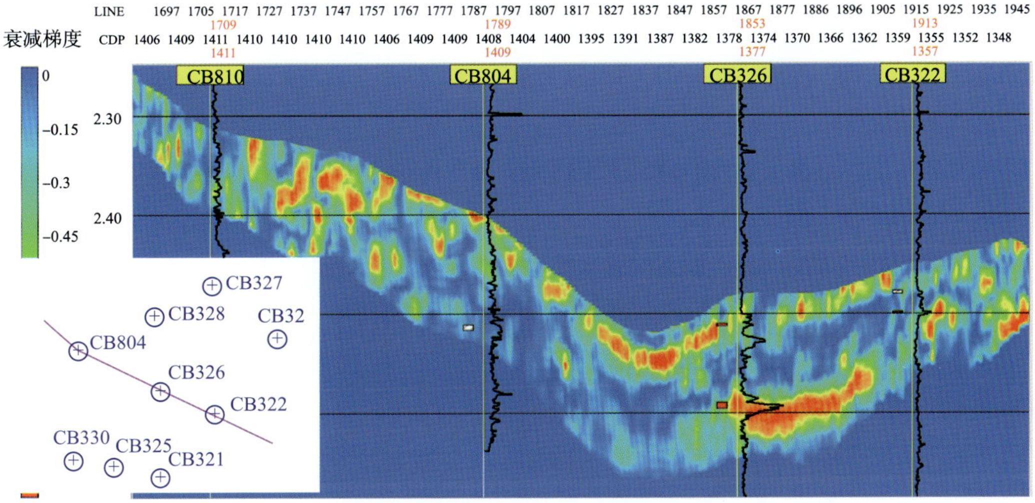

(a)过CB810井—CB804井—CB326井—CB322井连井衰减梯度剖面图

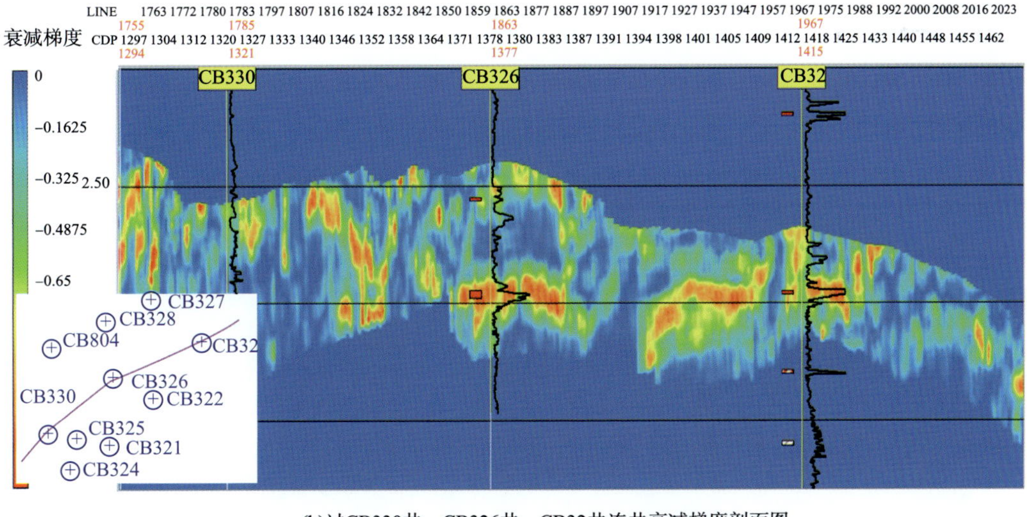

(b)过CB330井—CB326井—CB32井连井衰减梯度剖面图

图8－42 连井线衰减梯度剖面图

(二)Ⅲ2砂组(SQ2上升半旋回和下降半旋回下部)流体预测

在声波阻抗反演的基础上，利用对应砂体分布的速度门槛值3300m/s对衰减梯度属性进行了泥岩过滤，突出在低位扇分布内的油气检测。

从图8－43中可以看出，CB8潜山断阶带及CB30潜山断阶带区域衰减强度明显减弱，含油可能性较低。强衰减区域主要集中在SH8井和CB84井及其东侧的洼陷带内。强衰减区域与SH8井（日产油224t）、CBG4井（日产油230t）、SH801井（日产油53.7t）吻合较好。

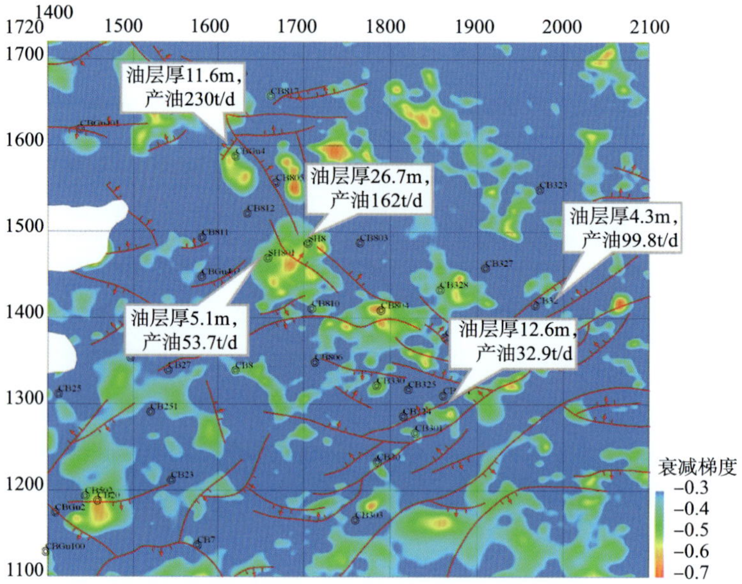

图8－43　Ⅲ$_2$砂组（SQ2上升及下降半旋回下部）衰减梯度平面分布图

从图8－44中可以看出，Ⅲ$_2$砂组（SQ2上升半旋回和下降半旋回下部）的衰减梯度属性与SH8井及SH801井的油层都能很好地对应，指示了利用衰减梯度属性预测砂体内含油分布的适用性。

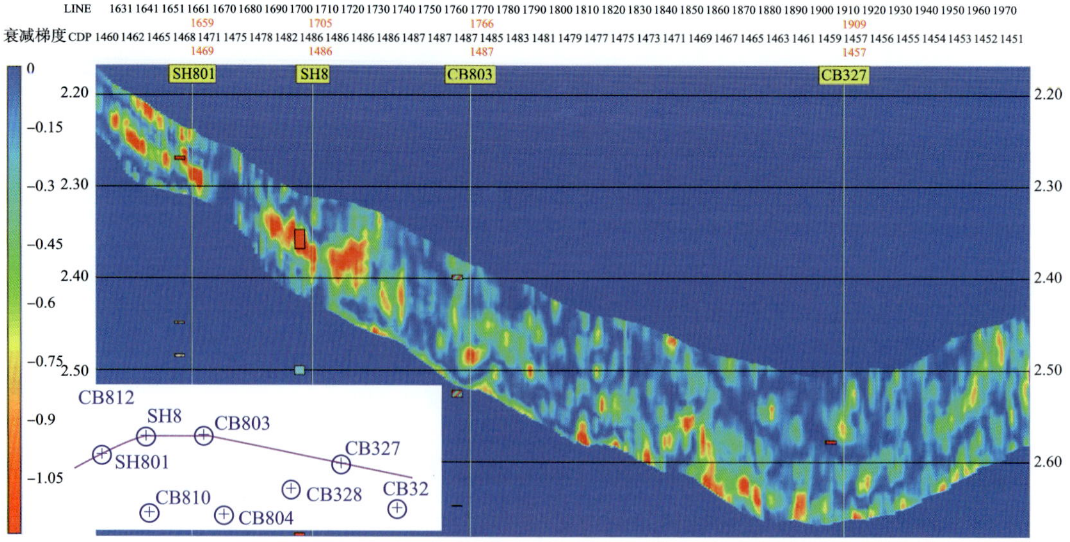

图8－44　过SH801井—SH8井—CB803井—CB327井连井衰减梯度剖面图

第三节　勘探潜力分析

一、砂层组目标评价

（一）Ⅳ砂组勘探目标评价

结合构造、砂体面积、厚度及流体发育情况，针对Ⅳ砂组（SQ3），划分了两个目标区，Ⅰ类区主要集中在CB8井和CB30断阶带区域，预测含油分布与储量边界基本一致。Ⅱ类区主要集中在CBG4井及CB812区域，指示较好的油气分布（图8－45）。

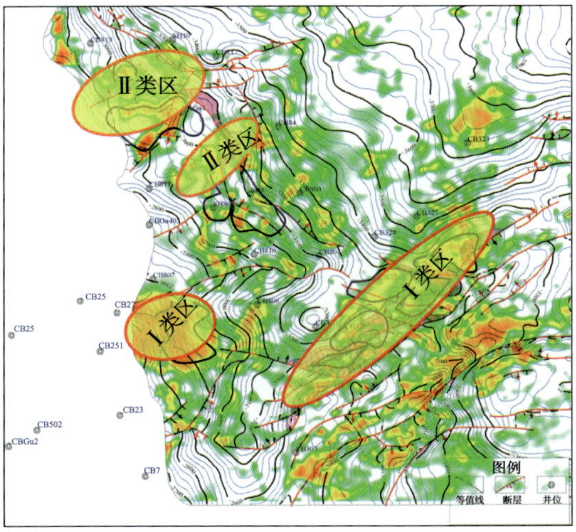

图8－45　Ⅳ砂组（SQ3）综合评价图（构造、流体、储量边界）

（二）$Ⅲ_2$砂组（SQ2上升半旋回和下降半旋回下部）勘探目标评价

结合构造、砂体面积、厚度及流体发育情况，针对$Ⅲ_2$砂组（SQ2上升半旋回和下降半旋回下部），划分了两个目标区，Ⅰ类区主要集中在SH8井—SH801井区域，砂体较厚，为30m，预测含油面积为5km^2左右，预计的含油面积比储量边界大。Ⅱ类区主要集中在CB84井及其东北区域，砂体厚度相对较薄，衰减梯度较强，指示较好的油气分布（图8－46）。

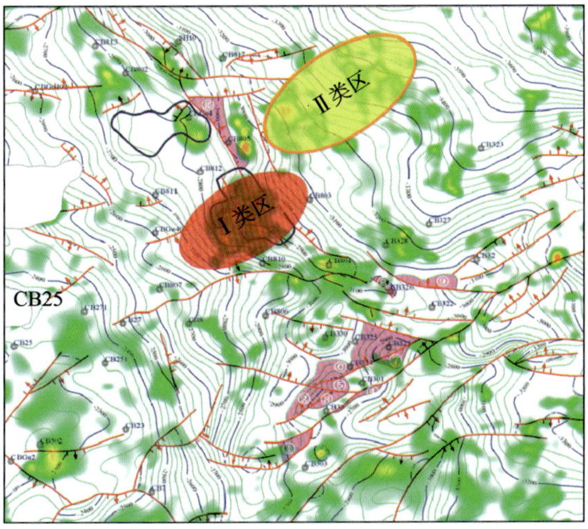

图8－46　$Ⅲ_2$砂组（SQ2上升及下降半旋回下部）综合评价图（构造、流体、储量边界）

二、井位建议

(一)建议井位1

根据Ⅲ$_2$砂组(SQ2上升半旋回和下降半旋回下部)的综合评价，本次在Ⅰ类区提出建议井位1口，基本信息如表8-3、图8-47。

表8-3 建议井位1基本信息表

X坐标	Y坐标	主测线	联络线	钻探层位	设计井深
666975	4239175	1680	1448	SQ2—Ⅲ期单砂体	2892

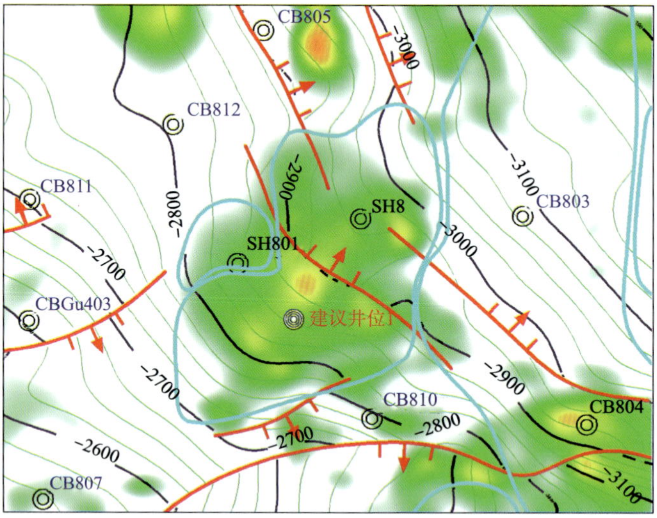

图8-47 建议井位1平面分布图

建议井位1的选取主要是通过地震相、岩性和流体的综合分析得出。

从图8-48可以看出，建议井位1与SH8井属于一套砂体，且油源相同，通过断层运移聚集成藏。

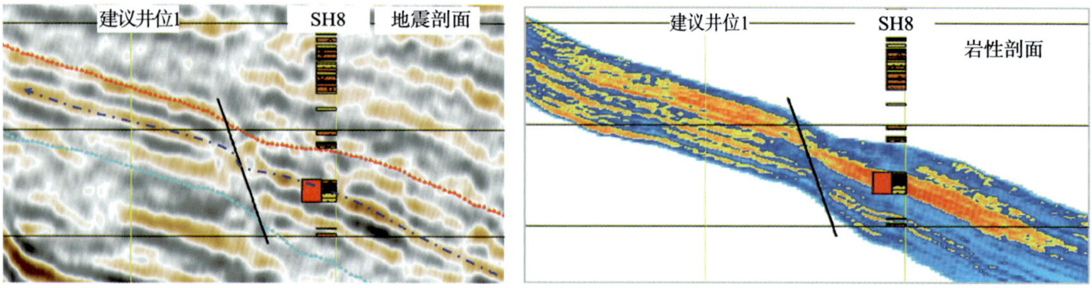

(a)过建议井位1与SH8井地震剖面特征

(b)过建议井位1与SH8井岩性剖面特征

图8-48 建议井位1剖面

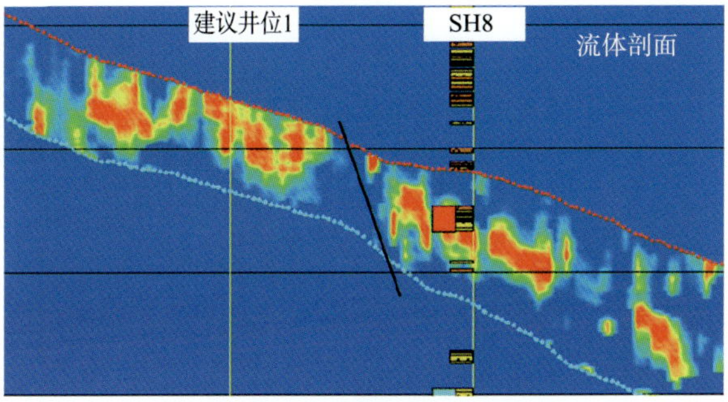

(c)过建议井与SH8井流体剖面特征

图 8-48 建议井位 1 剖面(续)

从图 8-49 可以看出，建议井位砂体厚度较厚，油源通过断层运移聚集成藏，为沟谷充填形成的砂岩透镜体。

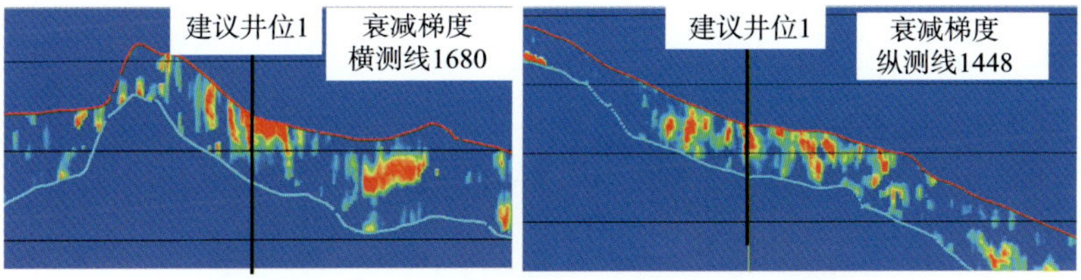

图 8-49 过建议井位 1 的流体十字剖面特征

从图 8-50 中分析认为，建议井位 1 的油藏类型为上倾尖灭岩性油藏。

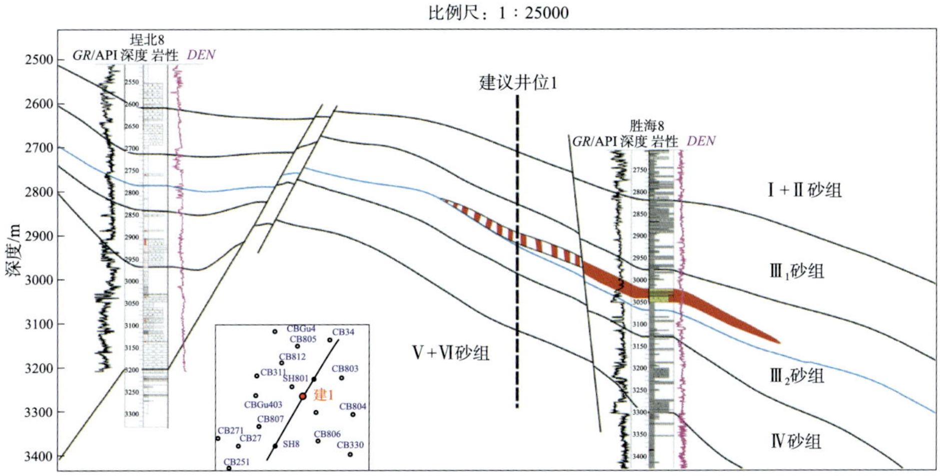

图 8-50 过 CB8 井—建议井位 1—SH8 井油藏剖面图

从图 8-51 中可以看出，建议井位 1 与 SH801 井不连通，油藏类型不同。

(二)建议井位 2

根据Ⅳ砂组(SQ3)的综合评价，本次在 CB812 井Ⅱ类区提出建议井位 1 口，基本信息如表 8-4、图 8-52 所示。

从图 8-53 可以看出，建议井位砂体厚度较厚，为典型上倾尖灭砂岩透镜体。

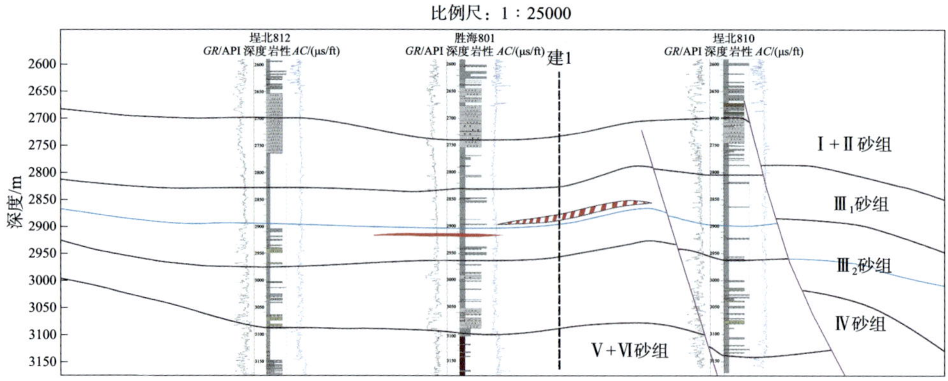

图 8-51　过 CB812 井—SH801 井—建议井位 1—CB810 井油藏剖面图

表 8-4　建议井位 2 基本信息表

X 坐标	Y 坐标	主测线	联络线	钻探层位	设计井深
666475	4240975	1660	1520	SQ3—Ⅱ期单砂体	3078

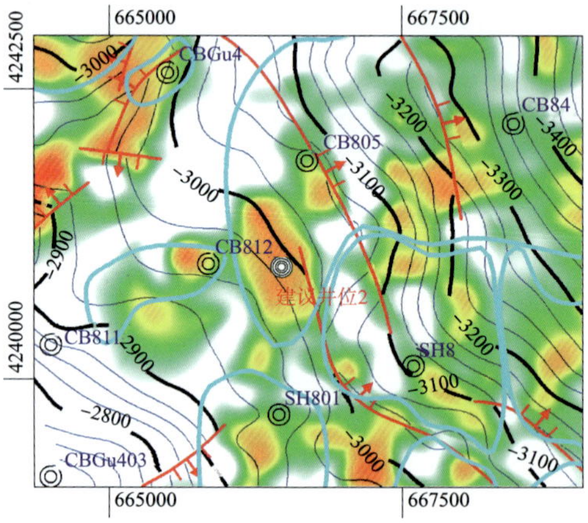

图 8-52　建议井位 2 平面分布图

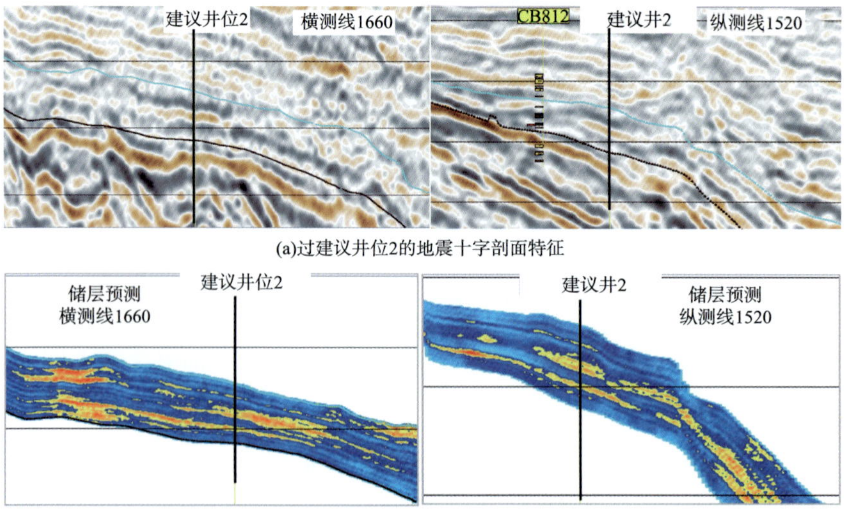

(a)过建议井位2的地震十字剖面特征

(b)过建议井位2的岩性十字剖面特征

图 8-53　流体十字剖面特征

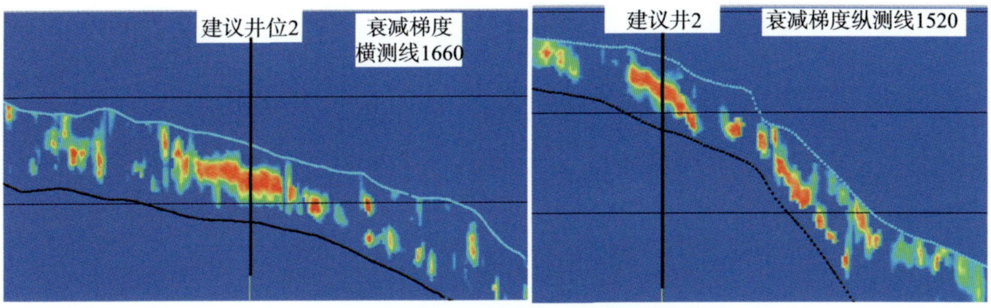

(c)过建议井位2的流体十字剖面特征

图 8－53　流体十字剖面特征(续)

通过地震剖面，岩性、流体预测及过建议井油藏剖面综合分析认为，建议井位 2 的油藏类型为断层上倾尖灭岩性油藏(图 8－54、图 8－55)。

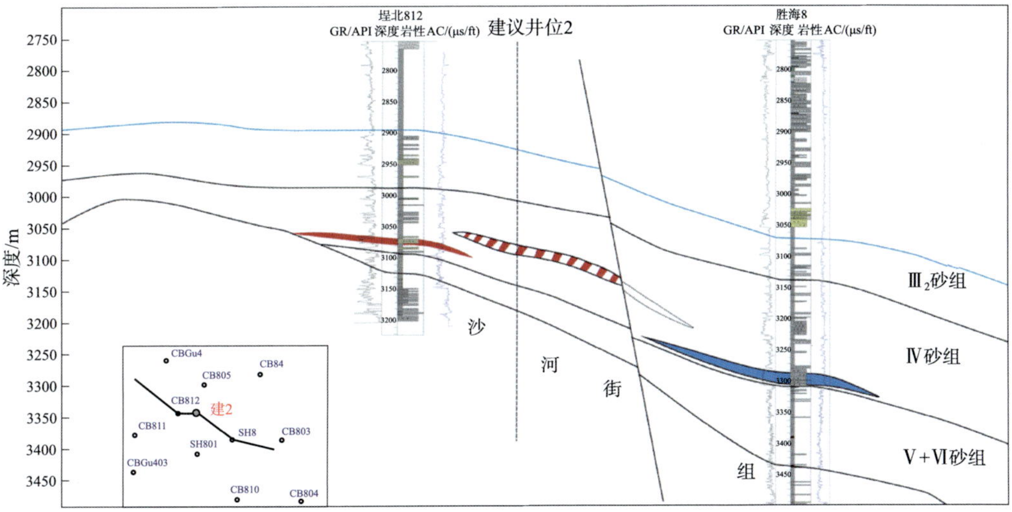

图 8－54　过 CB812 井—建议井 2—SH8 井油藏剖面图

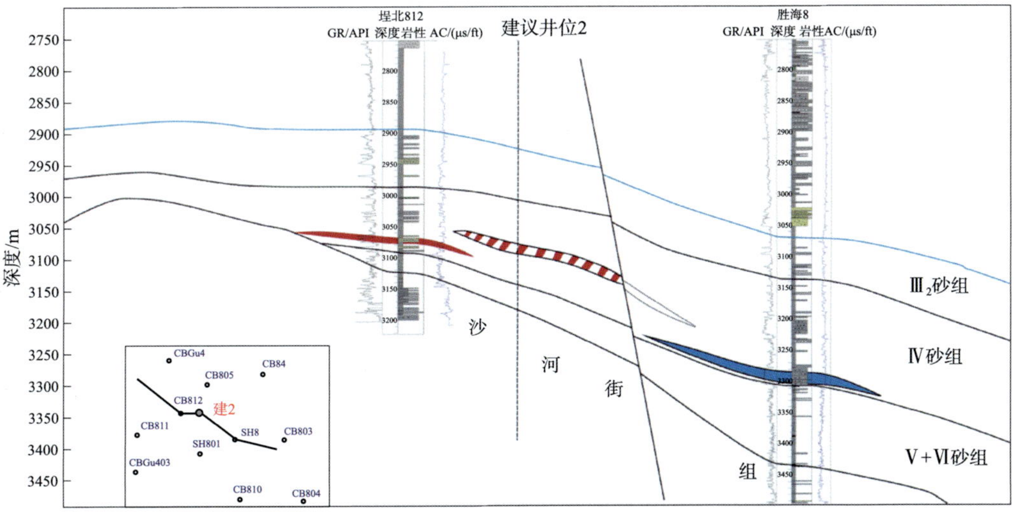

图 8－55　过 SH801 井—建议井 2—CB805 井油藏剖面图

第九章　总　结

1. 依据地震响应特征，在东营组地层中识别出 4 个三级层序界面（SB1、SB2、SB3、SB4），划分为 3 个三级层序（SQ1、SQ2、SQ3）。SQ1 为一个不完整的三级层序，只发育了水进体系域和高位体系域；SQ2 和 SQ3 为两个完整的三级层序，发育了低位体系域、水进体系域和高位体系域。综合考虑岩性组合、测井曲线形态和小波变换曲线特征，确定准层序组（四级）和准层序（五级）界面，将东营组进一步划分为 14 个准层序组和 32 个准层序。其中 d9 和 d8 小波与准层序组和准层序单元具有较好的对应性。

2. 以岩心为主，以测录井资料为辅，进行了沉积相类型的分析与识别。东下段地层中的含油砂体主要集中在层序 SQ2 的低水位体系域（LST）和水进体系域（TST）两个体系域中，按照砂体成因在上述两个体系域中识别与划分出了 5 种沉积相类型，分别为：碎屑流沉积、浅水风浪改造的洪水重力流沉积、深水洪水重力流沉积、风暴沉积及滩坝沉积。

3. 在充分利用各类勘探资料的基础上，以层序地层学理论为指导，以地震相、测井相和沉积相精细研究为重点，综合利用岩心、测井、录井、地震等多种资料，以区域层序地层格架的建立为基础，深刻揭示了埕北东斜坡地区东下段中主力含油层段的沉积体系及砂体展布规律。碎屑流沉积、滩坝沉积、浅水风浪改造的洪水重力流沉积主要发育在第一坡折带，而深水洪水重力流沉积和风暴沉积主要发育在第二坡折带及以下的深洼陷区。

4. 储层反演的结果与井点吻合度较高，目的层砂岩为中 – 高波阻抗特征，波阻抗最低的为泥岩段，发现层序 SQ2 的 LST 和 TST 两个体系域中的砂体反演平面展布情况与上述分析的沉积相平面展布情况具有较好的一致性。目的层与实际钻井资料基本吻合，反演结果可靠，横向预测也符合实际。同时在设计井 CB824 井、CB825 井和 CB826 井区附近的反演剖面上发现了数量不等厚度不等的多套砂体。

5. 埕岛东斜坡地区的第一坡折带地区易于形成断层 – 岩性油藏，而在第二坡折带及以下的深洼陷区易于形成自生自储的岩性油藏。在现今第一坡折带断层 – 岩性油藏已经基本探明的情况下，第二坡折带及以下的深洼陷区的自生自储的岩性油藏便成为重要的油气勘探目标，因该区域的砂岩物性相对较好，且邻近深洼陷区域的东营组和沙三段烃源岩，容易形成较好的岩性油气藏，该区域具有较好的油气勘探潜力。

6. 埕北东斜坡地区东下段砂岩储层发育的控制因素包括沉积作用和成岩作用，其中沉积作用在平面上控制了优质储层的分布，成岩作用在纵向上控制了优质储层的分布。本次对该区东下段砂岩进行了储层评价，将储层分为了三种级别：Ⅰ级储层包括风浪改造的洪水重力流沉积，Ⅱ级储层包括风暴沉积和辫状沟道沉积，Ⅲ级储层包括沟道间沉积、席状砂沉积、碎屑流沉积和滩坝沉积。

7. 埕岛东斜坡地区油源条件较简单，从地质角度分析，只有渤中坳陷及沙南凹陷生油岩生成的油气才有可能运聚于该地区储层中。油气以沿不整合面的侧向运移为主，垂向沿断层运移为辅，且通道畅通。几条较大断层为该区油藏的形成提供了运移通道和侧向遮挡条件。

8. 埕岛东斜坡地区油气圈闭的形成主要是在斜坡背景上形成非构造型圈闭。本次该区东下段砂岩中识别出了四种油气藏类型：岩性尖灭型油气藏、不整合遮挡型油气藏、断层型油气藏、背斜型油气藏。

9. 地球物理预测技术基于地下不同地层存在波阻抗差异，当地震波传播到有波阻抗差异的地层分界面时，会发生反射从而形成地震反射波原理，运用了地震波阻抗反演方法，对埕岛东斜坡地区宏观的有效砂体进行展布分析。

10. 有利区带预测应用频谱成像技术、属性和叠后声波阻抗反演技术，对目的砂层组储集体的分布进行预测。

参考文献

[1]姜在兴．沉积学[M]．北京：石油工业出版社，2010：170－188.

[2]梁桂香．风暴沉积及其构造背景[J]．世界地质，1994，13(3)：131－143.

[3]余素玉．沉积学研究的新领域——风暴沉积[J]．武汉地质学院《地质科技情报》，1985，4(2)：48－51.

[4]余素玉．风暴沉积[M]．武汉：武汉地质学院岩石教研室，1985.

[5]Storm depositional Systems：dynamic stratigraphy in modern and ancient shallow－marine sequences[M]. Springer－Verlag Berlin Heidelberg New York Tokyo，1985.

[6]于兴河．碎屑岩系油气储层沉积学[M]．北京：石油工业出版社，2008：449－466.

[7]Paul M Myrow，Iohn B Southard. Combined－flow model for vertical stratification sequences in shallow marine storm－deposited beds[J]. Journal of Sedimentary Petrology，1991，61(2)：202－210.

[8]Paul M Myrow，Iohn B Southard. Tempestite deposition[J]. Journal of Sedimentary Petrology，1996，66(5)：875－887.

[9]严钦尚．论滨岸和浅海的风暴沉积[J]．海洋与湖沼，1984，15(1)：14－19.

[10]牟传龙．谈谈丘状层理与风暴沉积[J]．岩相古地理，1989，44(6)：40－44.

[11]张斌，邓茂林，税伟，等．风暴岩研究述评兼论兴文风暴岩研究的意义[J]．四川地质学报，2009，29：35－38.

[12]赵澄林，张善文，袁静．胜利油区沉积储层与油气[M]．北京：石油工业出版社，1999：108－120.

[13]李国斌，姜在兴，杨双，等．利津洼陷沙四上亚段沉积相及演化研究[J]．特种油气藏，2008，15(5)：35－39.

[14]李国斌，姜在兴，陈诗望，等．利津洼陷沙四上亚段滩坝沉积特征及控制因素分析[J]．中国地质，2008，35(5)：911－921.

[15]刘树臣．风暴岩的基本特征及其与浊积岩的区别标志[J]．岩相古地理，1989，43(5)：44－55.

[16]王升兰，姜在兴，刘晖．博兴洼陷风暴－滩坝沉积特征及模式[J]．断块油气田，2009，16(4)：37－39.

[17]田继军，姜在兴．东营凹陷沙河街组四段上亚段层序地层特征与沉积体系演化[J]．地质学报，2009，83(6)：836－846.

[18]张金亮，寿建峰，赵澂林，等．东濮凹陷沙三段的风暴沉积[J]．沉积学报，1988，6(1)：50－58.

[19]姜在兴，赵澂林，刘孟慧，等．东濮凹陷西部湖相风暴沉积的初步研究[J]．沉积学报，1990，8(1)：107－113.

[20]冯有良，李思田，邹才能．陆相断陷盆地层序地层学研究——以渤海湾盆地东营凹陷为例[M]．北京：科学出版社，2006：132－144.

[21]裘亦楠，薛叔浩．油气储层评价技术[M]．北京：石油工业出版社，1997：274－277.

[22]郭睿．储集层物性下限值确定方法及其补充[J]．石油勘探与开发，2004，31(5)：140－144.